AI Application Development on Serverless

Introduction, Practice and Performance Optimization

Serverless 架构下的AI应用开发

入门、实战与性能优化

刘宇 田初东 卢萌凯 王仁达 著

图书在版编目（CIP）数据

Serverless 架构下的 AI 应用开发：入门、实战与性能优化 / 刘宇等著 . -- 北京：机械工业出版社，2022.6
ISBN 978-7-111-70702-8

I. ① S… II. ①刘… III. ①移动终端 – 应用程序 – 程序设计 IV. ① TN929.53

中国版本图书馆 CIP 数据核字（2022）第 076815 号

Serverless 架构下的 AI 应用开发
入门、实战与性能优化

出版发行：机械工业出版社（北京市西城区百万庄大街 22 号 邮政编码：100037）
责任编辑：董惠芝　　责任校对：殷　虹
印　　刷：三河市宏达印刷有限公司　　版　　次：2022 年 6 月第 1 版第 1 次印刷
开　　本：186mm×240mm 1/16　　印　　张：18.75
书　　号：ISBN 978-7-111-70702-8　　定　　价：99.00 元

客服电话：（010）88361066 88379833 68326294　　投稿热线：（010）88379604
华章网站：www.hzbook.com　　读者信箱：hzjsj@hzbook.com

Preface 序 一

过去十年，Serverless 和以机器学习为基础的人工智能技术都取得了巨大进步，成为不可忽视的技术发展趋势。

云的产品体系正在 Serverless 化，从计算、存储、数据库到中间件，越来越多的云产品采用了 Serverless 模式。服务器不再是开发者构建应用的唯一选择。全托管的函数计算、Serverless 应用引擎、对象存储、消息队列、数据库等云产品成为构建应用的基础组件，帮助开发者在更高的抽象层构建弹性、高可用的云原生应用。在云的世界，应用开发将经历汇编语言向高级语言的变革，Serverless 将在下一个十年成为云的默认编程范式。

与此同时，深度学习彻底改变了人工智能。在计算机视觉、语音识别、自然语言处理等领域，深度学习已经取得突破性进展，并将重塑自动驾驶、机器人技术等领域。深度学习的广泛应用离不开强大的算力支撑。无论模型训练还是推理，它们都需要充沛的算力。因此从底层硬件，到深度学习框架，再到垂直应用，深度学习的每个层面都给已有的计算范式带来了挑战。如何高效管理 CPU、GPU 甚至 FPGA 等多种硬件资源？如何整合数据清洗等多个流程来快速实现模型训练？如何让模型推理在线服务更加弹性、高效？这些问题是学术界和工业界一直在思考的，也和 Serverless 的愿景十分契合。

Serverless 和机器学习的交集是一个迷人的领域，业界投入极大的热情探索 Serverless 架构在机器学习领域的应用。在模型推理等分支领域，Serverless 已经成为非常有吸引力的架构。阿里云数据库团队使用函数计算构建和运行机器学习算法，对几十万数据库实例的运维数据进行分析和处理，实现数据库实例异常检测、SQL 优化、自动弹性伸缩等运维自动化。网易云音乐使用函数计算运行音频指纹识别、音译歌词、副歌检测等算法，处理超过 6000 万首音乐，速度提升 10 倍。

本书除带领读者学习经典的机器学习算法、模型、框架外，还探讨了如何使用 Serverless 架构应对机器学习领域的工程挑战；不仅有理论基础的介绍，还有大量实战经验的分享。读者将学习到机器学习的基本概念、应用特点、架构设计、性能调优等知识。

杨浩然

阿里云智能资深技术专家、阿里云 Serverless 研发负责人

Preface 序 二

云原生使组织能够在现代云环境（例如公共云、私有云和混合云）中构建和运行可扩展的应用程序，更快地创新，并使企业更敏捷地对市场做出反应。云原生无处不在已成事实，并且赋能各个新技术。

你有没有想过构建一个机器学习应用程序：后端有一个重量级模型，前端有一个用户友好的界面，以及一个无服务器的云架构，以便你的产品可以被千千万万的用户应用？

Serverless 解决方案具有的简单性和自动扩展性使其成为大规模运行机器学习应用程序的绝佳选择。基于 Serverless 架构，你可以在不配置或管理服务器的情况下运行代码，且只需为运行时间付费。

如果你想进一步了解这方面的知识，我向你推荐这本书。

Keith

CNCF（云原生计算基金会）中国区总裁

序 三 Preface

如今，人工智能在社会发展中扮演着不可或缺的角色，在提高劳动效率、降低劳动成本、优化人力资源结构及提供创新性工作岗位方面带来革命性成果；而云计算为人工智能提供算力支撑的同时，也在逐渐推动行业创新与技术迭代。

随着时间的发展，诞生于云计算高速发展时期的 Serverless 架构逐渐受到关注，正在与更多领域进行有机结合，包括人工智能领域。部署在 Serverless 架构上的人工智能项目不仅可以在近乎无限的计算资源下运行，还可以基于 Serverless 架构的弹性伸缩、按量付费等特性实现降本提效的业务目标。

本书介绍了 Serverless 架构与机器学习项目的结合案例，并通过对基础知识的总结、项目开发实战经验的分享以及项目调优方案的探索，进一步帮助读者拓展思路。本书结构清晰、内容翔实，是一本为 Serverless 开发者以及机器学习项目人员量身定做的技术书籍，值得一读。

卜佳俊

浙江大学研究生院副院长、计算机学院教授、国家“万人计划”科技创新领军人才

Preface 序 四

过去几年，云计算加速了互联网产业的发展，Serverless 架构正在以极快的速度促进云计算快速迭代。2018 年，全球知名 IT 咨询调研机构 Gartner 发布报告，将 Serverless 计算列为十大影响基础设施和运维的技术；2019 年，UC Berkeley 在论文“ Cloud Programming Simplified: A Berkeley View on Serverless Computing”中表示“ Serverless 将成为云时代默认的计算范式”；而 2021 年，Forester、DataDog 等一系列机构对 Serverless 架构投来更多关注的目光，先后发布了多个报告，进一步对 Serverless 进行调研和大胆预测。

在 Serverless 架构飞速发展的过程中，Serverless 架构如何与各领域结合是不可避免的话题，尤其像人工智能这样的领域，Serverless 架构如何将自身的技术红利顺利地作用到机器学习项目，如何在保证机器学习项目高效与稳定运行的同时降本提效，成为很多开发者关注的重点。

作为近些年非常热门的技术，人工智能已经在多个行业落地，在人们生产和生活中产生了积极影响。本书以 Serverless 架构和机器学习为结合点，针对不同行业、不同领域的应用为读者介绍 Serverless 架构下的机器学习项目实战。对于读者来说，书中丰富的实践案例、项目开发经验都颇具借鉴意义。

雷渠江

中国科学院大学博士生导师、粤港澳人工智能联合实验室执行主任

序 五 Preface

云计算是一种能够将动态伸缩的虚拟化资源通过互联网以服务的方式提供给用户的计算模式。服务指的是通过一系列活动，而不是实物的方式，满足对方的需求，它是社会经济和社会化分工发展到一定阶段的必然产物。用户通过网络发出计算需求（输入），由服务方汇聚资源进行计算、生成结果（计算输出）并通过网络反馈给用户。云计算技术就是这种新模式下的计算服务使能技术。在该模式下，服务方通过云计算技术保障服务质量并降低成本。

Serverless 架构是云计算发展到现阶段的产物。它运行在一个无状态的计算容器中，由事件驱动，生命周期很短（甚至只有一次调用），完全由第三方管理，具有灵活、轻量化等特性，在越来越多的场景中有非常优秀的表现。

在以算力为主要驱动力的新一轮人工智能浪潮中，机器学习在自然语言处理、图像处理等领域实现了飞跃性发展，催生了人脸识别、语音识别、无人驾驶、对话机器人等一系列创新应用。然而，实现机器学习算法和构建人工智能应用需要强大的算力和高效的数据存储、传输和处理。对于广大从事该领域工作的 IT 人士而言，自行构建支撑环境需要付出高昂的成本和代价，而 Serverless 架构通过云计算模式可以有效解决这一难题。

本书介绍了 Serverless 架构以及如何基于 Serverless 架构进行应用开发，尤其是 Serverless 架构与各种机器学习框架相结合的应用。全书深入浅出地介绍了 Serverless 架构相关的知识内容，并详细介绍了大量实战案例。无论人工智能项目的开发人员还是人工智能项目的策划、管理人员，都值得阅读本书。

莫 同

北京大学软件与微电子学院副教授

Preface 前 言

为何写作本书

随着时间的推移，Serverless 架构变得越来越火热，其凭借极致弹性、按量付费、低成本运维等特性，在很多领域发挥着越来越重要的作用；机器学习领域在近些年也非常火热，并在越来越多的行业中得到应用。实际上，机器学习项目往往存在资源占用率高、利用率低的问题，尤其在流量波峰和波谷差值较大的项目中，资源浪费更为显著。除此之外，机器学习项目的部署、更新、后期维护相对来说也存在一定的复杂度。因此，如何将 Serverless 架构应用在机器学习项目中，在保证机器学习项目性能的同时，降低成本，提高资源利用率，是值得研究和探索的问题。本书希望通过简单明了的语言、真实的案例，以及开放的源代码，为读者介绍 Serverless 架构与机器学习相关的基础知识。希望读者可以通过本书真正理解 Serverless 架构与机器学习结合的重要价值，并能顺利在 Serverless 架构下开发、上线机器学习项目，从而更加直接地获得云计算带来的技术红利。

本书主要内容

本书是一本关于 Serverless 架构下机器学习实战的技术书，通过对 Serverless 架构的基础介绍、项目开发经验总结，以及常见的机器学习算法、模型、框架的学习，对将机器学习项目应用到 Serverless 架构、不同机器学习项目与 Serverless 架构结合以及基于 Serverless 架构进行机器学习应用开发等内容进行了探索。本书不仅有基础理论知识，还有大量的经验分享，以及对最新技术点的实践应用，包括但不限于 Serverless 架构下 GPU 实例的上手、多维度的冷启动优化方案、Serverless 架构多模调试能力等。希望读者通过对本书的学习，可以对 Serverless 架构有一个更加全面、直观的了解，对 Serverless 架构下的机器学习有更加深入的认识。同时，希望通过本书的抛砖引玉，帮助读者将机器学习项目在 Serverless 架构下落地，获得云计算发展的技术红利。

本书共 8 章内容。第 1 章介绍 Serverless 架构基础，包括 Serverless 架构的发展、优势、面临的挑战等；第 2 章从 Serverless 架构的开发流程、与 ServerFul 开发流程的对比、传统框架迁移等多个方面，对 Serverless 架构下的应用开发进行相关介绍；第 3 章介绍机器学习相关的探索，包括对支持向量机、神经网络等算法和模型的学习与研究；第 4 章介绍常见的机器学习框架以及在实战项目中的应用，便于读者了解常见的机器学习框架，以及部署到 Serverless 架构的方案等；第 5 章介绍几个机器学习应用较为广泛的领域的项目实战，包括图像识别领域、情感分析领域以及对模型升级迭代相关领域的探索，涉及容器镜像、预留实例、GPU 实例等诸多 Serverless 架构的新功能和特性；第 6 章和第 7 章介绍两个完整的 Serverless 架构与 AI 结合的案例，从项目背景开始到相关模块的设计、项目的开发与部署，通过完整的流程讲解 Serverless 架构下机器学习项目的上手、开发、维护全过程；第 8 章针对 Serverless 架构进行相关开发经验的分享以及 Serverless 应用调优方法的总结，包括 Serverless 架构下的冷启动优化方案、开发注意事项等内容。

如何阅读本书

在阅读本书前，读者应当掌握一定的编程技术，例如具备 Node.js、Python 等语言的编程能力，同时需要对云计算有初步的了解，有使用阿里云、百度智能云、华为云等的经验，还需要对机器学习相关知识有一定了解。本书从什么是 Serverless 架构、什么是机器学习开始说起，然后是零基础上手 Serverless 架构、开发机器学习应用、将机器学习项目部署到 Serverless 架构，再到引入 GPU 实例、完整的工程项目等，循序渐进地为读者介绍 Serverless 架构下的机器学习相关实战。建议读者按以下方式阅读本书。

第一遍通读，主要弄清楚概念，再完成 Serverless、机器学习项目的基础入门，并对基于 Serverless 架构的机器学习有相对简单的实践，对如何将机器学习项目部署到 Serverless 架构有一个基础的了解。

第二遍对本书在 Serverless 架构下机器学习项目的优化做进一步探索，从而了解如何降低冷启动对项目的影响，如何通过引入 GPU 实例赋能 Serverless 架构下的机器学习项目，以及如何通过 Serverless Devs 开发者工具快速且简单地部署机器学习项目。

第三遍可以针对本书最后一章进行深入阅读，加深 Serverless 架构下机器学习项目的应用理解，切实从零开发一款基于 Serverless 架构的机器学习应用，并将其部署上线，以便对

Serverless 架构下的机器学习项目的开发技巧有更加深入的认识和见解。

阅读是一个反复又枯燥的过程，读者只有反复研读，才能使自己对 Serverless 架构的学习不断深入，对 Serverless 架构下的机器学习应用有更深入的了解。另外，Serverless 架构与机器学习发展速度非常快，所以本书的案例代码可能存在失效的情况。但是，笔者会尽快在每个案例的代码仓库中做更新，希望读者可以切实利用好每个案例提供的仓库地址，帮助自己更加高效地了解、学习在 Serverless 架构下如何更简单、更方便、更科学地开发、部署、运维机器学习项目。

致谢

本书是一本云计算与机器学习结合的技术书。在编写的时候，笔者曾遇到很多困难，在此特别感谢阿里云云原生团队、蚂蚁集团 CTO 线相关的小伙伴，是你们的支持和鼓励，让本书顺利完成。

感谢田初东（白酒）和我一起合作，努力完成本书的编写，尽管在这个过程中遇到了诸多挑战，但是我们通过各种努力最终达成了目标，过程值得回忆，结果令人欣慰；感谢杨秋弟（曼红）、杨浩然（不瞋）、马鸣（意宸）、陈绪（还剑）等前辈，在本书的整个创作过程中不断给予鼓励和支持，让本书在预期时间内顺利完成；感谢国防科技大学窦勇教授、浙江大学卜佳俊教授、中国科学院大学雷渠江教授等，对本书提出了极具建设性的意见；感谢阿里云云原生开发者姜曦（筱姜）、机械工业出版社杨福川老师等，在本书编写过程中给予帮助和支持；感谢阿里云 UED 团队周月侨（小取）帮忙对本书部分插图等进行设计、规范；感谢聂大鹏（拓山）、罗松（西流）、张千风（千风）等，在本书编写过程中指导部分代码的完成，以及功能、案例的实现；感谢钱梅芳（宝惜）对本书提供建议。同时，感谢我的家人对我工作的支持，对我每走一步的信任和鼓励；感谢身边的小伙伴对我的关心和帮助。

由于作者水平有限，书中不足及错误之处在所难免，敬请专家和读者批评指正。

江昱（刘宇）

目　录 *Contents*

第 1 章 Chapter 1

初识 Serverless 架构

本章通过对 Serverless 架构概念的探索，对 Serverless 架构的优势与价值、挑战与困境进行分析，以及 Serverless 架构应用场景的分享，为读者介绍 Serverless 架构的基础内容。通过本章的学习，读者将对 Serverless 架构的理论基础有一定的了解和认识。

1.1 Serverless 架构的概念

随着云服务的发展，计算资源被高度抽象化，从物理机到云服务器，再到容器服务，计算资源逐渐细腻化。

2012 年，Iron.io 的副总裁 Ken Form 在“ Why The Future of Software and Apps is Serverless”一文中首次提出了无服务器的概念，并指出“即使云计算已经逐渐兴起，但是大家仍然在围绕着服务器转。不过，这不会持续太久，云应用正在朝着无服务器方向发展，这将对应用程序的创建和分发产生重大影响”。2019 年，UC Berkeley 发表论文“ Cloud Programming Simplified: A Berkeley View on Serverless Computing”。在文章中，作者犀利断言“新的 BaaS 存储服务会被发明，以扩展在 Serverless 计算上能够运行更加适配的应用程序类型。这样的存储能够与本地块存储的性能相匹配，而且具有临时和持久可供选择特性。基于 Serverless 计算的价格将低于 ServerFul 计算，至少不会高于 ServerFul 计算。Serverless 计算一旦取得技术上的突破，将会导致 ServerFul 服务的下滑。Serverless 将会成为云时代默认的计算范式，将会取代 ServerFul 计算，这也意味着服务器—客户端模式的终结”。

Serverless 架构从 2012 年首次走进大众视野到 2019 年成为 UC Berkeley 对云计算领域犀利断言的主角，完成了从一个“新的观点”向“万众瞩目的架构”转身。在这 7 年时间里，Serverless 架构从鲜为人知到被商业化应用，再到头部云厂商纷纷布局 Serverless 架构作为云计算战略，逐渐成为人尽皆知的新技术范式。当然，在这 7 年间，Serverless 不仅仅在技术架构方面逐渐升级和完善，概念也越来越明确，发展方向也逐渐清晰、明朗。

关于 Serverless 的定义，Martin Fowler 在“Serverless Architectures”一文中指出 Serverless 实际上是 BaaS 与 FaaS 的组合。这个简单明了的定义为 Serverless 架构组成结构奠定了基础。

如图 1-1 所示，Martin Fowler 认为，在 Serverless 架构中，应用的一部分服务器端逻辑依然由开发者完成，但是和传统架构不同，它运行在一个无状态的计算容器中，由事件驱动、生命周期很短（甚至只有一次调用）、完全由第三方管理，这种情况被称为 Functions as a Service（FaaS）。除此之外，Serverless 架构还要有部分依赖第三方（云端）应用或服务来管理服务器端逻辑和状态的应用，这些应用通常是富客户端应用（单页应用或者移动端 App），建立在云服务生态之上，包括数据库（Parse、Firebase）、账号系统（Auth0、AWS Cognito）等，而这些服务最早被称为 Backend as a Service（BaaS）。

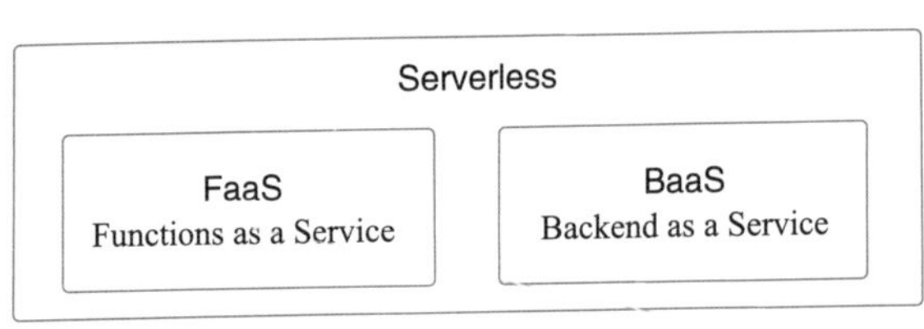

图 1-1 Serverless 架构组成结构

同样认为 Serverless 是 FaaS 与 BaaS 结合而成的 CNCF 在 CNCF WG-Serverless Whitepaper v1.0 中对 Serverless 架构的定义进行了进一步完善：Serverless 是指构建和运行不需要服务器管理的应用程序概念；它描述了一种更细粒度的部署模型，其中将应用程序打包为一个或多个功能模块，上传到平台，然后被执行、扩展和计费，以响应当时确切的需求。与此同时，2019 年 UC Berkeley 的文章“Cloud Programming Simplified: A Berkeley View on Serverless Computing”中同样从 Serverless 架构特性角度，对什么是 Serverless 进行了补充描述和定义：简单地说，Serverless = FaaS + BaaS，必须具备弹性伸缩和按量付费的特点。在中国信息通信研究院（以下简称“信通院”）云原生产业联盟所发布的《云原生发展白皮书（2020 年）》中对 Serverless 的概念也有相关的描述：无服务器（即 Serverless）是一种架构理念，其核心思想是将提供服务资源的基础设施抽象成各种服务，以 API 接口的方式供给用户按需调用，真正做到按需伸缩、按使用收费。这种架构体系消除了对传统的海量持续在线服务器组件的需求，降低了开发和运维的复杂度，降低运营成本并缩短了业务系统的交付周期，使得用户能够专注在价值密度更高的业务逻辑开发上。至此，Serverless 架构从结构、行为以及特性方面的定义可以总结为图 1-2。

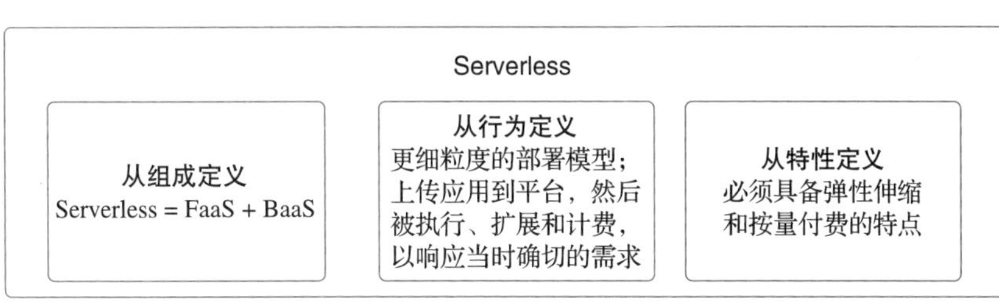

图 1-2　从不同角度对 Serverless 架构进行定义

1.2　Serverless 架构的特点

众所周知，事物具有两面性。时至今日，云计算的发展已经取得了巨大的进步，但是作为云计算最新产物的 Serverless 架构，在巨大的优势背后，仍然面临着不可忽略的挑战。

1.2.1　优势与价值

亚马逊 AWS 首席云计算技术顾问费良宏曾说：今天大多数公司在开发应用程序并将其部署在服务器时，无论选择公有云还是私有的数据中心，都需要提前了解究竟需要多少台服务器、多大容量的存储和数据库的功能等，并需要部署、运行应用程序和依赖的软件到基础设施之上。假设不想在这些细节上花费精力，是否有一种简单的架构能够满足这种需求？

时至今日，伴随 Serverless 架构逐渐“走进寻常百姓家”，答案已经很明显了。在项目上线过程中，我们一般需要申请主机资源，这时候需花很多时间和精力去评估峰值最大开销，即使给某些服务按照最大消耗申请资源，也要有专人在不同时间段进行资源的扩容或缩容，以达到保障业务稳定与节约成本的平衡。对于一些服务来说，有时候申请的资源还需要在最大开销基础上评估，即使可能出现很多流量波谷，并产生大量的资源浪费，也不得不这样做，比如数据库这种很难扩展的应用就是“尽管浪费资源也比峰值到来时应用程序因为资源不足而无法服务好”。正如费良宏所说，在 Serverless 架构下，这个问题得到了比较好的解决，不用计划到底需要使用多少资源，而是根据实际需要来请求资源，根据使用时间来付费，根据每次申请的计算资源来付费，且让计费的粒度更小，更有利于降低资源的开销。

Serverless 架构具有 6 个潜在优势。

- 按需提供无限计算资源。
- 消除云用户的前期承诺。
- 根据需要在短期内支付使用计算资源的能力。
- 大规模降低成本。
- 通过资源虚拟化简化操作并提高利用率。
- 通过复用来自不同组织的工作负载来提高硬件利用率。

相对于传统架构，Serverless 架构确实具备业务聚焦、弹性伸缩、按量付费等优势。这些优势往往是开发者在技术选型时的重要参考。

1. 业务聚焦

所谓的业务聚焦，指的是让开发者将更多精力放在自身的业务逻辑之上，而不需要再花费更多精力关注底层资源。

众所周知，单体架构时代应用比较简单，物理服务器的资源足以支撑业务的部署。随着业务的复杂程度飙升，功能模块复杂且庞大，单体架构严重阻塞了开发部署的效率。于是，业务功能解耦，可并行开发和部署单独模块的微服务架构逐渐流行开来。业务的精细化管理不可避免地推动着基础资源利用率的提升。如图 1-3 所示，虚拟化技术不断被完善和广泛运用之后，打通了物理资源隔阂，减轻了用户管理基础架构的负担。容器和 PaaS 平台则进一步抽象，提供了应用的依赖服务、运行环境和底层所需的计算资源。这使得应用的开发、部署和运维的整体效率再度提升。Serverless 架构则将计算抽象得更加彻底，将应用架构堆栈中的各类资源的管理全部委托给平台，免去基础设施的运维，使用户能够聚焦高价值的业务领域。

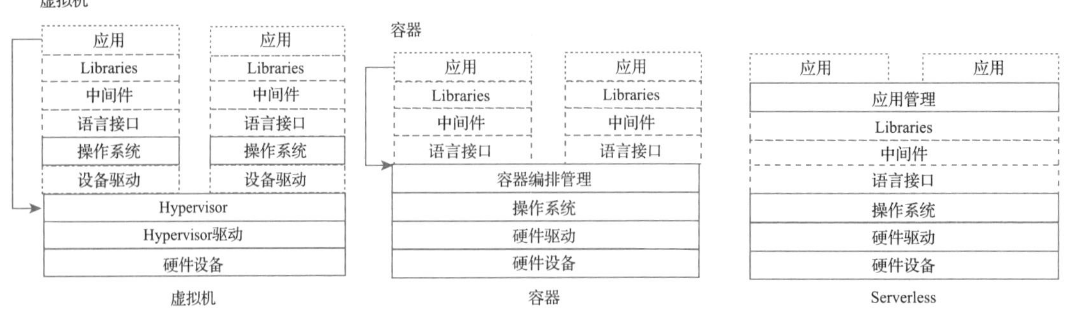

图 1-3 虚拟机、容器、Serverless 架构演进简图

2. 弹性伸缩

所谓的弹性伸缩，指的是可以根据业务流量波动，自动进行资源的分配和销毁，以最大限度地实现平衡稳定、高性能以及提高资源利用率。

众所周知，从 IaaS 到 PaaS 再到 SaaS 的过程中，去服务器化越来越明显。到了 Serverless 架构，去服务器化已经上升到一个新的高度。相对于 ServerFul 而言，Serverless 对业务用户强调的是 Noserver 的心智。所谓的 Noserver，不是说脱离了服务器或者说不需要服务器，而是去除有关对服务器运行状态的关心和担心，这也就意味着原先需要对服务器进行扩容和缩容的操作也都不再需要业务人员关注了，都交给云商场进行管理。如图 1-4 所示，折线为一个网站在某天的流量走势。

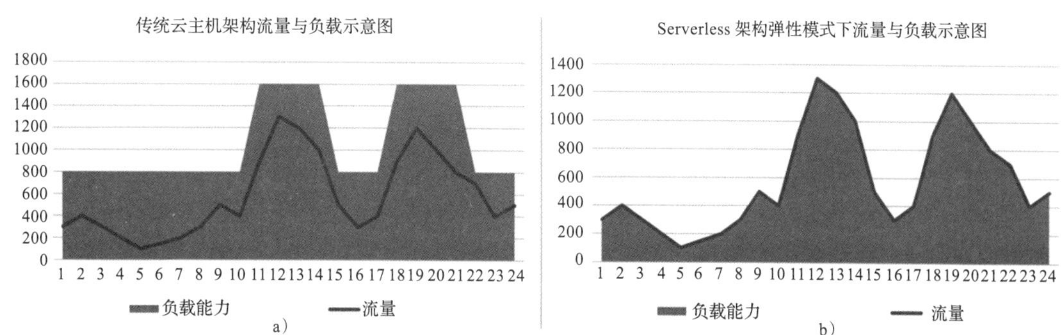

图 1-4　传统云主机架构与 Serverless 架构弹性模式下流量与负载对比示意图

- 图 1-4a）的分析如下。
  - 技术人员需要对网站资源用量进行评估，评估结果是这个网站最大的流量峰值为 800PV/ 小时，所以购买了对应的云服务器。
  - 但是在当天的 10 时，运维人员发现网站流量突然增加，逐渐临近 800PV/ 小时。此时，运维人员在线上购买了一台新的云主机并进行了环境的配置，最后在 Master 机器上添加了对应的策略，度过了 10～15 时的流量峰值。
  - 过了 15 时，运维人员发现流量恢复正常，对后加入策略的云主机进行停止，并将额外的资源释放。
  - 到了 18 时，再次发现过载流量的到来……
- 从图 1-4b）可以清晰地看到，负载能力始终和流量是匹配的（当然，这个图本身存在一定问题，即真实的负载能力在一定程度上可能略高于当前流量），即并不需要像传统云主机架构那样在技术人员的干预下应对流量的波峰和波谷，其弹性能力（包括扩容和缩容）均由云厂商提供。

通过对图 1-4 的分析不难看出，Serverless 架构所具备的弹性能力在一定程度上来源于厂商的运维技术支持。Serverless 架构所主张的“把更专业的事情交给更专业的人，让开发者更加专注自身的业务逻辑即可”，在弹性模式上也是一个非常直观的体现。

3. 按量付费

所谓的按量付费，指的是 Serverless 架构支持用户按照实际的资源使用量进行付费，可以最大限度提高用户侧资源使用效率，降低成本。

在传统云主机架构下，服务器一旦被购买和运行，就在持续消耗资源，并且持续产生费用。尽管每台服务器的可用资源是有限的，通常也是固定的，但是服务器每时每刻的负载是不同的，资源使用率也是不同的，这就导致传统云主机架构下，会比较明显地产生一定的资源浪费。一般情况下，白天资源利用率相对较高，资源浪费少一些；夜间资源利用率较低，资源浪费会相对高一些。按照《福布斯》杂志的统计，商业和企业数据中心的典型服务器仅提供 5%～15% 平均最大处理能力的输出，这无疑证明了刚刚对传统云主机架构的资源使用率和浪费程度分析的正确性。

Serverless 架构则可以让用户委托服务提供商管理服务器、数据库和应用程序，甚至逻辑。这种做法一方面减少了用户自己维护的麻烦，另一方面用户可以根据自己实际使用的粒度进行成本的支付。对于服务商而言，它们可以将更多的闲置资源进行处理。这从成本、“绿色”计算角度来说，都是非常不错的。

如图 1-5 所示，折线为一个网站在某天的流量走势图。

- 图 1-5a）是传统云主机架构下流量与费用支出示意图。通常，业务在上线之前是需要进行资源使用量评估的。工作人员在对该网站的资源使用量评估之后，购买了一台可以承受每小时最大 1300PV 的服务器。在一整天内，这台服务器所提供的算力总量为阴影面积，所需要支出的费用也是阴影面积对应算力的费用。但是很明显可以看出，真正有效的资源使用与费用支出仅仅是流量曲线下的面积，而流量曲线上方的阴影部分则为资源损耗与额外的支出部分。
- 图 1-5b）是 Serverless 架构弹性模式下费用支出示意图。可以清晰地看到，费用支出和流量基本是正比关系，即当流量处于一个较低数值时，对应的资源使用量是相对较少的，对应的费用支出也是相对较少的；当流量处于一个较高数值时，资源使用量和费用支出为正相关增长。在整个过程中，可以清晰地看出 Serverless 架构并未像传统云主机架构样产生明显的资源浪费与额外的成本支出。

通过对图 1-5 的分析，不难看出 Serverless 架构所具备的弹性伸缩能力与按量付费模型进行有机结合，可以最大限度地避免资源浪费、降低业务成本。

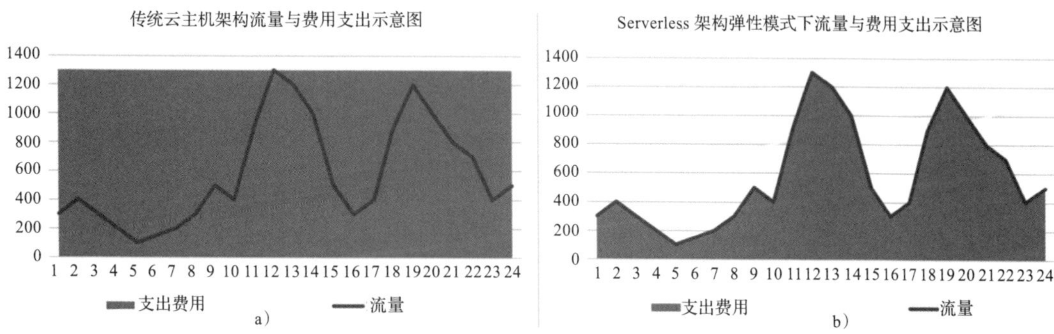

图 1-5　传统云主机架构与 Serverless 架构弹性模式下流量与费用支出对比示意图

4. 其他优势

除前面所说的业务聚焦、弹性伸缩、按量付费等优势，Serverless 架构还具备其他优势。

- 缩短业务创新周期：由于 Serverless 架构在一定程度上是“云厂商努力做更多，让开发者更关注自身的业务”的模式，因此我们可以认为开发者将会付出更少的时间、精力在 ServerFul 架构所需要关注的 OS 层面、云主机层面、系统环境层面，更专注自身的业务逻辑，这带来的直接效果就是提高项目的上线效率、降低业务的创新周期、提高研发交付速度。
- 系统安全性更高：虽然 Serverless 架构在一定程度上有一种“黑盒”即视感，但正因为如此，Serverless 架构往往不会提供登录实例的功能，也不会对外暴露系统的细节。同时，操作系统等层面的维护也都交给云厂商，这意味着在一定程度上 Serverless 架构是更加安全的：一方面表现在 Serverless 架构只对外暴露预定的，且需要暴露的服务和接口，相对云主机在一定程度上免去了被暴力破解的风险；另一方面表现在云厂商有更加专业的安全团队和服务器运维团队来帮助开发者保障整体的业务安全与服务稳定。
- 更平稳的业务变更：Serverless 架构是由云服务商提供的一种天然分布式架构，同时又因为 Noserver 的特性免除了开发者对服务器运行状态的关心和担心，所以在 Serverless 架构下，开发者对业务代码、配置的变更操作非常简单，只需要通过云厂商所提供的工具进行更改即可，待新的业务逻辑平稳生效后则不再需要开发者关注。所以，Serverless 架构在业务的平滑升级、变更、敏捷开发、功能迭代、灰度发布等多个层面有着极大的优势。

当然，即使上面已经举例说明了很多 Serverless 架构的优势，我们仍然没办法枚举出其全部的优势和价值。但不可否认的是，Serverless 架构正在被更多人关注，也正在被更多团队和个人所接受和应用，其价值已快速突显出来。

1.2.2 面临的挑战

虽然 Serverless 架构发展迅速，被更多的人认为是真正意义的云计算，甚至在 2020 年的云栖大会上，Serverless 被再次断言“将会引领云计算的下一个十年”。但是，Serverless 架构仍然有着劣势，面临着诸多挑战。2019 年，UC Berkeley 的文章“Cloud Programming Simplified: A Berkeley View on Serverless Computing”针对 Serverless 架构总结出了包括 Abstraction、System、Networking、Security、Computer architecture 等在内的挑战。

1）Abstraction Challenge。

- 资源需求（Resource Requirement）：通过 Serverless 产品，开发人员可以指定云功能的内存大小和执行时间，而无法指定其他资源需求。这阻碍了那些想要控制更多指定资源的人，例如 CPU、GPU 或其他类型的加速器等资源。
- 数据依赖（Data dependence）：今天的云功能平台不了解云功能之间的数据依赖性，更不了解这些功能可能交换的数据量。这可能导致次优放置，从而导致通信模式效率低下。

2）System Challenge。

- 临时性存储（Ephemeral Storage）：为 Serverless 应用提供临时存储的一种方法是使用优化的网络栈构建分布式内存服务，以保证微秒级的延迟。
- 持久性存储（Durable Storage）：与其他应用程序一样，Serverless 数据库应用受到存储系统的延迟和 IOPS 的限制，需要长期的数据存储和文件系统的可变状态语义。
- 协调服务（Coordination Service）：功能之间的共享状态通常使用生产者 – 消费者设计模式，这需要消费者在生产者获得数据时立即知道。
- 最小化启动时间（Minimize Startup Time）：启动时间包括 3 个部分，一是调度和启动资源以运行云功能的时间，二是下载应用软件环境（例如操作系统、库）以运行功能代码的时间，三是执行特定于应用程序的启动任务的时间，例如加载和初始化数据结构和库的时间。资源调度和初始化可能会因创建隔离的执行环境以及配置客户的 VPC 和 IAM 策略而产生显著的延迟和开销。

3）Networking Challenge：云功能可能会对流行的通信原语（如广播、聚合和混洗）产生巨大的开销。

4）Security Challenge：Serverless 架构重新分配了安全责任，将其中许多人从云用户转移到云提供商，而没有从根本上改变它们。但是，Serverless 架构还存在应用程序分解多租户资源固有的风险。

5）Computer Architecture Challenge：主宰云的 x86 微处理器性能提升速度缓慢。

当然，此处所认为的 Serverless 架构面临的挑战相对来说是比较抽象的。就目前的工业界实际情况来看，这些挑战依旧普遍存在，也是当今众多云厂商不断努力的方向。站在 Serverless 开发者角度来说，将上述挑战与开发者最为关注的几个问题结合起来，可以认为 Serverless 架构目前所面临的挑战包括不限于冷启动问题、厂商锁定、配套资源不完善等。

1. 冷启动问题

所谓的冷启动问题，指的是 Serverless 架构在弹性伸缩时可能会触发环境准备（初始化工作空间）、下载文件、配置环境、加载代码和配置、函数实例启动完整的实例启动流程，导致原本数毫秒或数十毫秒可以得到的请求响应需要在数百毫秒或数秒得到，进而影响业务处理速度。

正如前面所说，任何事物都有两面性。Serverless 架构具备弹性伸缩优势的同时，相对 ServerFul 架构而言也引入一个新的问题：冷启动问题。

Serverless 架构下，开发者提交代码之后，平台一般只会对其持久化并不会为其准备执行环境。所以，当函数第一次被触发时会有一个比较漫长的准备环境的过程，这个过程包括把网络的环境全部打通、将所需的文件和代码等资源准备好。这个从准备环境开始到函数被执行的过程，被称为函数的冷启动。由于 Serverless 架构具有弹性伸缩能力，Serverless 服务的供应商会根据流量波动进行实例的增加或缩减，所以平台就可能频繁准备新的环境、下载函数代码、启动实例来应对不断产生的请求。

如图 1-6 所示，当 Serverless 架构的 FaaS 平台中某函数被触发时，FaaS 平台将会根据具体情况进行实例的复用或者新实例的启动。

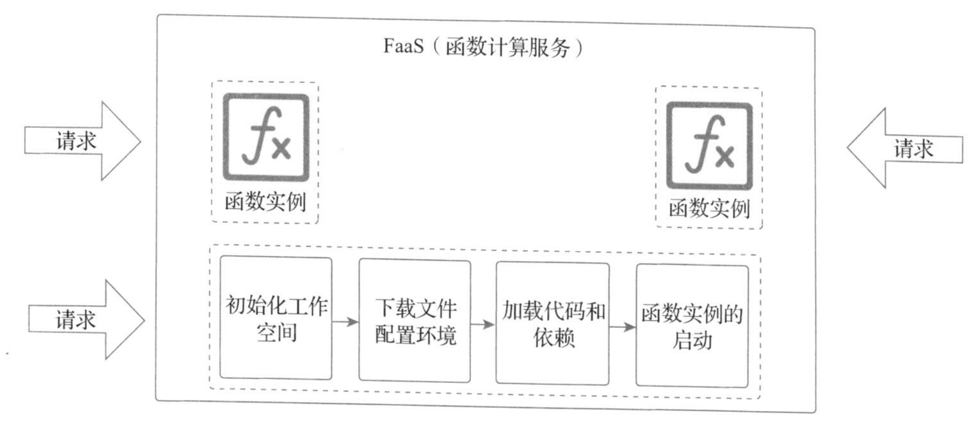

图 1-6　函数计算根据流量进行函数扩缩示意图

如图 1-7 所示，当有空闲且符合复用要求的实例时，FaaS 平台将会优先使用，这个过程是所谓的热启动过程。否则，FaaS 平台将启动新的实例来应对此时的请求，这个过程则是对应的冷启动过程。Serverless 架构这种自动的零管理水平缩放，将持续到有足够的代码实例来处理所有的工作负载为止。其中，“新实例的启动”包括初始化工作空间、下载文件和配置环境、加载代码和依赖、函数实例启动等几个步骤。相对于热启动在数毫秒或者几十毫秒内的启动，冷启动所多出来的这几个步骤耗时可能是数百毫秒甚至数秒。这种在生产时出现的新实例启动，并导致业务响应速度受到影响的情况，通常就是大家所关注的冷启动带来的影响，如图 1-8 所示。

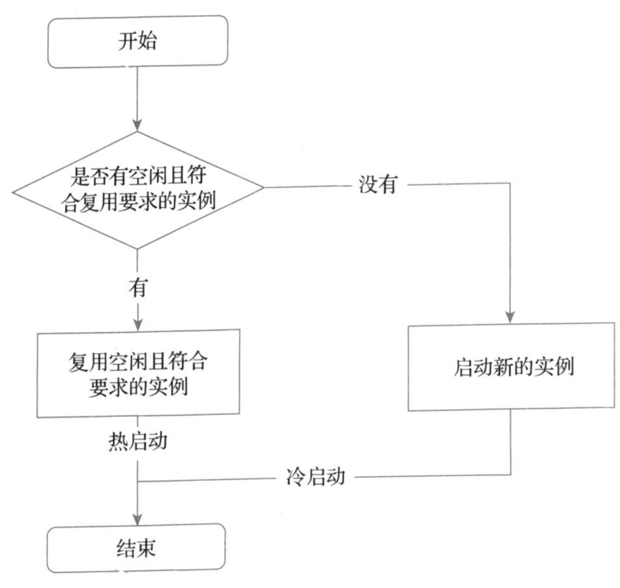

图 1-7 FaaS 平台实例启动流程简图

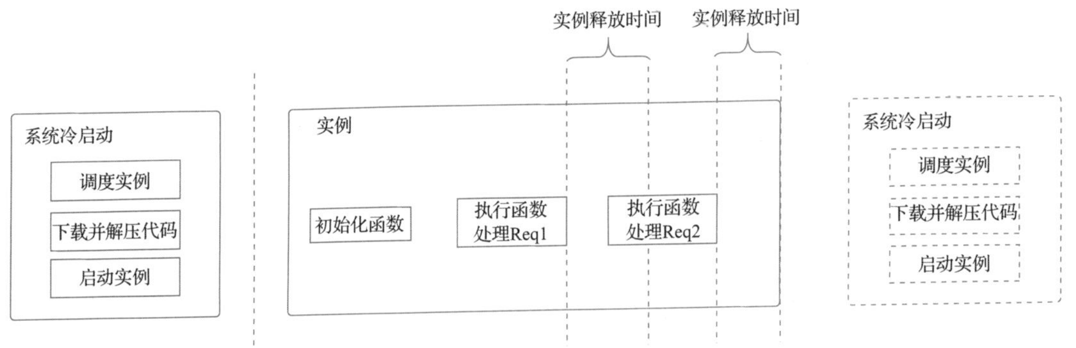

图 1-8 函数冷启动产生示意图

综上所述，不难分析和总结出冷启动问题出现的常见场景。

- 函数的第一次启动：函数部署后的第一次启动，通常是不存在已有实例，所以此时极易出现冷启动问题。

- 请求并发：当前一个请求还没有完成，就收到了新的请求，此时 FaaS 平台会启动新的实例来应对新的请求，进而出现冷启动问题。
- 前后两次触发间隔太久：函数的前后两次触发时间间隔超过了实例释放时间的阈值，也会引发函数的冷启动问题。

目前来看，Serverless 架构所面临的冷启动挑战虽然严峻，但并不致命，因为各个云厂商都正在努力推出冷启动问题的解决方案，包括但不限于实例的预热、实例的预留、资源池化、单实例多并发等。

2. 厂商锁定

所谓的厂商锁定，指的是不同厂商开发的 Serverless 架构的表现形式是不同的，包括产品的形态、功能的维度、事件的数据结构等，所以一旦使用了某个厂商的 Serverless 架构，通常意味着 FaaS 部分和相对应的配套后端基础设施也都要使用该厂商的，若想进行多云部署、项目跨云厂商迁移等将会困难重重，成本极高。

众所周知，函数是由事件触发的，所以 FaaS 平台与配套的基础设施服务所约定的数据结构往往决定了函数的处理逻辑。如果每个厂商相同类型的触发器所约定的事件结构不同，那么在进行多云部署、项目跨云厂商迁移时就会产生巨大的成本。以 AWS Lambda、阿里云以及腾讯云云函数为例，对象存储事件的数据结构对比如图 1-9 所示。

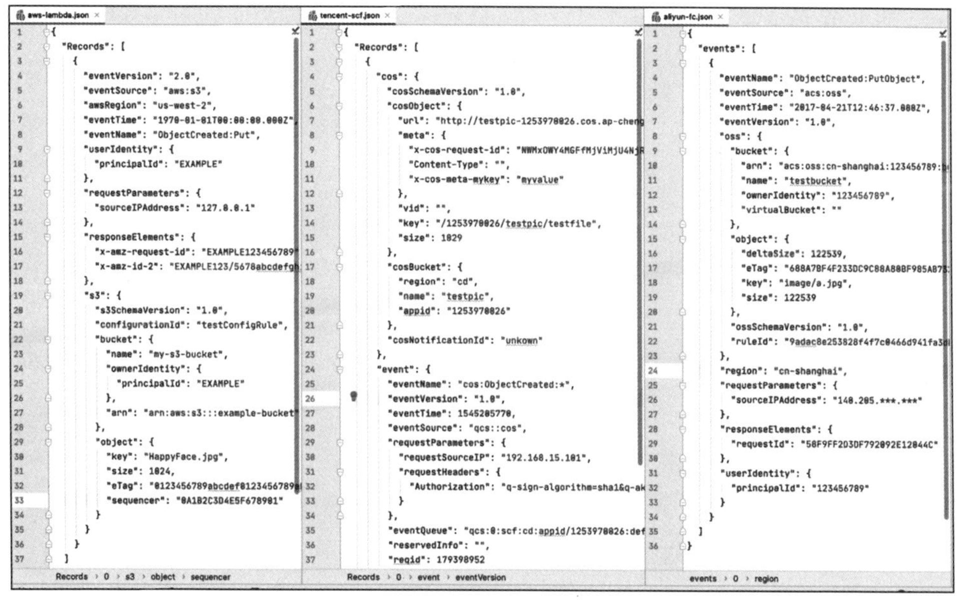

图 1-9　AWS Lambda、腾讯云、阿里云对象存储事件的数据结构对比

通过图 1-9 的对比不难发现，3 个云厂商关于同样的对象存储触发器的数据结构是完全不同的，这就导致开发者对对象存储事件关键信息的获取方法不同，例如同样是获取触发对象存储事件的原始 IP：

按照 AWS 的 Lambda 与 S3 之间规约的数据结构，获取路径为：

```
sourceIPAddress=event["Records"][0]["requestParameters"]["sourceIPAddress"]
```

按照腾讯云的 SCF 与 COS 之间规约的数据结构，获取路径为：

```
sourceIPAddress=event["Records"][0]["event"]["requestParameters"]["requestSourceIP"]
```

按照阿里云的 FC 与 OSS 之间规约的数据结构，获取路径为：

```
sourceIPAddress=event["events"][0]["requestParameters"]["sourceIPAddress"]
```

由此可引申出，当开发者开发一个功能，在不同云厂商所提供的 Serverless 架构中实现时，涉及的代码逻辑、产品能力均是不同的，甚至业务逻辑、运维工具等也是完全不同的。所以想要跨厂商进行业务迁移、业务的多云部署，企业将面临极高的兼容成本、业务逻辑改造成本、多产品的学习成本、数据迁移风险等。

综上所述，由于目前没有完整、统一的且被各云厂商所遵循的规范，不同厂商的 Serverless 架构与自身产品、业务逻辑绑定严重，开发者的跨云容灾、跨云迁移非常困难。目前来看，各云厂商对 Serverless 架构锁定严重的问题也是开发者抱怨最多、担忧最多的问题之一。当然就该问题而言，无论 CNCF 还是其他一些组织、团队都努力在上层通过更规范、更科学的方法进行完善和处理。

3. 配套资源不完善

所谓的配套资源不完善，指的是 Serverless 架构的核心思想之一是将更多、更专业的事情交给云厂商来做，但是在实际过程中，云厂商会碍于一些需求优先以及自身业务素质等问题，没有办法做更多“在 Serverless 架构中该做的事情”，导致开发者对基于 Serverless 架构开发项目、运维应用过程中困难重重，抱怨不断。

在 Serverless 架构飞速发展的过程中，各个厂商也在努力完善自身的配套资源和设施。尽管如此，Serverless 架构还是有很多配套资源不完善，并不能让开发者更顺利地完成 Serverless 应用的开发、更轻松地对 Serverless 应用进行运维，主要表现在以下几个方面。

1）配套的开发者工具复杂多样，且功能匮乏：一方面表现在市面上开发者工具链匮乏，这导致开发和部署难度大，进而增加成本；另一方面表现在缺乏相关的工具链在体验层对 Serverless 体验进一步提升，优质工具链的匮乏导致本来就担心被厂商绑定的 Serverless 开发者变得更难与厂商解绑。2020 年 10 月，信通院发布的国内首个《云原生用户调查报告》

明确指出在使用 Serverless 架构之前，49% 的用户考虑部署成本，26% 的用户考虑厂商绑定情况，24% 的用户考虑相关工具集完善程度。这些数据背后透露的实际是：开发者对于完善工具链的强烈需求。就目前情况来看，并没有绝对统一、一致的 Serverless 开发者工具，每个厂商都有自己的开发者工具，而且使用形式、行为表现并不相同，这就导致开发者在开发前的调研、开发中的调试、部署后的运维等多个层面面临很严峻的挑战。另外，绝大部分的 Serverless 开发者工具更多是资源编排、部署工具，并不能真正称为开发工具、运维工具，尤其在调试中不能保证线上和线下环境的一致；在运维时不能快速对业务进行调试，不能保证更简单地排查错误；在定位问题等方面并没有统一、完整的方案，这就导致 Serverless 架构的学习成本、使用成本对开发者来说会变得非常高。

2）配套的帮助文档、学习资源并不完善，学习成本过高。就目前情况来看，Serverless 架构的学习资源相对来说是匮乏的，无论从文字、视频、实验等角度，还是从厂商提供的案例、教程、最佳实践等角度，都没有完善的学习资源和参考案例。正是由于 Serverless 学习资源比较少，开发经验案例比较少，开发者在学习阶段很难找到适合自己的学习资源，开发过程中经常会遇到未知错误，严重阻塞了 Serverless 架构在开发者侧的心智建设。

当然，上述几个方面也只是 Serverless 架构在配套资源、设施层面不完善的部分表现。除此之外，Serverless 架构如何与传统框架更紧密地结合；传统业务如何更容易地迁移到 Serverless 架构；Serverless 架构如何做监控、告警；如何管理 Serverless 应用与 Serverless 资源；Serverless 架构的科学发布、运维的最佳实践是什么样子的……这些问题也都是需要研究与探索的。

时至今日，对于 Serverless 架构尽管还有很多的挑战需要面对，但是各个云厂商都在努力摆脱困境，希望通过更好的体验助力用户将业务代码更简单、更快速地部署到 Serverless 架构，例如阿里云 Serverless 团队开源的 Serverless Devs 就是一款无厂商锁定的 Serverless 应用全生命周期管理工具。

如图 1-10 所示，Serverless Devs 可参与到项目的创建、开发、调试、部署与运维的全流程，以阿里云函数计算组件为例。

Serverless Devs项目全生命周期

创建 →	开发 →	调试 →	部署 →	运维
应用中心 开发者工具 ...	本地开发 本地调试 ...	日志查询 本地调试 远程调用 ...	项目部署 依赖安装 项目构建 ...	指标查询 日志查询 项目发布 ...

[以阿里云函数计算组件为例示意]

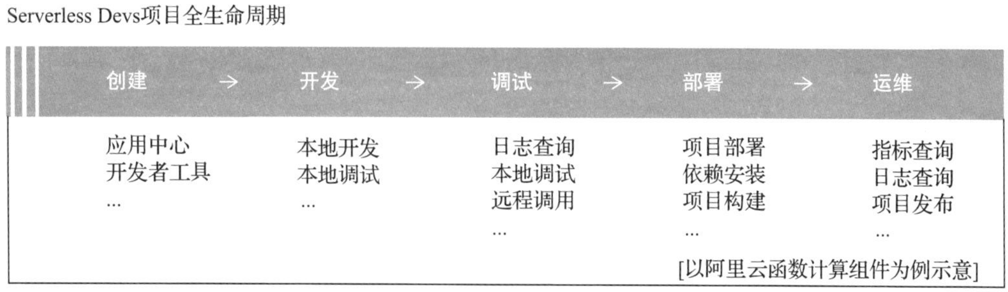

图 1-10 Serverless Devs 项目全生命周期管理 Serverless 应用示意图

- 在项目的创建环节，可通过开发者工具或者应用中心进行项目的最初创建。
- 在项目开发环节，可以通过本地开发、调试等能力来验证本地开发的正确性。
- 在项目调试环节，可以通过本地调试与远程调用、日志查询等能力进行项目的最终调试。
- 在项目部署环节，可以先通过依赖安装、项目构建等流程构建完整的部署包，再进行项目的部署。
- 在后期运维环节，可以通过指标查询进行项目健康度检查，通过日志查询等进行问题定位，通过项目发布等能力进行版本发布、别名发布以及灰度发布等。

除此之外，各个云厂商在学习资源层面大力支持。图 1-11 是腾讯云 Serverless 团队提供的 Serverless 学习路径课，图 1-12 是阿里云开发者社区提供的大量 Serverless 课程。

图 1-11　腾讯云 Serverless 团队提供的 Serverless 学习路径课

图 1-12　阿里云开发者社区提供的大量 Serverless 课程

4. 其他挑战

Serverless 架构如今已经非常热门，各个厂商也都在付诸更大的努力完善自身的 Serverless 产品，推动 Serverless 生态和心智建设。但是，Serverless 架构所暴露出的挑战，并不只有前面所描述的。

- Serverless 架构在某些安全层面会有更大的挑战：尽管把更专业的事情交给更专业的人，让 Serverless 架构在安全层面有了更大的保障，但是由于 Serverless 架构的极致弹性能力让开发者产生了更多的担心，“如果有人恶意对我的业务进行流量攻击，Serverless 架构的极致弹性和按量付费会不会让我迅速产生巨大的损失？”曾有创业公司因为遭受恶意流量攻击，一夜之间损失数千美元。所以，当安全性更高、性能更好的 Serverless 架构面对流量攻击时，所表现的结果是产生巨大的费用支出。这与传统云主机所表现出的“无法提供服务”是不同的，但是更让开发者担忧。尽管现在很多厂商都在通过 API 网关的白名单与黑名单功能、函数计算的实例资源上限配置等相关功能解决该问题，但仍然值得开发者关注和深思。
- 出现错误难以感知也难以排查：由于 Serverless 架构相对传统云主机架构更有“黑盒”即视感，所以在 Serverless 架构下进行应用的开发，往往会出现一些难以感知的错误。例如某些经验不足的 Serverless 应用开发者在使用对象存储触发器时就可能会面临严重的循环触发问题，具体为“客户端上传图片到对象存储，对象存储触发函数执行图片压缩操作，之后将结果图片回写到对象存储，如果这里的触发条件设置不清晰，就可能导致循环触发压缩、回写操作”。有用户在使用 S3 触发 AWS 的 Lambda 时出现了循环回写和触发操作，产生数百美元的额外支出，直到账单报警才发现这个问题。当然，除了刚刚所描述的错误难以感知之外，Serverless 架构还存在错误难以排查的挑战。常见的情况是，用户在本地进行业务逻辑开发并调试完成，将代码部署到线上后出现偶然性错误，此时由于无法登录机器进行调试，并且实例可能在触发之后被释放，出现了问题难以定位、难以溯源等挑战。

与 Serverless 架构的优势一样，即使在上文中已经举例说明很多 Serverless 架构所面临的挑战，我们仍然没办法枚举其现阶段的全部劣势。虽然一些挑战已经有一些解决方案，但也会因为用户需求过于强烈，存在一些违背 Serverless 思想的方案。例如：为了更好地解决冷启动问题，多家云厂商先后提出了实例预留功能，即当开发者无法信任 Serverless 平台可以更好地做弹性伸缩时，为了最大限度地减少冷启动带来的性能问题，云厂商允许开发者提前预留一些实例，以备不时之需。诚然，这种做法在一定程度上与 Serverless 所主张的思想有一定冲突，却也是当前解决冷启动带来的性能损耗的一个比较有效的手段。

综上所述，Serverless 架构所面临的挑战很多，但也会因为这些挑战给更多组织、团队带来新的机会。

1.3 Serverless 架构的应用场景

Serverless 架构将成为未来云计算领域重要的技术架构，将会被更多的业务所采纳。进一步深究，Serverless 架构在什么场景下有优秀的表现，在什么场景下可能表现得并不是很理想呢？或者说，有哪些场景更适合 Serverless 架构呢？

Serverless 架构的应用场景通常是由其特性决定的，所支持的触发器决定具体场景。

如图 1-13 所示，CNCF Serverless Whitepaper v1.0 描述的关于 Serverless 架构所适合的用户场景如下。

- ❑ 异步并发，组件可独立部署和扩展的场景。
- ❑ 突发或服务使用量不可预测的场景。
- ❑ 短暂、无状态的应用，对冷启动时间不敏感的场景。
- ❑ 需要快速开发、迭代的业务。

图 1-13 CNCF Serverless Whitepaper v1.0 描述的 Serverless 架构所适合的用户场景

CNCF 除基于 Serverless 架构的特性给出 4 个适用的用户场景之外，还结合常见的触发器提供了详细的例子。

- ❑ 响应数据库更改（插入、更新、触发、删除）的执行逻辑。
- ❑ 对物联网传感器输入消息（如 MQTT 消息）进行分析。
- ❑ 执行流处理（分析或修改动态数据）。
- ❑ 数据单次提取、转换和存储需要在短时间内进行大量处理（ETL）。
- ❑ 通过聊天机器人界面提供认知计算（异步）。
- ❑ 调度短时间内执行的任务，例如 CRON 或批处理的调用。
- ❑ 机器学习和人工智能模型。
- ❑ 持续集成管道，按需为构建作业提供资源。

CNCF Serverless Whitepaper v1.0 基于 Serverless 架构的特点，从理论上描述了 Serverless 架构适合的场景或业务。云厂商则站在自身业务角度来描述 Serverless 架构的典型应用场景。通常情况下，当对象存储作为 Serverless 相关产品触发器时，典型的应用场景包括视频处理、数据 ETL 处理等；API 网关更多会为用户赋能对外的访问链接以及相关联的功能等，当 API 网关作为 Serverless 相关产品的触发器时，典型的应用场景就是后端服务，包括 App 后端服务、网站后端服务甚至微信小程序等相关产品的后端服务。一些智能音箱也会开放相关接口，这个接口也可以通过 API 网关触发云函数，获得相应的服务等；除了对象存储触发以及 API 网关触发，常见的触发器还有消息队列触发器、Kafka 触发器、日志触发器等。

1. Web 应用或移动应用后端

如果 Serverless 架构和云厂商所提供的其他云产品结合，开发者能够构建可弹性扩展的移动应用或 Web 应用程序 ，轻松创建丰富的无服务器后端。而且这些程序在多个数据中心可用。图 1-14 所示为 Web 应用后端处理示例。

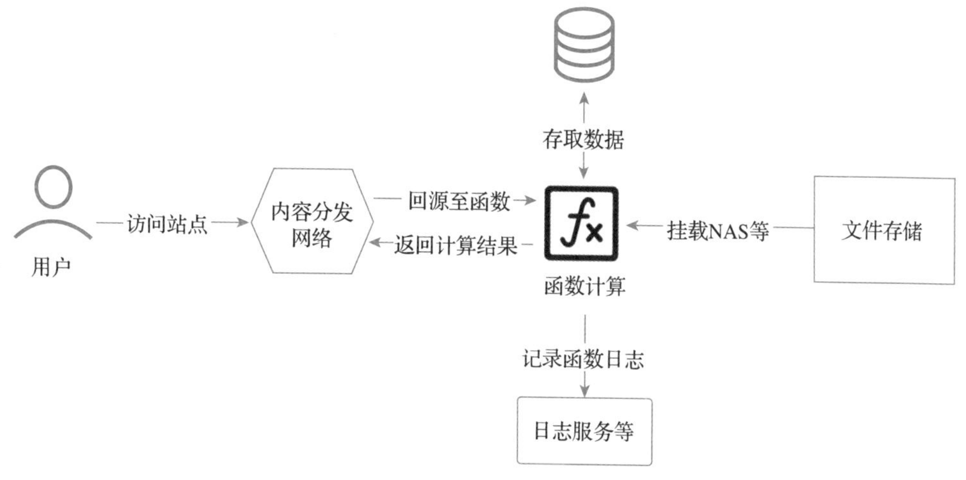

图 1-14 Web 应用后端处理示例

2. 实时文件 / 数据处理

在视频应用、社交应用等场景下，用户上传的图片、音视频往往总量大、频率高，对处理系统的实时性和并发能力都有较高要求。此时，对于用户上传的图片，我们可以使用多个函数对其分别处理，包括图片的压缩、格式转换等，以满足不同场景下的需求。图 1-15 所示为实时文件处理示例。

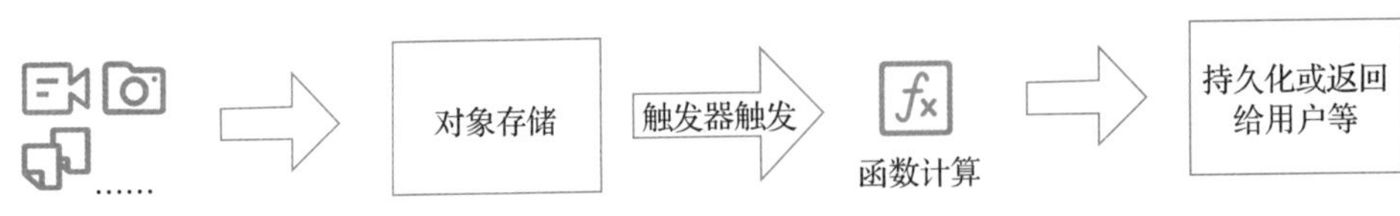

图 1-15 实时文件处理示例

我们可以通过 Serverless 架构所支持的丰富的事件源、事件触发机制、代码和简单的配置对数据进行实时处理，例如：对对象存储压缩包进行解压、对日志或数据库中的数据进行清洗、对 MNS 消息进行自定义消费等。图 1-16 所示为实时数据处理示例。

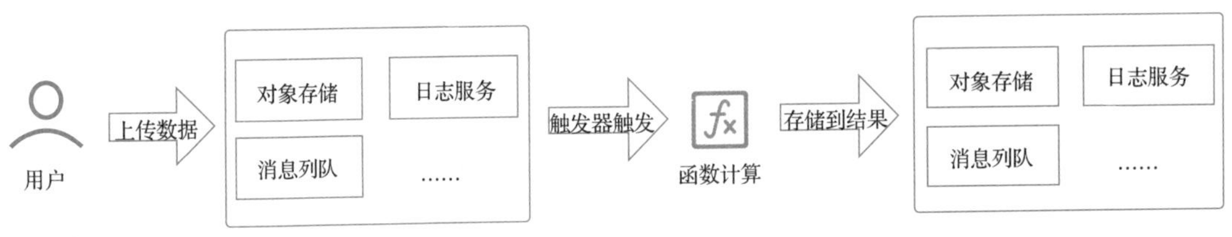

图 1-16 实时数据处理示例

3. 离线数据处理

通常，要对大数据进行处理，我们需要搭建 Hadoop 或者 Spark 等相关的大数据框架，同时要有一个处理数据的集群。但通过 Serverless 技术，我们只需要将获得到的数据不断存储到对象存储，并且通过对象存储配置的相关触发器触发数据拆分函数进行相关数据或者任务的拆分，然后再调用相关处理函数，之后存储到云数据库中。例如：某证券公司每 12 小时统计一次该时段的交易情况并整理出该时段交易量 top5；每天处理一遍秒杀网站的交易流日志获取因售罄而产生的错误，以便准确分析商品热度和趋势等。函数计算近乎无限扩容的能力可以使用户轻松地进行大容量数据的计算。利用 Serverless 架构可以对源数据并发执行 mapper 和 reducer 函数，在短时间内完成工作。相比传统的工作方式，使用 Serverless 架构更能避免资源的闲置，从而节省成本。数据 ETC 处理流程可以简化为图 1-17。

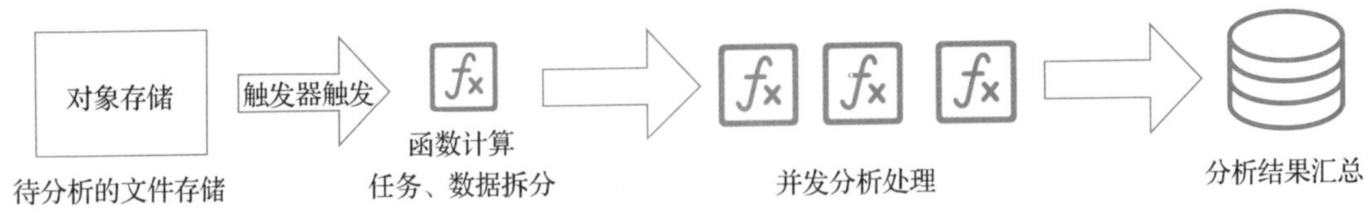

图 1-17 数据 ETL 处理示例

4. 人工智能领域

在 AI 模型完成训练，对外提供推理服务时，基于 Serverless 架构，将数据模型包装在调用函数中，在实际用户的请求到达时再运行代码。相对于传统的推理预测，这样做的好处是无论是函数模块还是后端的 GPU 服务器，以及对接的其他相关机器学习服务，都可以进行按量付费以及自动伸缩，从而在保证性能的同时确保服务的稳定。图 1-18 为机器学习（AI 推理预测）处理示例。

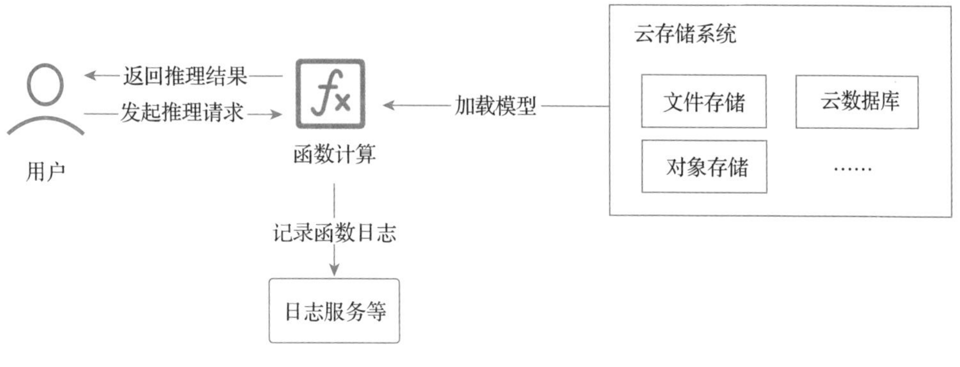

图 1-18 机器学习（AI 推理预测）处理示例

5. 物联网（IoT）领域

目前，很多厂商都在推出自己的智能音箱产品——用户对智能音箱说一句话，智能音箱通过互联网将这句话传递给后端服务，然后得到反馈结果，再返给用户。通过 Server-less 架构，厂商可以将 API 网关、云函数以及数据库产品结合起来，以替代传统的服务器或者虚拟机等。Serverless 架构一方面可以确保资源能按量付费，即用户只有在使用的时候，函数部分才会计费；另一方面当用户量增加时，通过 Serverless 架构实现的智能音箱系统的后端也会进行弹性伸缩，保证用户侧的服务稳定，且对其中某个功能的维护相当于对单个函数的维护，并不会给主流程带来额外风险，相对来说会更加安全、稳定等。图 1-19 为 IoT 后端处理示例。

图 1-19 IoT 后端处理示例

6. 监控与自动化运维

在实际生产中，我们经常需要做一些监控脚本来监控网站服务或者 API 服务是否健康，包括是否可用、响应速度等。传统的方法是通过一些网站监控平台（例如 DNSPod 监控、360 网站服务监控，以及阿里云监控等）进行监控和告警。这些监控平台的原理是用户自己设置要监控的网站和预期的时间阈值，由监控平台部署在各地区的服务器定期发起请求，进而判断网站或服务的可用性。当然，这些服务器虽然说通用性很强，但实际上并不一定适合。例如，现在需要监控某网站状态码和不同区域的延时，同时设置一个延时阈值，当网站状态异常或者延时过大时，平台通过邮件等进行通知和告警。目前，针对这样一个定制化需求，大部分监控平台很难直接实现，所以开发一个网站状态监控工具就显得尤为重要。除此之外，在实际生产运维中，对所使用的云服务进行监控和告警也非常有必要。例如：在使用 Hadoop、Spark 时要对节点的健康进行监控；在使用 Kubernetes 时要对 API Server、ETCD 等的指标进行监控；在使用 Kafka 时要对数据积压量，以及 Topic、Consumer 等的指标进行监控。对于这些服务的监控，我们往往不能通过简单的 URL 以及某些状态进行判断。在传统的运维中，我们通常会在额外的机器上设置一个定时任务，以对相关服务进行旁路监控。

Serverless 架构的一个很重要的应用场景就是运维、监控与告警，即通过与定时触发器结合使用，实现对某些资源健康状态的监控与感知。图 1-20 为网站监控告警示例。

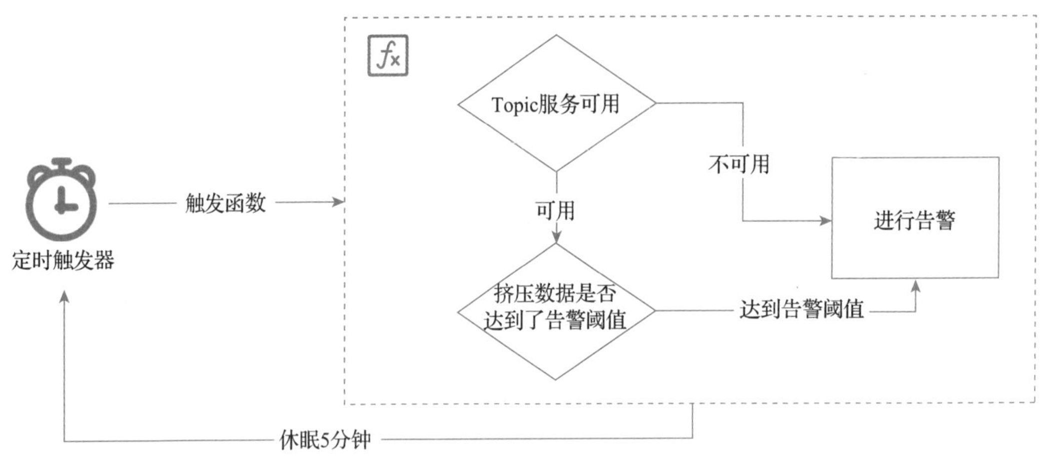

图 1-20 网站监控告警示例

第2章 Chapter 2

Serverless架构下的应用开发

本章主要从Serverless架构下的应用开发流程、与ServerFul开发流程的对比、传统Web框架部署与迁移等多个方面，对Serverless架构下的应用开发进行相关介绍。通过这一章，读者可以对云时代新计算范式的开发流程有一个更为全面的认识，对传统Web框架的迁移方案也会有更为完整的了解，同时通过对开发、调试、部署、运维等流程的探索，对Serverless架构下的应用开发有更为深入的理解。

2.1 Serverless架构下的应用开发流程

UC Berkeley认为Serverless架构的出现过程类似于40多年前从汇编语言转向高级语言的过程，在未来Serverless架构的使用会飙升，或许服务器式云计算不会消失，但是将促进BaaS发展，以更好地为Serverless架构提供支持。未来10年，Serverless架构将逐渐向取代ServerFul的方向发展。

基于Serverless架构的应用开发将形成一套无服务器开发思路，这种应用开发流程将会比基于传统架构的应用开发更简单。

在Serverless架构下进行应用开发，用户通常只需要按照规范编写代码、构建产物，然后部署到线上。如图2-1所示，CNCF Serverless Whitepaper v1.0指出函数的生命周期从编写代码并提供规范元数据开始，一个Builder实体将获取代码和规范，然后编译并将其转换为工件，接下来将工件部署在具有控制器实体的集群上。该控制器实体负责基于事件流量

和 / 或实例上的负载来扩展函数实例的数量。

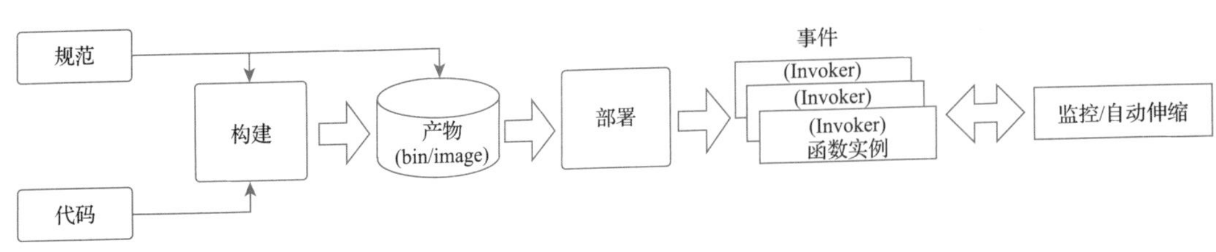

图 2-1　函数部署流水线示意图

如图 2-2 所示，函数创建和更新的完整流程如下。

1）在创建函数时，提供其元数据作为函数创建的一部分，对其进行编译使其具有可发布的特性。接下来启动、禁用函数。函数部署要能够支持以下用例。

- 事件流（Event Streaming）：在此用例中，队列中可能始终存在事件，但是可能需要通过请求暂停 / 恢复进行处理。
- 热启动（Warm Startup）：在任何时候，具有最少实例的函数能使所接收的“第一”事件快速启动，因为该函数已经部署并准备好为事件服务（而不是冷启动），其中函数通过“传入”事件在第一次调用时部署。

2）用户可以发布一个函数，这将创建一个新版本（最新版本的副本），发布的版本可能会被标记或有别名。

3）用户可能希望直接执行 / 调用函数（绕过事件源或 API 网关）以进行调试和开发过程。用户可以指定调用参数，例如所需版本、同步 / 异步操作、详细日志级别等。

4）用户可能想要获得函数统计数据（例如调用次数、平均运行时间、平均延迟、失败次数、重试次数等）。

5）用户可能想要检索日志数据，这可以通过严重性级别、时间范围、内容来过滤。Log 数据是每个函数级别的，它包括诸如函数创建 / 删除、警告或调试消息之类的事件，以及可选的函数的 Stdout 或 Stderr。优选每次调用具有一个日志条目或者将日志条目与特定调用相关联的方式（以允许更简单地跟踪函数执行流）。

如图 2-3 所示，以阿里云 Serverless 产品为例，在生产环境中开发 Serverless 应用的流程是：根据 FaaS 供应商所提供的 Runtime，选择一个熟悉的编程语言，然后进行项目开发、测试（步骤 1）；完成之后将代码上传到 FaaS 平台（步骤 2）；上传完成之后，通过 API/SDK（步骤 3）或者由一些云端的事件源（步骤 3）触发上传到 FaaS 平台的函数，FaaS 平台就会根据触发的并发度等弹性执行对应的函数（步骤 4）；最后用户根据实际资源使用量按量付费（步骤 5）。

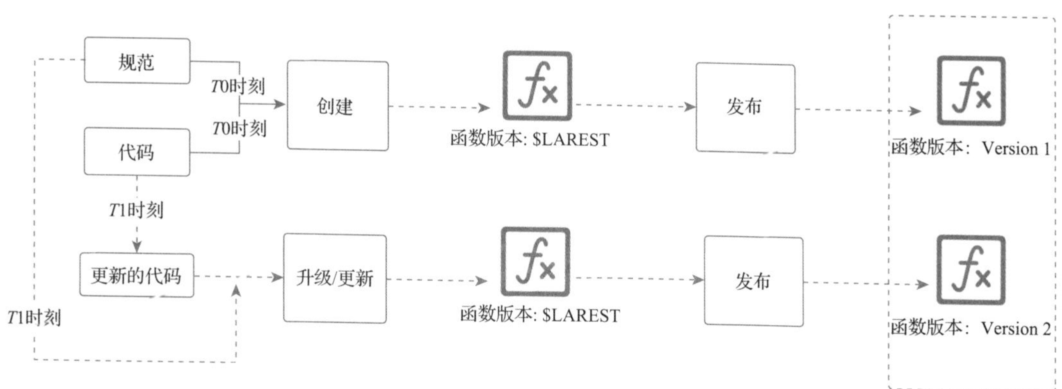

图 2-2　函数创建 / 更新流程示意图

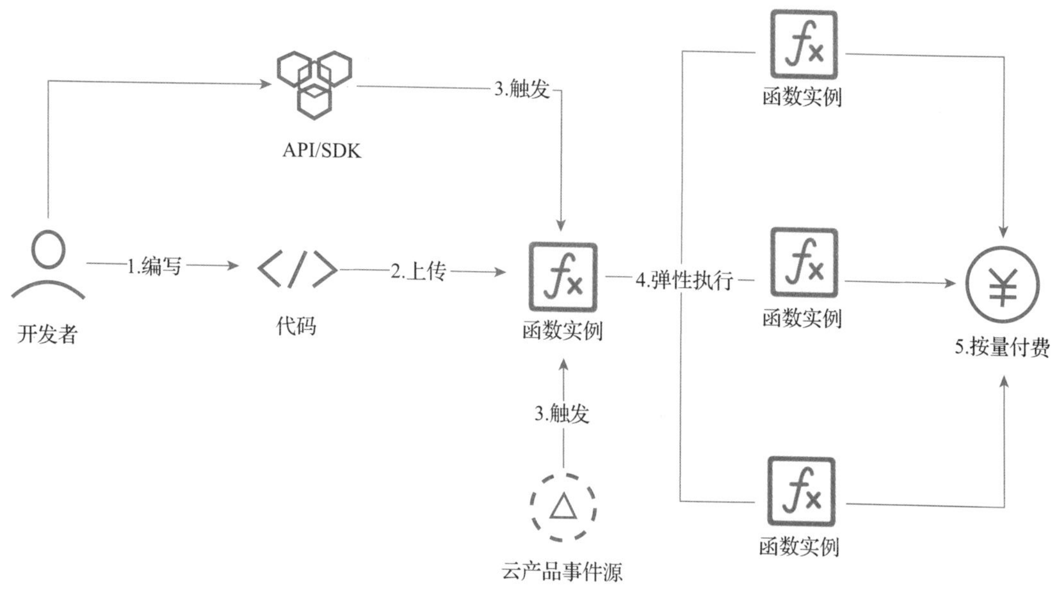

图 2-3　开发 Serverless 应用的流程

2.2　与 ServerFul 应用开发流程对比

本节将通过生产环境中的案例，对传统架构下的应用开发与 Serverless 架构下的应用开发进行举例对比。下面以一个 Web 应用为例。

如图 2-4 所示，通常情况下一些 Web 应用都是传统的三层 C/S 架构，例如一个常见的电子商务应用，假设它的服务端用 Java，客户端用 HTML/JavaScript；在这个架构下服务端仅为云服务器，承载了大量业务功能和业务逻辑，例如，系统中的大部分逻辑（身份验证、页面导航、搜索、交易等）都在服务端实现。当把它改造成 Serverless 应用形态时，架构如图 2-5 所示。

图 2-4 传统三层 C/S 架构下某电子商务网站应用简图

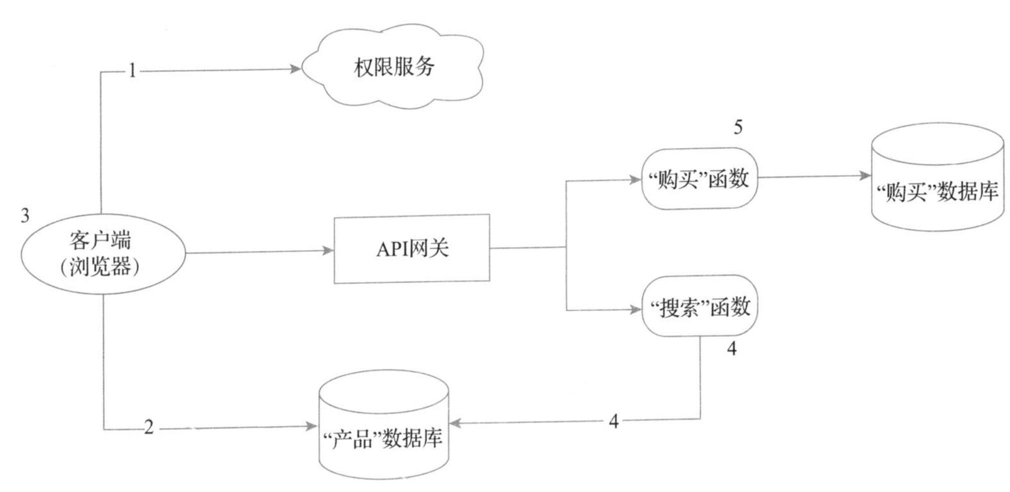

图 2-5 Serverless 架构下某电子商务网站应用架构简图

在 Serverless 应用形态下，移除最初应用中的身份验证逻辑，换用一个第三方的 BaaS 服务（步骤 1）；允许客户端直接访问一部分数据内容，这部分数据完全由第三方托管，这里会用一些安全配置来管理客户端访问相应数据的权限（步骤 2）。前面两点已经隐含了非常重要的第三点，即先前服务器端的部分逻辑已经转移到了客户端，如保持用户会话、理解应用的 UX 结构、获取数据并渲染用户界面等，客户端实际上已经在逐步演变为单页应用（步骤 3）；还有一些任务需要保留在服务器上，比如繁重的计算任务或者需要访问大量数据的操作。这里以"搜索"为例，搜索功能可以从持续运行的服务器端拆分出来，以 FaaS 的方式实现，从 API 网关（后文做详细解释）接收请求并返回响应。这个服务器端函数可以和客户端一样，从同一个数据库读取产品数据。原先的搜索代码略做修改就能实现这个"搜索"函数（步骤 4）；还可以把"购买"功能改写为另一个 FaaS 函数，出于安全考虑，它需要在服务器端而非客户端实现，它同样由 API 网关暴露给外部使用（步骤 5）。

传统云主机架构下应用的开发和上线如图 2-6 所示。开发者完成代码开发之后，需要进行上线前的准备，包括但不限于评估资源、购买服务器、安装操作系统、安装服务器软件等，完成之后再进行代码部署，之后还需要有专业的人或者团队，对服务器等资源进行持续监控和运维等，例如流量突然提升时需要进行服务器的平滑扩容，流量突然降低时需要进行服务器的平滑缩容等。但是在 Serverless 架构下，整个开发模式发生了比较大的改变。

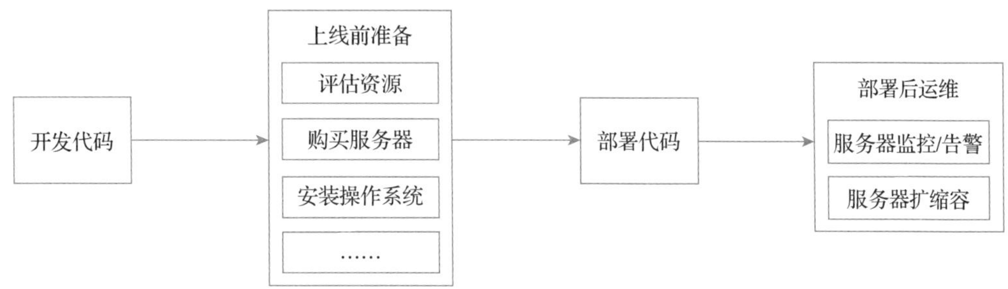

图 2-6　传统云主机架构下应用开发和上线流程简图

结合上面某电子商务网站（见图 2-7），在上述应用开发和上线流程中，Serverless 架构开发者实际关心的只剩下函数中的业务逻辑，至于身份验证逻辑、API 网关以及数据库等原先在服务器端的一些产品和服务统统由云厂商提供。同时，用户不需要关注服务器层面的维护，也无须为流量的波峰和波谷进行运维资源的投入。用户也无须为资源闲置进行额外的支出，Serverless 架构的按量付费以及弹性伸缩能力、服务端低运维 / 免运维能力，可以让用户的资源成本、人力成本降低，整体研发效能大幅提升，让项目的性能、安全性、稳定性得到极大的保障。

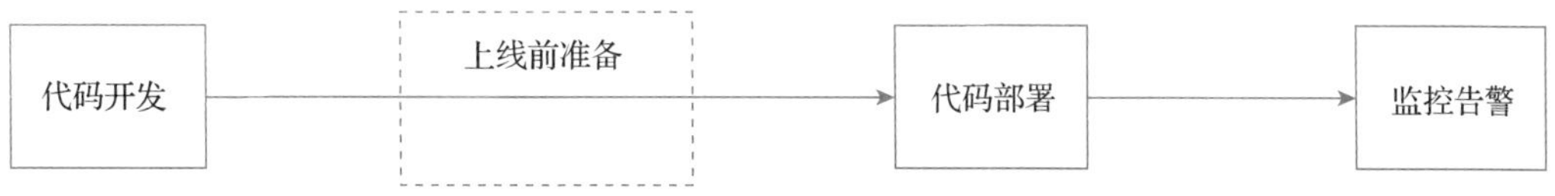

图 2-7　Serverless 架构下应用开发和上线流程简图

综上所述，Serverless 架构与传统架构应用开发流程的明显区别是，前者让开发者将更多的精力放在自身业务逻辑上，并强调 Noserver 的心智，将更专业的事情交给更专业的人去做，这有助于业务的创新和效率的提升，降低业务上线及迭代周期等。

2.3 传统 Web 框架部署与迁移

与其说 Serverless 架构是一个新的概念，不如说它是一种全新的思路，一种新的编程范式。本以为在这种新的架构下，或者说新的编程范式下，使用全新的思路来做 Serverless 应用再好不过了，但实际上并不是这样的，因为原生的 Serverless 开发框架非常少。以 Web 框架为例，目前主流的 Web 框架“均不支持 Serverless 模式部署”，因此我们一方面要尝试接触 Serverless，一方面又没办法完全放弃传统框架，所以如何将传统框架更简单、更快速、更科学地部署到 Serverless 架构是一个值得探讨的问题。

2.3.1 请求集成方案

请求集成方案实际上就是把真实的 API 网关请求直接透传给 FaaS 平台，而不在中途增加任何转换逻辑。以阿里云函数计算的 HTTP 函数为例，当想要把传统框架（例如 Django、Flask、Express、Next.js 等）部署到阿里云函数计算平台，并且体验 Serverless 架构带来的按量付费、弹性伸缩等红利时，得益于阿里云函数计算的 HTTP 函数和 HTTP 触发器，使用者不仅可以快速、简单地将框架部署到阿里云函数计算平台，还可以获得和传统开发一样的体验。例如以 Python 的 Bottle 框架开发一个 Bottle 项目：

```
# index.py
import bottle

@bottle.route('/hello/<name>')
def index(name):
    return "Hello world"

if __name__ == '__main__':
    bottle.run(host='localhost', port=8080, debug=True)
```

之后，可以直接在本地进行调试。当想要把该项目部署到阿里云函数计算平台时，只需要增加一个 default_app 的对象即可：

```
app = bottle.default_app()
```

整个项目的代码如下所示：

```
# index.py
import bottle

@bottle.route('/hello/<name>')
def index(name):
    return "Hello world"
```

```
app = bottle.default_app()

if __name__ == '__main__':
    bottle.run(host='localhost', port=8080, debug=True)
```

若在阿里云函数计算平台创建函数，将入口函数设置为 index.app 即可。除了 Bottle 框架之外，其他 Web 框架的操作方法是类似的，再以 Flask 为例：

```
# index.py
from flask import Flask
app = Flask(__name__)

@app.route('/')
def hello_world():
    return 'Hello, World!'

if __name__ == '__main__':
    app.run(
        host="0.0.0.0",
        port=int("8001")
)
```

在创建函数的时候设置入口函数为 index.app，就可以保证该 Flask 项目运行在函数计算平台上。

当然，除了使用已有的语言化 Runtime（指具体语言的运行时，例如 Python3 运行时、Node. js12 运行时），我们还可以考虑使用 Custom Runtime 和 Custom Container 来实现，例如，一个 Web 项目完成之后，可以编写一个 Bootstrap 文件（在 Bootstrap 文件中写一些启动命令）。例如要启动一个 Express 项目，把 Express 项目准备完成之后，可以直接创建 Bootstrap 文件，并将启动命令配置到该文件中：

```
#!/usr/bin/env bash
export PORT=9000
npm run star
```

阿里云函数计算还提供了更简单的 Web 框架迁移方案。图 2-8 所示是阿里云函数计算页面传统 Web 框架迁移功能示例。

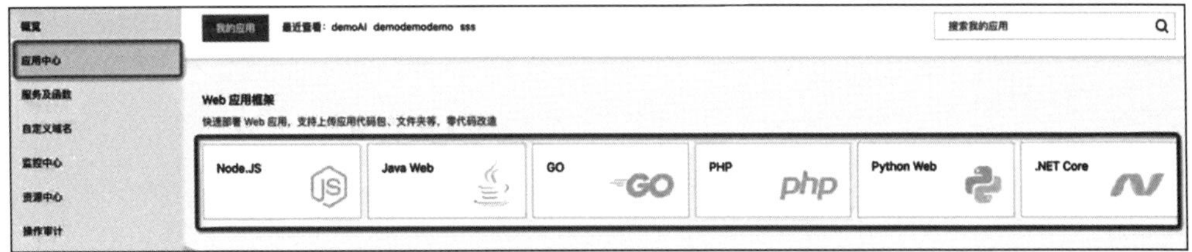

图 2-8　阿里云函数计算页面传统 Web 框架迁移功能

选择对应的环境之后，只需要上传代码，做好简单的配置，即可让传统的 Web 框架迁移至阿里云函数计算平台。

如果通过开发者工具进行部署，以 Serverless Devs 为例，首先创建 index.py：

```
# -*- coding: utf-8 -*-
from bottle import route, run

@route('/')
def hello():
    return "Hello World!"

run(host='0.0.0.0', debug=False, port=9000)
```

然后编写资源和行为描述文件：

```
edition: 1.0.0
name: framework                                             #项目名称
access: "default"                                           #密钥别名

services:
    framework:                                              #业务名称/模块名称
        component: fc                                       #组件名称
        actions:
            pre-deploy:                                     #在部署之前运行
                - run: pip3 install -r requirements.txt -t .  #要运行的命令行
                    path: ./code                            #命令行运行的路径
        props:                                              #组件的属性值
            region: cn-beijing
            service:
                name: web-framework
                description: 'Serverless Devs Web Framework Service'
            function:
                name: bottle
                description: 'Serverless Devs Web Framework Bottle Function'
                codeUri: './code'
                runtime: python3
                handler: index.app
                timeout: 60
            triggers:
                - name: httpTrigger
                    type: http
                    config:
                        authType: anonymous
                        methods:
                            - GET
            customDomains:
                - domainName: auto
                    protocol: HTTP
```

```
            routeConfigs:
              - path: '/*'
```

同时，提供对应的 Bootstrap 文件，即启动文件：

```
#!/bin/bash
python3 index.py
```

完成之后，执行 deploy 指令进行部署：

```
s deploy
```

部署结果如图 2-9 所示。

```
Start ...
It is detected that your project has the following project/projects < BottleComponent > to be execute
Start executing project BottleComponent
No component bottle-alibaba@0.0.18 is found, it will be downloaded soon, this may take a few minutes......
Start the pre-hook
[Hook / Plugin] pip3 install -r requirements.txt -t ./
Executing ...
Collecting bottle==0.12.18
  Using cached bottle-0.12.18-py3-none-any.whl (89 kB)
Installing collected packages: bottle
Successfully installed bottle-0.12.18
WARNING: Target directory /Users/jiangyu/Desktop/demoTest/python3/bottle/src/__pycache__ already exists. Specify --upgrade to f
e replacement.
WARNING: You are using pip version 20.2.4; however, version 20.3.3 is available.
You should consider upgrading via the '/usr/local/bin/python3.7 -m pip install --upgrade pip' command.
End the pre-hook
? Please select an access: alibaba: release
Waiting for service s-service to be deployed...
Service s-service deploy success
```

图 2-9　Serverless Devs 部署 Bottle 框架过程

根据返回的网址，可以看到部署结果预览，如图 2-10 所示。

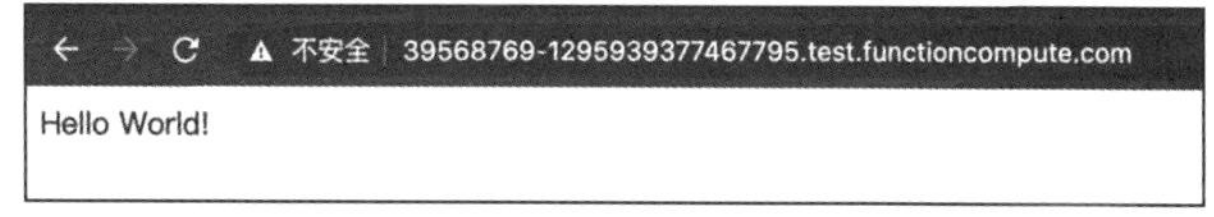

图 2-10　Serverless Devs 部署结果预览

通过 Serverless Devs 开发者工具，我们不仅可以简单地进行传统 Web 框架的部署，还可以快速在 Serverless 架构下进行传统 Web 框架的初始化。以 Express 项目为例，只需要通过 Serverless Devs 开发者工具执行如下代码即可进行 Express.js 项目的初始化。

```
s init start-express
```

初始化的过程如图 2-11 所示。

此时，只需要进入该项目执行如下代码即可快速进行项目的部署。

```
s deploy
```

```
Serverless Awesome: https://github.com/Serverless-Devs/package-awesome

? Please input your project name (init dir) start-express
✓ file decompression completed

? please select credential alias alibaba

   Welcome to the start-express application
    This application requires to open these services:
        FC : https://fc.console.aliyun.com/
    Express development docs: https://www.expressjs.com.cn/4x/api.html

    * 额外说明：s.yaml中声明了actions:
      部署前执行：npm install --production
     如果遇到npm命令找不到等问题，可以适当进行手动项目构建，并根据需要取消actions内容
    * 项目初始化完成，您可以直接进入项目目录下，并使用 s deploy 进行项目部署

Thanks for using Serverless-Devs
You could [cd /Users/liuyu/Desktop/start-express] and enjoy your serverless journey!
If you need help for this example, you can use [s -h] after you enter folder.
Document ❤ Star: https://github.com/Serverless-Devs/Serverless-Devs
```

图 2-11 通过 Serverless Devs 初始化 Express 项目

部署结果如图 2-12 所示。

```
framework:
  region:   cn-beijing
  service:
    name: web-framework
  function:
    name:       express
    runtime:    custom
    handler:    index.handler
    memorySize: 128
    timeout:    60
  url:
    system_url:    https://1295939377467795.cn-beijing.fc.aliyuncs.com/2016-08-15/proxy/web-framework/express/
    custom_domain:
      -
        domain: http://express.web-framework.1295939377467795.cn-beijing.fc.devsapp.net
  triggers:
    -
      type: http
      name: httpTrigger
```

图 2-12 Express 项目部署完成示意图

打开系统分配的地址，可以看到通过 Serverless Devs 开发者工具初始化的 Express 项目，效果展示如图 2-13 所示。

图 2-13 Express 项目完成效果展示

当然，目前 Serverless Devs 开发者工具不仅支持 Express 项目的快速初始化（见表 2-1），还支持包括 Django、Flask、SpringBoot 等数十个传统框架的快速创建与部署。

表 2-1　Serverless Devs 支持快速创建和部署的传统框架

语言	Node.js	Python	PHP	Java	其他
所支持的框架	Express.js	Flask	Think PHP	SpringBoot	Vue.js
	Egg.js	FastAPI	Laravel		React.js
	Nuxt.js	Django	Zblog		Docusaurus
	Next.js	Tornado	Wordpress		Hexo
	Nest.js	Web.py	Discuz		Vuepress
	Thinkjs	Pyramid	Metinfo		
	Koa.js	Bottle	Whatsns		
	Connect		Ecshop		
	Hapi		Typecho		

综上所述，通过阿里云函数计算进行传统 Web 框架的部署和迁移是很方便的，并且得益于 HTTP 函数与 HTTP 触发器，整个过程侵入性非常低。当然，将传统 Web 框架部署到阿里云上的可选方案也比较多。

- 编程语言化的 Runtime：只需要写好函数入口即可。
- Custom Runtime：只需要写好 Bootstrap 即可。
- Custom Container：直接按照规范上传镜像文件即可。

部署途径也是多种多样的，具体如下。

- 直接在控制台创建函数。
- 在应用中心处创建 Web 应用。
- 利用开发者工具。

2.3.2　其他方案

相对于阿里云的 HTTP 函数以及 HTTP 触发器，AWS、华为云、腾讯云等 FaaS 平台则需要借助 API 网关以及一个转换层来实现传统 Web 框架到 FaaS 平台的部署。

如图 2-14 所示，以 Python Web 框架为例，在通常情况下，使用 Flask 等框架时实际上要通过 Web Server 才能进入下一个环节，而云函数是一个函数，本不需要启动 Web Server，所以可以直接调用 wsgi_app 方法。

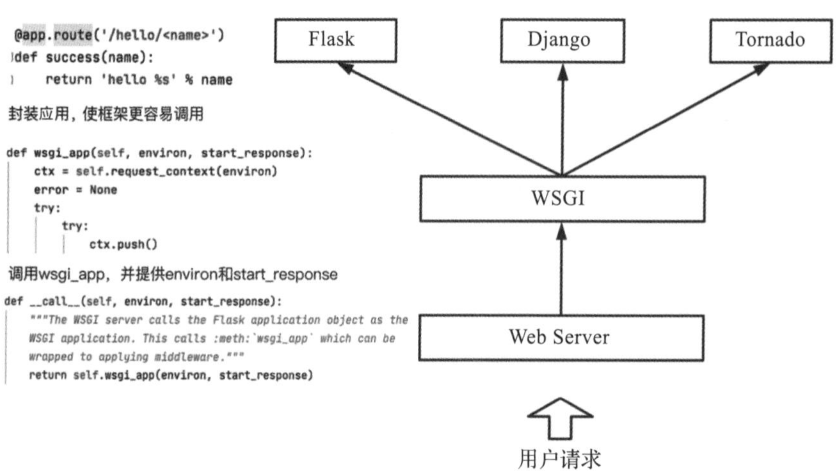

图 2-14　传统 WSGI Web Server 工作原理示例

这里的 environ 就是对 event/context 等处理后的对象，也就是所说的转换层要做的工作；start_response 可以认为是一种特殊的数据结构，例如 response 结构形态等。以 Flask 项目为例，在腾讯云云函数上，这个所谓的转换层代码示例如下：

```
import sys
import json
from urllib.parse import urlencode
from flask import Flask
try:
    from cStringIO import StringIO
except ImportError:
    try:
        from StringIO import StringIO
    except ImportError:
        from io import StringIO
from werkzeug.wrappers import BaseRequest
def make_environ(event):
    environ = {}
    for hdr_name, hdr_value in event['headers'].items():
        hdr_name = hdr_name.replace('-', '_').upper()
        if hdr_name in ['CONTENT_TYPE', 'CONTENT_LENGTH']:
            environ[hdr_name] = hdr_value
            continue
        http_hdr_name = 'HTTP_%s' % hdr_name
        environ[http_hdr_name] = hdr_value
    apigateway_qs = event['queryStringParameters']
    request_qs = event['queryString']
    qs = apigateway_qs.copy()
    qs.update(request_qs)
```

```
    body = ''
    if 'body' in event:
        body = event['body']
    environ['REQUEST_METHOD'] = event['httpMethod']
    environ['PATH_INFO'] = event['path']
    environ['QUERY_STRTNG'] - urlencode(qs) if qs else ''
    environ['REMOTE_ADDR'] = 80
    environ['HOST'] = event['headers']['host']
    environ['SCRIPT_NAME'] = ''
    environ['SERVER_PORT'] = 80
    environ['SERVER_PROTOCOL'] = 'HTTP/1.1'
    environ['CONTENT_LENGTH'] = str(len(body))
    environ['wsgi.url_scheme'] = ''
    environ['wsgi.input'] = StringIO(body)
    environ['wsgi.version'] = (1, 0)
    environ['wsgi.errors'] = sys.stderr
    environ['wsgi.multithread'] = False
    environ['wsgi.run_once'] = True
    environ['wsgi.multiprocess'] = False
    BaseRequest(environ)
    return environ
class LambdaResponse(object):
    def __init__(self):
        self.status = None
        self.response_headers = None
    def start_response(self, status, response_headers, exc_info=None):
        self.status = int(status[:3])
        self.response_headers = dict(response_headers)
class FlaskLambda(Flask):
    def __call__(self, event, context):
        if 'httpMethod' not in event:
            return super(FlaskLambda, self).__call__(event, context)
        response = LambdaResponse()
        body = next(self.wsgi_app(
            make_environ(event),
            response.start_response
        ))
        return {
            'statusCode': response.status,
            'headers': response.response_headers,
            'body': body
        }
```

当然，转换工作在某些情况下还是比较麻烦的，所以很多时候我们可以借助常见的开发者工具进行传统Web框架的部署，例如借助开源的开发者工具Serverless Devs、Serverless Framework等。

2.4 Serverless 应用的开发和部署

本节首先介绍如何开发和部署 Serverless 应用，进而介绍不同云厂商通过控制台与开发者工具进行应用初始化、部署的方法；然后介绍应用的调试；最后通过科学发布、可观测性等介绍应用的部署和运维总结，进而实现从应用初始化到调试、发布、运维基础流程、核心步骤的探索。

2.4.1 如何开发、部署 Serverless 应用

1. 通过控制台进行函数创建

本节将基于 Serverless 架构，在主流云厂商的 FaaS 平台上实现 Hello world 输出。

其实无论哪个云厂商，通过其 FaaS 平台输出 Hello world，步骤基本是一致的。

1）注册账号，并登录；

2）找到对应的 FaaS 产品，例如 AWS 的 Lambda、阿里云的函数计算等；

3）单击“创建函数”按钮，进行函数的创建；

4）配置函数，包括函数名称、运行时（可以认为是要使用的编程语言，或者要使用的编程环境等）；

5）完成创建，并测试。

（1）以 AWS Lambda 为例

当 AWS 账号注册完成时，可以在 AWS 的控制台找到 Lambda 这款产品。图 2-15 是 AWS Lmabda 产品页面截图。

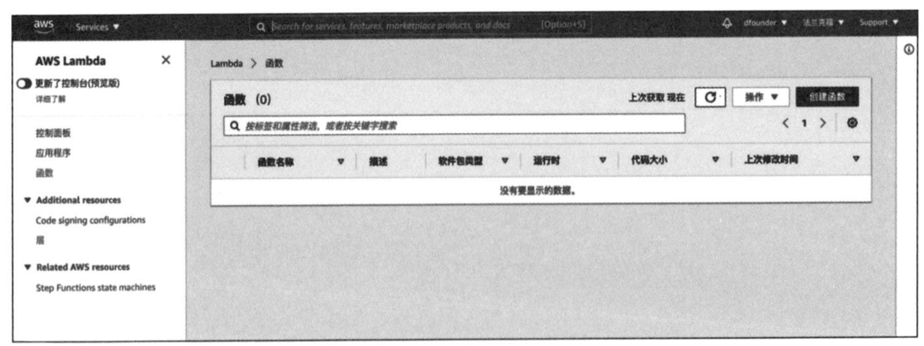

图 2-15　AWS Lambda 产品页面

单击“创建函数”按钮进行函数的创建，如图 2-16 所示。

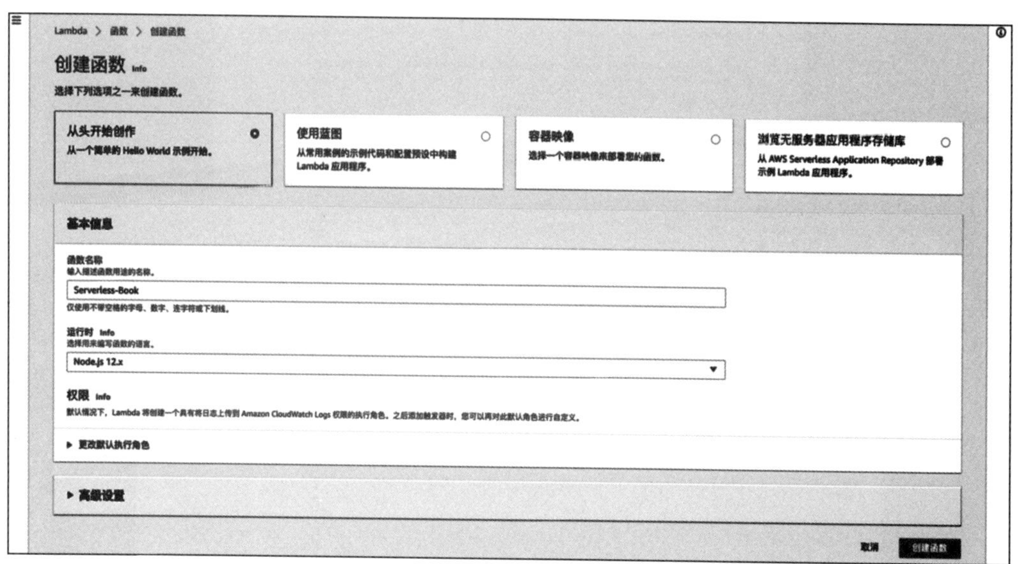

图 2-16　AWS Lambda 创建函数页面

填写好函数名称，并且选择一种熟悉的语言，单击“创建函数”按钮就可以完成函数的创建。AWS Lambda 函数编辑页面如图 2-17 所示。

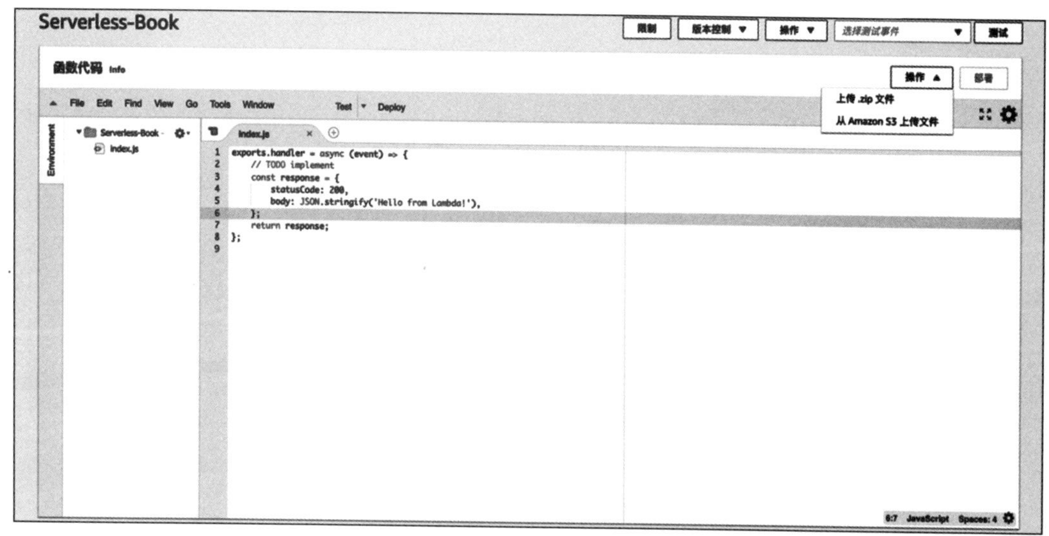

图 2-17　AWS Lambda 函数编辑页面

此时单击“测试”按钮，并且设置一个测试事件，如图 2-18 所示。

创建完成事件之后，再次单击“测试”按钮，即可看到程序运行结果，如图 2-19 所示。

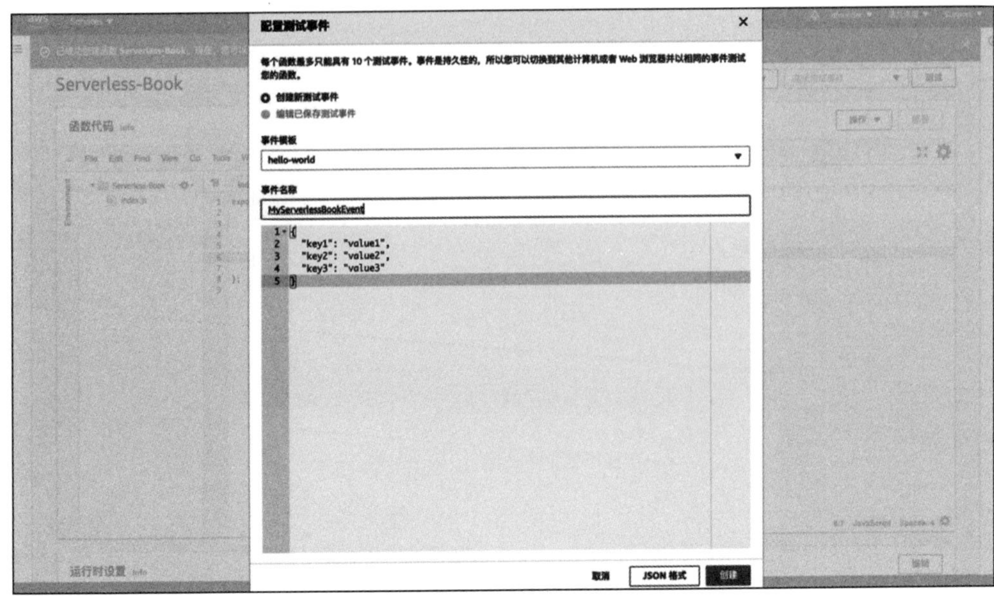

图 2-18　AWS Lambda 事件配置页面

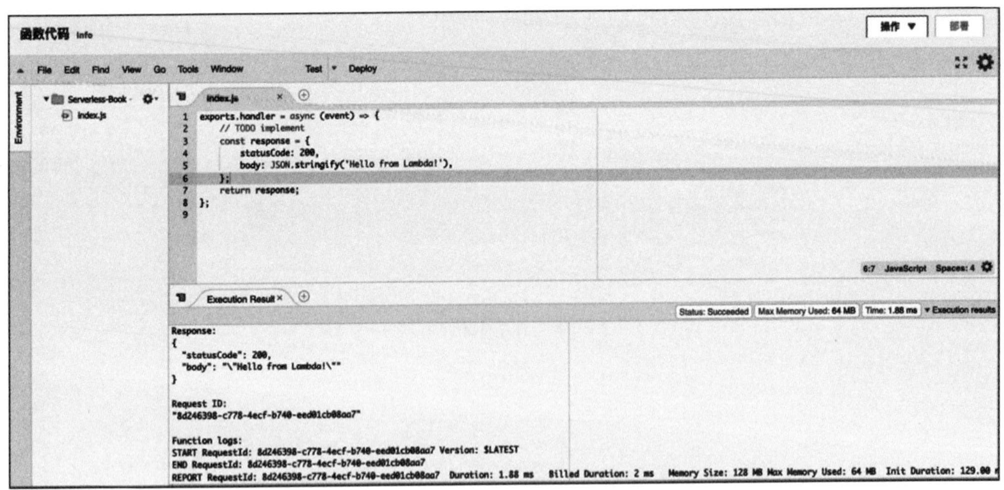

图 2-19　AWS Lambda 函数运行结果页面

至此，一个非常简单的函数就创建成功了，并且完成了基本的测试。

（2）以阿里云函数计算为例

当注册并登录阿里云账号之后，需要找到函数计算产品，并单击进入产品首页，如图 2-20 所示。

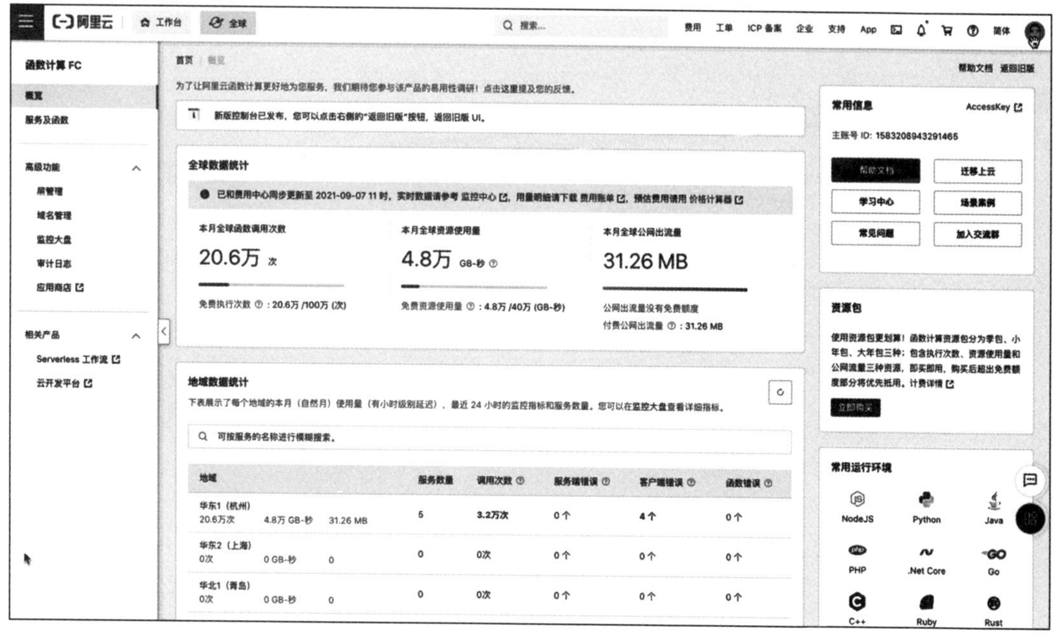

图 2-20　阿里云函数计算产品首页

选择左侧的“服务及函数”，并进行服务的创建，如图 2-21 所示。

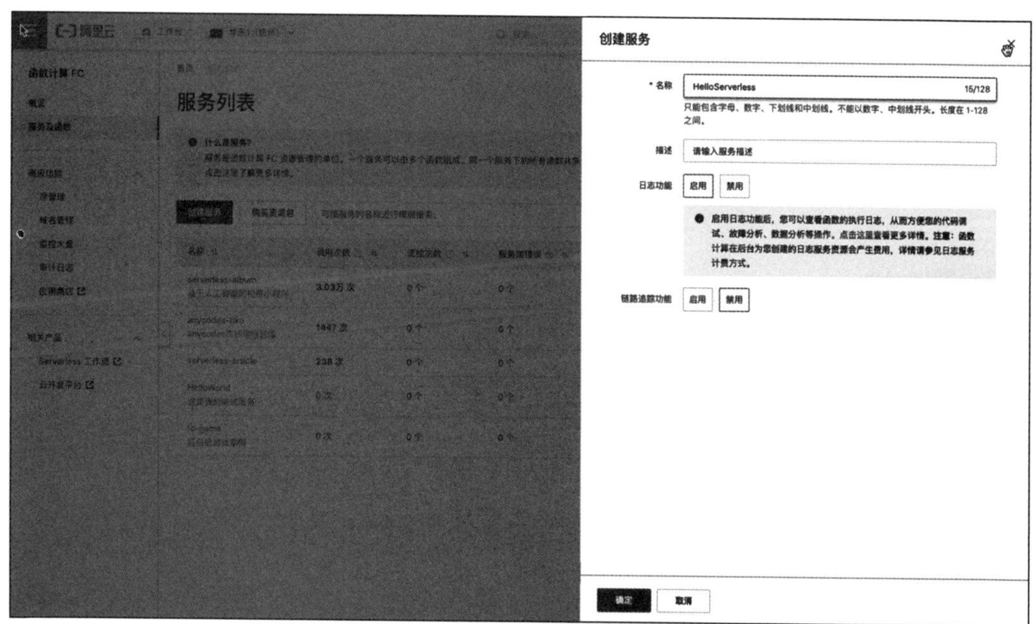

图 2-21　阿里云函数计算创建服务页面

然后进行函数的创建，如图 2-22 所示。

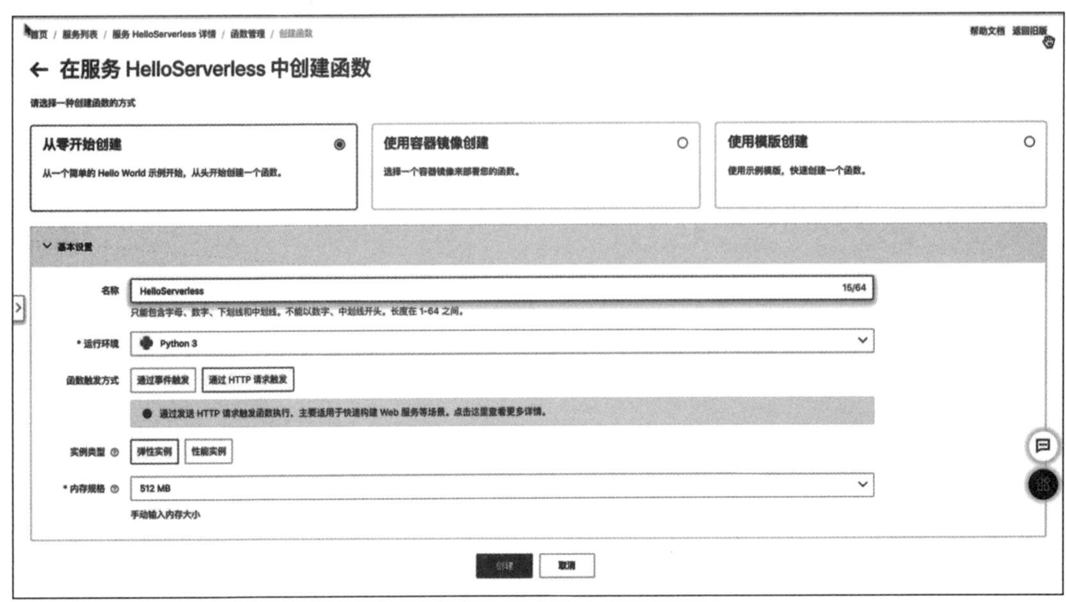

图 2-22　阿里云函数计算创建函数页面

相对于其他的云平台，在阿里云函数计算平台，我们不仅要为即将创建的函数设置函数名称、选择运行时等，还需要设置该函数所在的服务。在阿里云函数计算的体系中，引入服务的概念会带来一定的好处。

- 相关联的函数可以放在一个服务下进行分类，这种分类实际上比标签分类更直观明了。
- 相关联的函数在同一个服务下共享一定的配置，例如 VPC 配置、NAS 配置，甚至某些日志仓库的配置等。
- 通过服务，我们可以很好地做函数环境的划分，例如对于一个相册项目，该项目可能存在线上环境、测试环境、开发环境，那么可以在服务层面做区分，即可以设定 album-release、album-test、album-dev 三个服务，进而做环境的隔离。
- 通过服务，我们可以很好地收纳函数。如果项目比较大，可能会产生很多函数，统一放在同一层级会显得非常混乱，这时就可以通过服务进行有效的收纳。

完成函数的创建之后，我们可以进行代码的编辑。和 AWS Lambda 类似，阿里云函数计算同样支持从对象存储上传代码，支持直接上传代码包，以及在线编辑。除此之外，阿里云函数计算还支持直接上传文件夹，如图 2-23 所示。

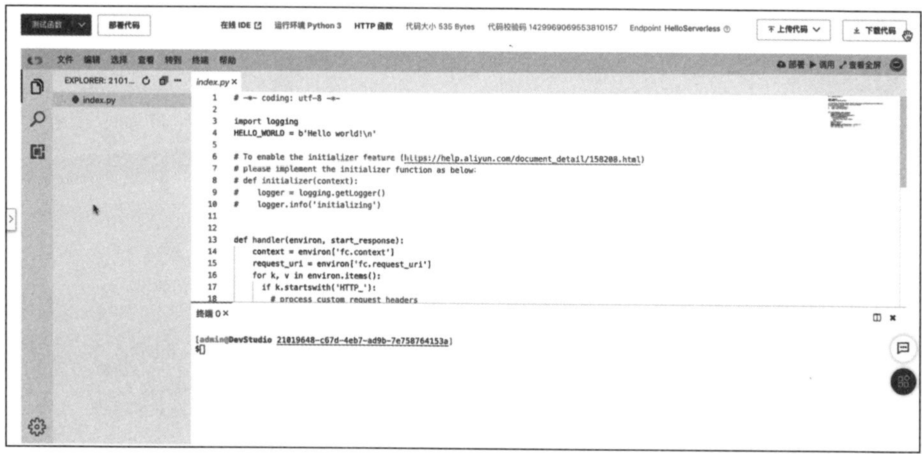

图 2-23　阿里云函数计算代码编辑页面

如图 2-24 所示，保存代码之后，可以单击“执行”按钮进行函数的触发、测试。

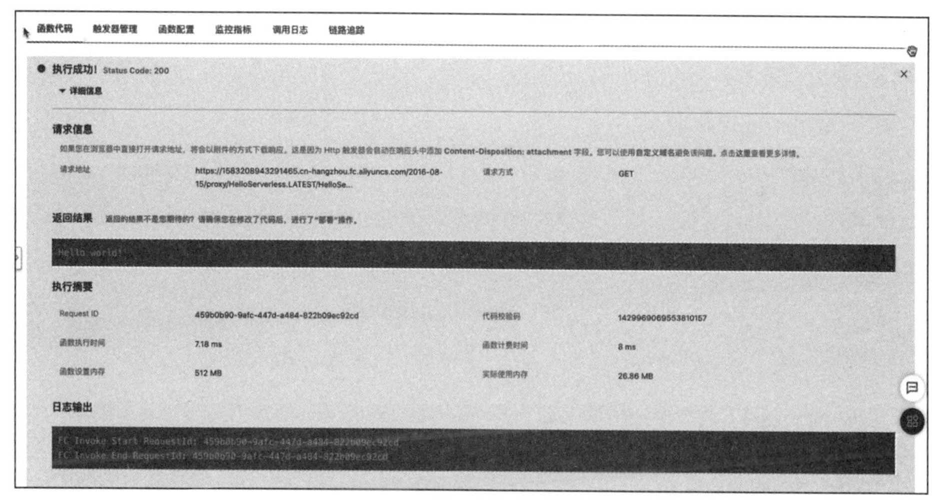

图 2-24　阿里云函数计算代码执行页面

可以看到，系统已经输出相关日志：Hello world。至此，一个非常简单的函数就创建成功了。

2. 通过工具进行函数创建与部署

通过 Serverless 开发者工具入门 Serverless 应用开发、部署、运维是非常方便的，本节将以 Serverless Framework 为例介绍 Lambda 应用的部署，以 Serverless Devs 为例介绍阿里云函数计算应用的部署，并对工具侧的函数创建、部署以及其他相关功能进行探索。

（1）Serverless Framework 与 AWS Lambda

Serverless Framework 是一款开源的命令行工具。相比于供应商提供的 CLI 命令行工具，Serverless Framework 具有多云功能。目前，Serverless 官方网站提供了 11 个常见的 Serverless Framework 产品，如图 2-25 所示。

图 2-25 Serverless Framework 产品

下面通过 Serverless Framework 开发者工具，并以 AWS Lambda 为例进行实践，探索如何创建、部署 Serverless 应用。

1）安装 Serverless Framework 开发者工具（执行 npm install -g Serverless 命令）。

2）设置 AWS 凭证信息（执行 Serverless config credentials --provider aws --key key--secret secret 命令）。

3）建立模板项目（执行 Serverless create --template aws-python3 --path my-service 命令），结果如图 2-26 所示。

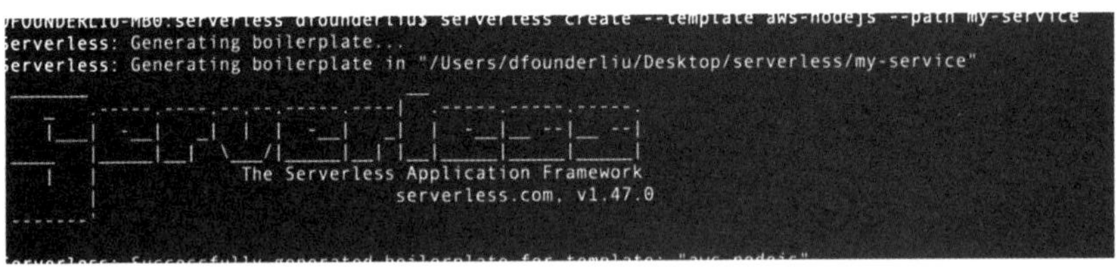

图 2-26 通过 Serverless Framework 创建项目

4）进入项目目录（执行 cd my-service 命令），并部署（执行 Serverless deploy -v 命令），部署过程如图 2-27 所示。

项目部署成功后，可以进行更多操作，具体如下。

- 触发函数（执行 Serverless invoke -f hello -l 命令），结果如图 2-28 所示。

```
DFOUNDERLIU-MB0:my-service dfounderliu$ serverless deploy -v
Serverless: Packaging service...
Serverless: Excluding development dependencies...
Serverless: Creating Stack...
Serverless: Checking Stack create progress...
CloudFormation - CREATE_IN_PROGRESS - AWS::CloudFormation::Stack - my-service-dev
CloudFormation - CREATE_IN_PROGRESS - AWS::S3::Bucket - ServerlessDeploymentBucket
CloudFormation - CREATE_IN_PROGRESS - AWS::S3::Bucket - ServerlessDeploymentBucket
CloudFormation - CREATE_COMPLETE - AWS::S3::Bucket - ServerlessDeploymentBucket
CloudFormation - CREATE_COMPLETE - AWS::CloudFormation::Stack - my-service-dev
Serverless: Stack create finished...
```

图 2-27　通过 Serverless Framework 部署项目

```
DFOUNDERLIU-MB0:my-service dfounderliu$ serverless invoke -f hello -l
{
    "statusCode": 200,
    "body": "{\n  \"message\": \"Go Serverless v1.0! Your function executed successfully!\",\n  \"input\": {}\n}"
}
--------------------------------------------------------------------
START RequestId: 2b3f7f74-5766-42d8-9b3b-51c8aa84e6fa Version: $LATEST
END RequestId: 2b3f7f74-5766-42d8-9b3b-51c8aa84e6fa
REPORT RequestId: 2b3f7f74-5766-42d8-9b3b-51c8aa84e6fa  Duration: 7.72 ms       Billed Duration: 100 ms         Memory Size: 1024 MB    Max Memory Used
: 74 MB
```

图 2-28　通过 Serverless Framework 触发函数

- 查看部署历史（执行 Serverless deploy list 命令），结果如图 2-29 所示。

```
DFOUNDERLIU-MB0:rollback-test dfounderliu$ serverless deploy list
Serverless: Listing deployments:
Serverless: -------------
Serverless: Timestamp: 1563622854548
Serverless: Datetime: 2019-07-20T11:40:54.548Z
Serverless: Files:
Serverless: - compiled-cloudformation-template.json
Serverless: - rollback-test.zip
```

图 2-29　通过 Serverless Framework 查看部署历史

（2）Serverless Devs 与阿里云函数计算

Serverless Devs 是一个开源的 Serverless 开发者平台，致力于为开发者提供强大的工具链。通过该平台，开发者可以一键体验多云 Serverless 产品，极速部署 Serverless 项目。按照官方目前的描述，Serverless Devs 已经支持包括 AWS Lanbda、阿里云函数计算、百度智能云函数计算、腾讯云云函数、华为云函数工作流等在内的多个云厂商的 Serverless 相关产品。

下面通过 Serverless Devs 开发者工具，以阿里云函数计算为例进行实践，探索如何创建、部署 Serverless 应用。

1）安装 Serverless Devs 开发者工具（执行 npm install -g @Serverless-devs/s 命令）。

2）设置阿里云凭证信息（执行 s config add --AccessKeyID AccessKeyID --AccessKeySecret AccessKeySecret --AccountID AccountID 命令）。

3）建立模板项目（执行 s init node.js12-http -d fc-hello-world-demo 命令），初始化过程如图 2-30 所示。

4）进入项目目录（执行 cd fc-hello-world-demo 命令），并部署（执行 s deploy 命令），部署后的结果如图 2-31 所示。

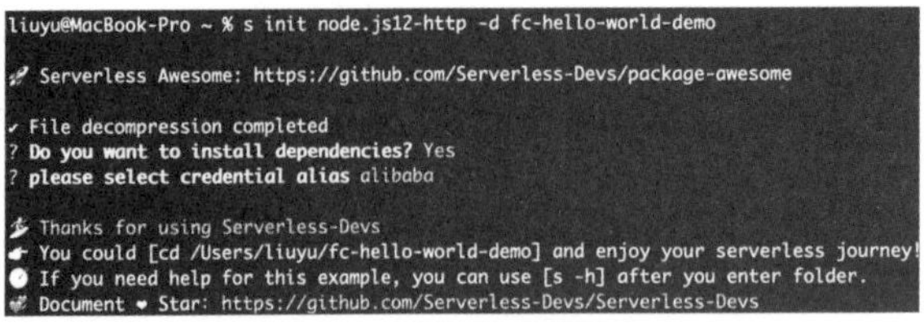

图 2-30 通过 Serverless Devs 创建项目

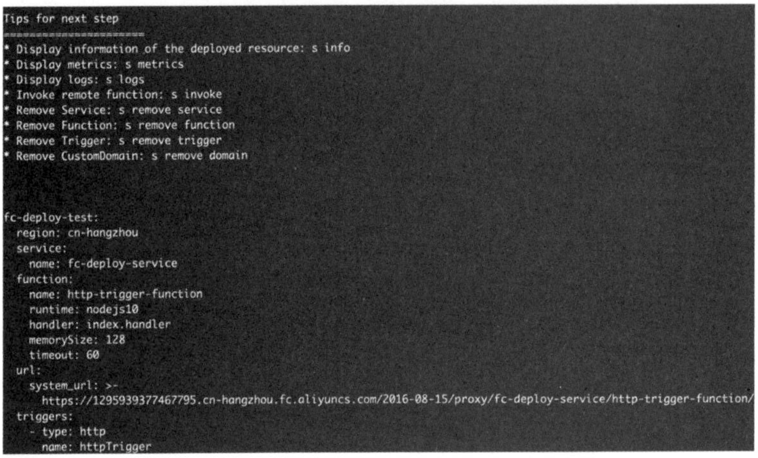

图 2-31 通过 Serverless Devs 部署项目

项目部署成功之后，可以进行更多操作，具体如下。

❑ 触发函数（执行 s invoke 命令），结果如图 2-32 所示。

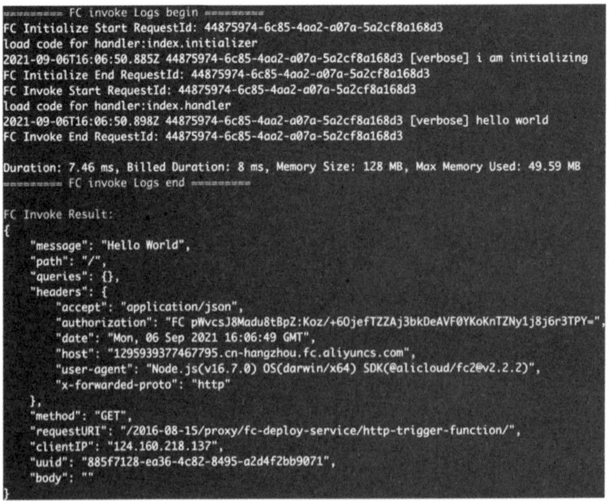

图 2-32 通过 Serverless Devs 触发函数

❑ 查看线上函数详情（执行 s info 命令），结果如图 2-33 所示。

```
fc-deploy-test:
  service:
    name: fc-deploy-service
    internetAccess: true
    description: demo for fc-deploy component
  function:
    name: http-trigger-function
    runtime: nodejs10
    handler: index.handler
    timeout: 60
    instanceType: e1
    memorySize: 128
    description: this is a test
    initializer: index.initializer
    initializationTimeout: 60
    instanceConcurrency: 1
    environmentVariables:
      testEnv: 'true'
  triggers:
    - name: httpTrigger
      type: http
      config:
        qualifier: null
        authType: anonymous
        methods:
          - GET
```

图 2-33 通过 Serverless Devs 查看函数详情

与 Serverless Framework 不同的是，Serverless Devs 还拥有比较完善的桌面客户端。开发者可以通过桌面客户端进行应用的创建、管理以及相关配套功能的使用，示例如下。

❑ 查看应用列表，并快速创建应用，如图 2-34 所示。

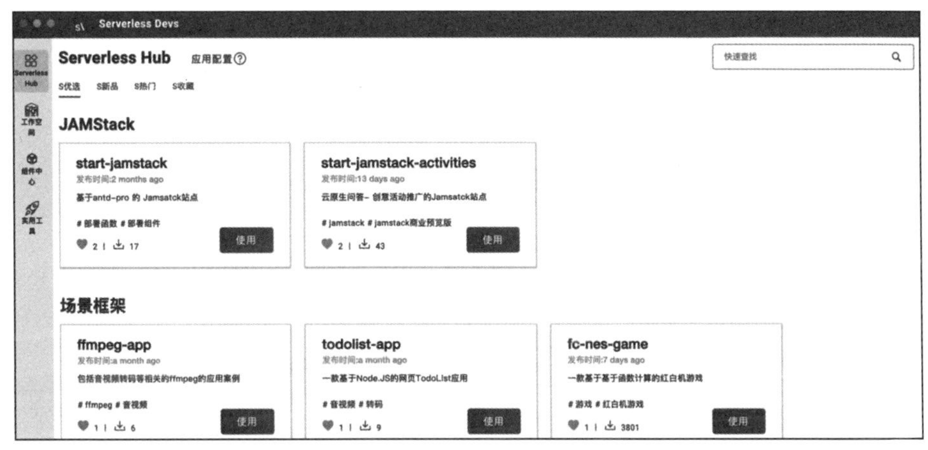

图 2-34 通过 Serverless Devs 桌面客户端查看应用列表

❑ 创建应用之后，可以进行应用的管理。图 2-35 是 Serverless Devs 桌面客户端管理应用界面。

❑ 其他配套功能的使用如下。

  ○ 一键压测函数性能，如图 2-36 所示。

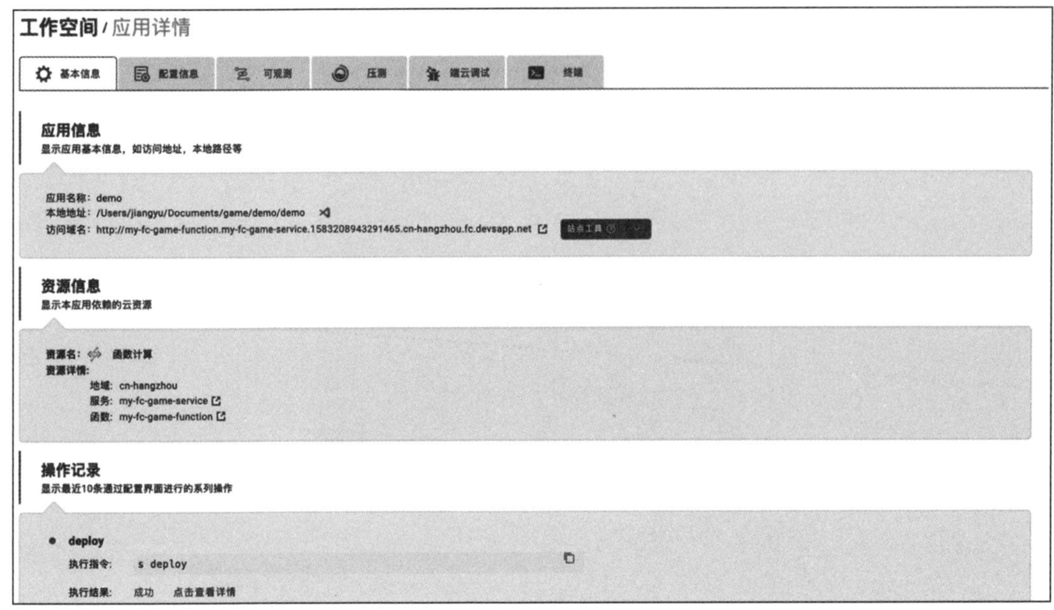

图 2-35 通过 Serverless Devs 桌面客户端管理应用

图 2-36 通过 Serverless Devs 桌面客户端一键压测函数性能

❍ 一键对函数资源进行调试，如图 2-37 所示。

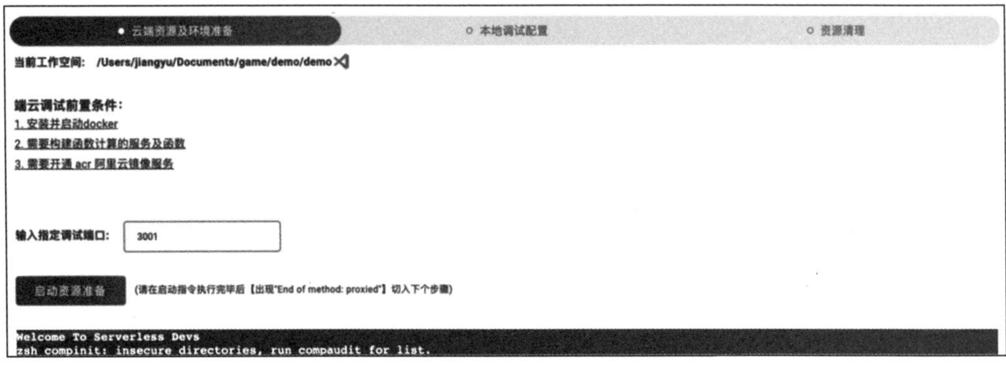

图 2-37　通过 Serverless Devs 桌面客户端一键对函数资源进行调试

❍ 一键查看函数多维度指标信息，如图 2-38 所示。

图 2-38　通过 Serverless Devs 桌面客户端一键查看函数多维度指标信息

除此之外，Serverless Devs 还拥有较为方便的 Yaml 可视化配置功能，如图 2-39 所示。

2.4.2　如何对 Serverless 应用进行调试

在应用开发过程中，或者应用开发完成后，当执行结果不符合预期时，通常要进行一定的调试。但是在 Serverless 架构下，调试往往会受到极大的考验，尤其在受环境因素限制时，通常会出现这样的情况：所开发的应用在本地可以健康、符合预期地运行，但是在 FaaS 平台上则有一些不可预测的问题；或者在一些特殊环境下，本地没有办法模拟线上环境，难以进行应用的调试。

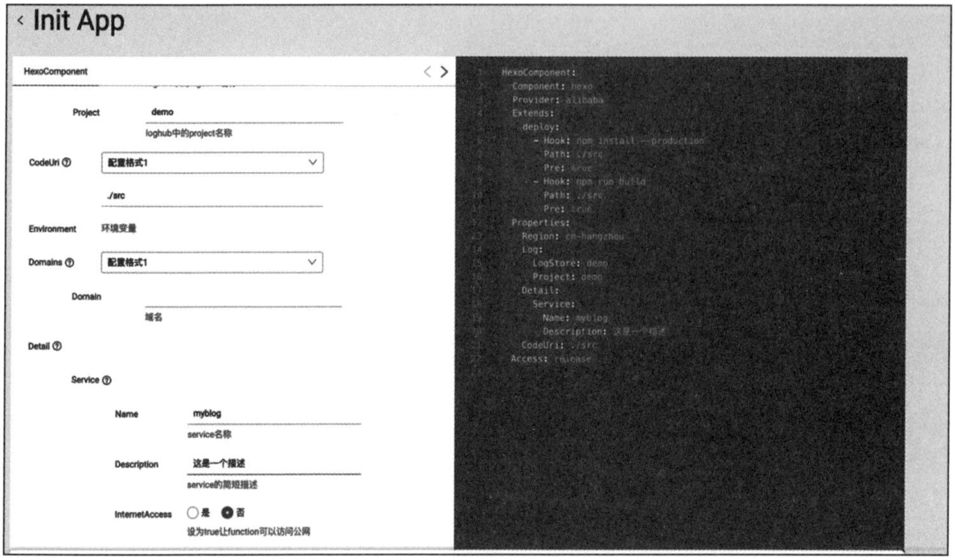

图 2-39　通过 Serverless Devs 桌面客户端进行 Yaml 可视化配置

Serverless 应用的调试一直备受诟病，但是各个云厂商并没有因此放弃在调试方向上的深入探索。

1. 在线调试

（1）简单调试

所谓的简单调试，就是在控制台进行调试。以阿里云函数计算为例，可以在控制台通过“代码执行”按钮进行基本的调试，如图 2-40 所示。

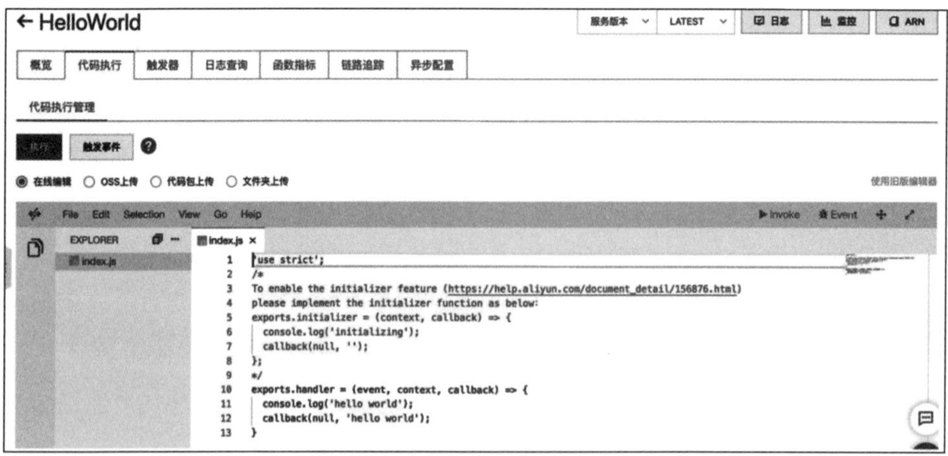

图 2-40　函数计算代码编辑页面

如图 2-41 所示，必要的时候也可以通过设置 Event 来模拟一些事件。

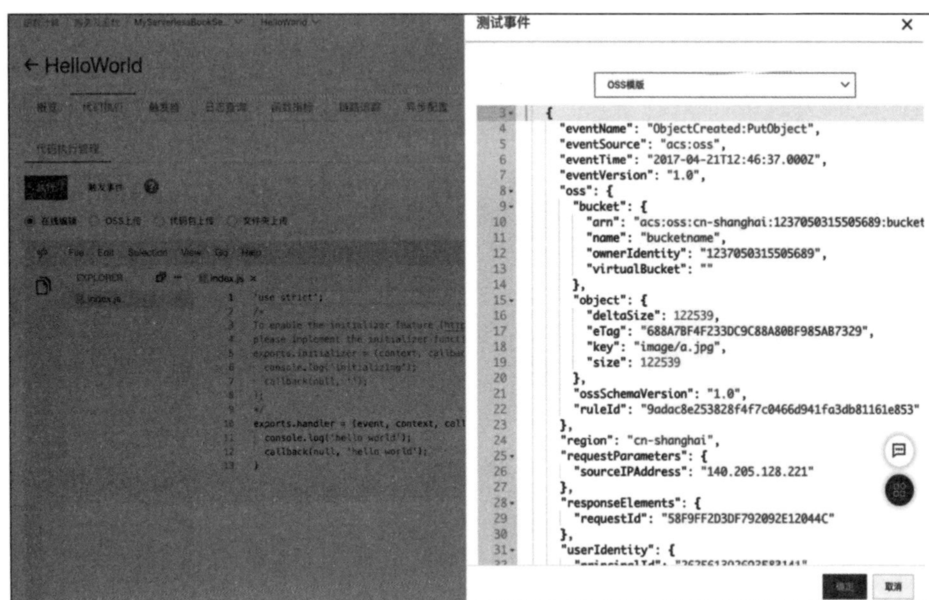

图 2-41　阿里云函数计算事件页面

在线调试的好处是可以使用一些线上环境进行代码的测试。当线上环境拥有 VPC 等资源时，在本地环境是很难进行调试的。

（2）断点调试

除了简单的在线调试之外，部分云厂商还支持断点调试，例如阿里云函数计算的远程调试、腾讯云云函数的远程调试等。以阿里云函数计算远程调试为例，我们可以通过控制台进行函数的在线调试。当创建好函数之后，可以选择远程调试，并单击“开启调试”按钮，如图 2-42 所示。

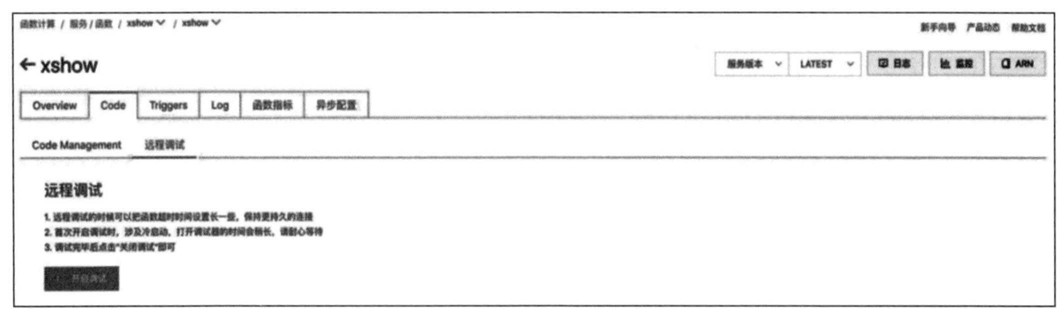

图 2-42　函数计算远程调试页面

开启调试之后，稍等片刻，系统将会进入远程调试界面，如图 2-43 所示。

图 2-43 函数计算远程调试开始页面

当出现图 2-44 所示界面，我们可以进行断点调试。

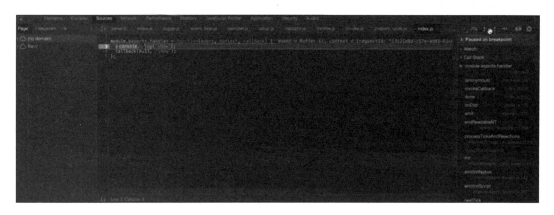

图 2-44 函数计算远程调试断点调试页面

2. 端云联调

在本地进行 Serverless 应用开发时，往往会涉及一些线上资源，例如通过对象存储触发器触发函数执行，通过 VPC 访问数据库等，此时线上和线下环境不一致会让线下开发、调试面临极大的挑战。Serverless Devs 开发者工具通过搭建 Proxy 辅助函数的方法将线上和线下资源打通，可以快速帮助开发者在本地进行应用的开发与调试，这种调试方式称为端云联调。

如图 2-45 所示，Serverless Devs 开发者工具会根据 Yaml 配置文件，创建辅助服务和辅助函数，并通过辅助服务和辅助函数实现线上和线下资源打通，以及完整的端云联调。

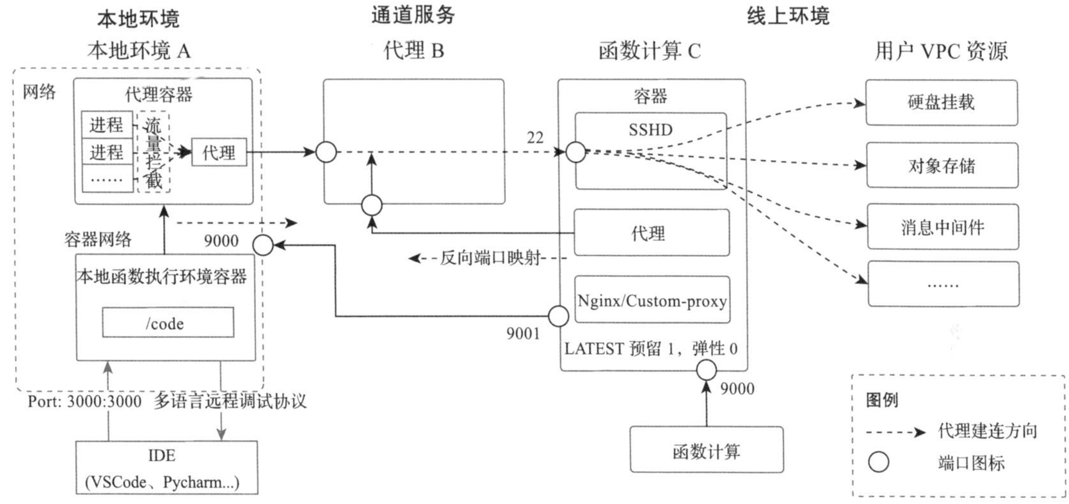

图 2-45 Serverless Devs 端云联调原理示意图

- Serverless Devs 开发者工具会根据 Yaml 配置文件的内容，创建辅助服务和辅助函数（辅助服务和 Yaml 中所声明的业务服务配置是一致的）。
- 通过触发器（包括通过 SDK、API、s proxied invoke 命令，或者其他触发器）触发辅助函数（函数计算 C），请求流量回到本地调试实例（本地环境 A），这时本地调试实例（本地函数执行环境容器）收到的 event 和 context 是真实来自线上的。
- 本地调试实例（本地环境 A）可以直接访问以下内容：
  - VPC 内网资源，比如 RDS、Kafka 内网地址等；
  - 一些云服务的内网地址；
  - 硬盘挂载服务（直接访问 NAS）。

端云联调流程如下：

1）执行 s proxied setup 命令准备端云联调所需的辅助资源以及本地环境；

2）对于无触发器的普通事件函数或者 HTTP 触发器，准备工作完成后，启动另一个新的终端，切换到该项目路径下，执行 s proxied invoke 命令调用本地函数；

3）完成调试任务后，执行 s proxied cleanup 命令清理端云联调所需的辅助资源以及本地环境。

除了通过命令使用端云联调功能外，我们也可以在 VSCode 开发者工具中使用端云联调功能，如图 2-46 所示。

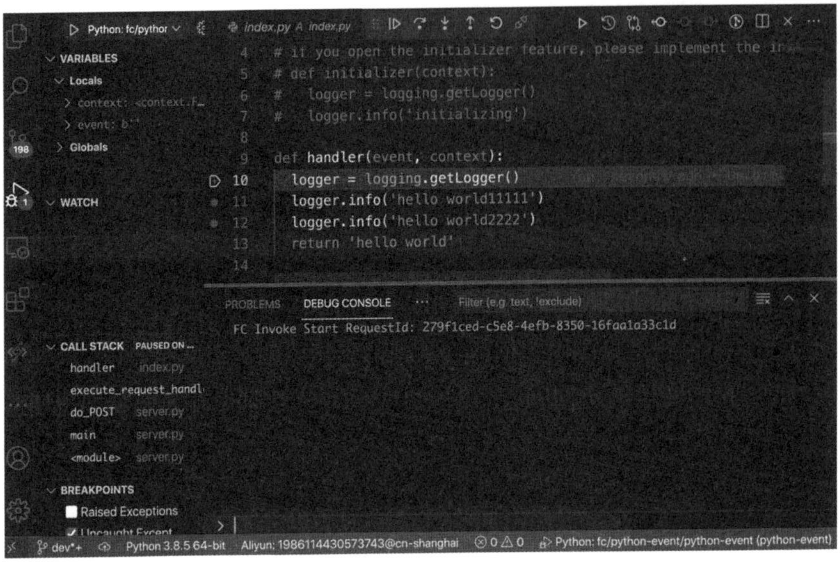

图 2-46 在 VSCode 中使用端云联调功能

3. 远程调试

端云联调在本地除了有一个通道服务容器外，还有一个函数计算容器，用来执行本地函数；远程辅助函数只是单纯将远程流量发送到本地。在实际调试过程中，需要登录到实例进行项目调试，此时可以选择使用远程调试。相比于端云联调，远程调试在本地只有一个通道服务容器，执行过程全部依赖线上；远程函数将执行结果返回。远程调试整体架构简图如图 2-47 所示。

除了通过构建图 2-47 所示的通道服务登录线上环境进行代码调试或问题定位之外，部分云厂商还提供了直接登录实例进行代码调试的功能。以 Serverless Devs 为例，当使用阿里云函数计算时，我们就可以直接通过 instance 命令进行线上实例登录。

尽管实例登录命令已经提供了便捷的登录体验，能帮助用户解决复杂场景下的应用异常定位等问题，但是登录实例后，用户无法直接通过函数日志、监控指标来具体定位问题，还需要借助例如 coredump、tcpdump、jmap 等工具进行问题的深入排查。

例如，某用户发现自己的线上程序最近出现一些函数错误提示，报错内容都是连接远程某服务时超时。该用户怀疑是函数实例与远端服务的网络连接不稳定，因此想进入实例内部，分析实例与远端服务的网络情况。

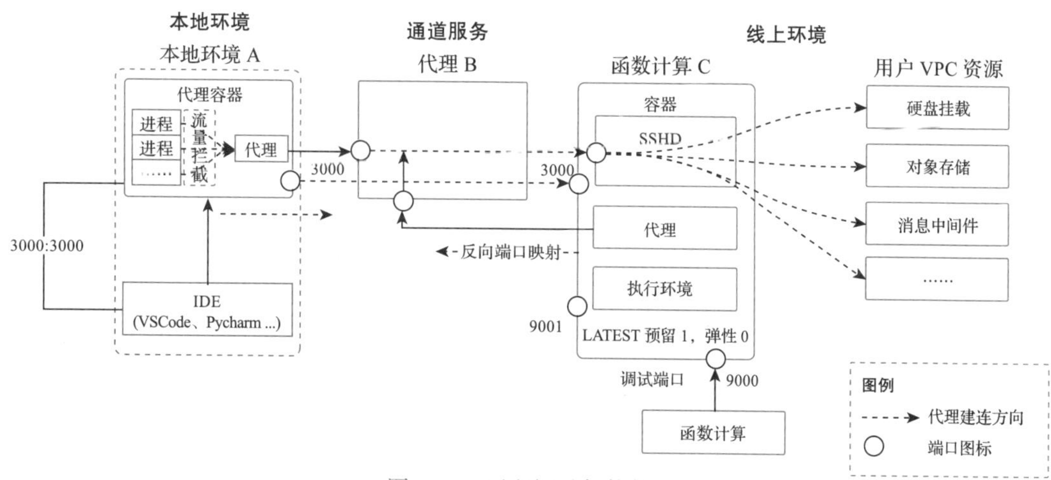

图 2-47　远程调试架构简图

此时，我们可以按照以下步骤进行问题的排查。

1）如图 2-48 所示，登录实例内部后，需要执行 apt-get update 和 apt-get install tcpdump 两条命令，进行 tcpdump 工具的安装。

2）安装完毕后，执行 tcpdump 命令，对远端服务 IP 的请求进行抓包，并将抓包结果保存在 tcpdump.cap 文件中。

3）抓包完毕后，借助 OSS 命令行工具 ossutil64，将 tcpdump.cap 文件上传到自己的 OSS，然后下载到本地借助分析工具 Wireshark 进行分析。

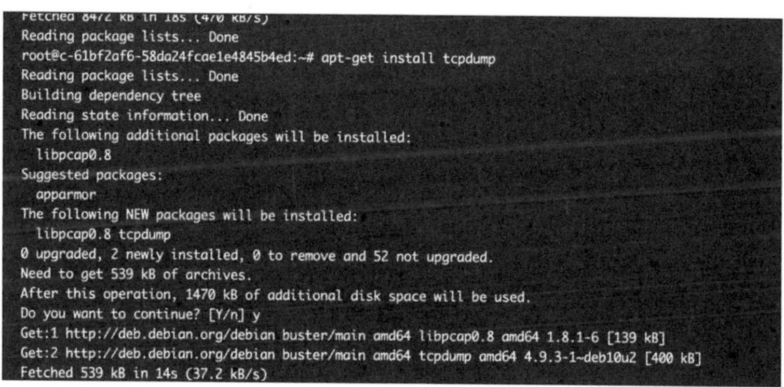

图 2-48　实例登录与安装软件效果图

4. 本地调试

（1）命令行工具

大部分 FaaS 平台会为用户提供相对完备的命令行工具，包括 AWS 的 SAM CLI、阿里云的 Funcraft，同时也有一些开源项目如 Serverless Framework、Serverless Devs 等支持多云厂商的 FaaS 平台。通过命令行工具进行代码调试的方法很简单。以 Serverless Devs 为例，本地调试阿里云函数计算方法为：首先确保本地拥有一个函数计算的项目，然后在项目下执行调试指令，例如在 Docker 中进行调试，如图 2-49 所示。

```
jiangyu@ServerlessSecurity python3 % s invoke docker

Start ...
It is detected that your project has the following project/projects < MyFunctionDemo > to be execute
Start executing project MyFunctionDemo
Skip pulling image aliyunfc/runtime-python3.6:1.9.6...
FunctionCompute python3 runtime inited.
FC Invoke Start RequestId: 3e744085-d0b1-47a4-b826-b984afab170a
2021-02-24T06:10:16.379Z 3e744085-d0b1-47a4-b826-b984afab170a [INFO] hello world
FC Invoke End RequestId: 3e744085-d0b1-47a4-b826-b984afab170a
hello world

RequestId: 3e744085-d0b1-47a4-b826-b984afab170a          Billed Duration: 89 ms          Memory Size: 1991 MB     Max Memory Used:
41 MB

Project MyFunctionDemo successfully to execute

End of method: invoke
```

图 2-49　通过命令行进行本地调试

（2）编辑器插件

以 VSCode 插件为例，下载好阿里云函数计算的 VSCode 插件，并且配置好账号信息之后，在本地新建函数，并且在打点之后进行断点调试，如图 2-50 所示。

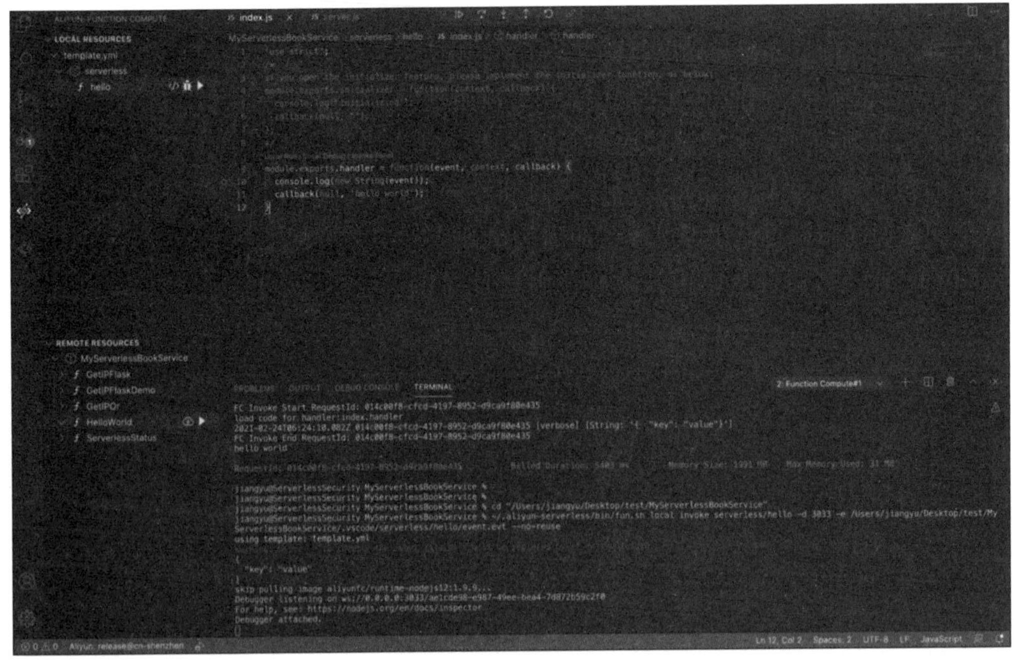

图 2-50　编辑器插件中进行调试

5. 其他调试方案

（1）Web 框架的本地调试

以 Python 语言 Bottle 框架为例，若在阿里云 FaaS 平台开发传统 Web 框架，可以增加如下代码：

```
app = bottle.default_app()
```

并且对 run() 方法进行条件限制（if __name__ == '__main__'）：

```
if __name__ == '__main__':
    bottle.run(host='localhost', port=8080, debug=True)
```

例如：

```
# index.py
import bottle

@bottle.route('/hello/<name>')
def index(name):
    return "Hello world"

app = bottle.default_app()

if __name__ == '__main__':
    bottle.run(host='localhost', port=8080, debug=True)
```

和传统开发思路一样，我们可以在本地开发并在本地进行调试。当部署到线上时，只需要在入口方法处设置 index.app，即可实现平滑的部署。

（2）本地模拟事件调试

针对非 Web 框架，可以在本地构建一个方法，例如要调试对象存储触发器，代码如下：

```
import json

def handler(event, context):
    print(event)

def test():
    event = {
        "events": [
            {
                "eventName": "ObjectCreated:PutObject",
                "eventSource": "acs:oss",
                "eventTime": "2017-04-21T12:46:37.000Z",
                "eventVersion": "1.0",
                "oss": {
                    "bucket": {
                        "arn": "acs:oss:cn-shanghai:123456789:bucketname",
                        "name": "testbucket",
```

```
                    "ownerIdentity": "123456789",
                    "virtualBucket": ""
                },
                "object": {
                    "deltaSize": 122539,
                    "eTag": "688A7BF4F233DC9C88A80BF985AB7329",
                    "key": "image/a.jpg",
                    "size": 122539
                },
                "ossSchemaVersion": "1.0",
                "ruleId": "9adac8e253828f4f7c0466d941fa3db81161****"
            },
            "region": "cn-shanghai",
            "requestParameters": {
                "sourceIPAddress": "140.205.***.***"
            },
            "responseElements": {
                "requestId": "58F9FF2D3DF792092E12044C"
            },
            "userIdentity": {
                "principalId": "123456789"
            }
        }
    ]
}
handler(json.dumps(event), None)

if __name__ == "__main__":
    print(test())
```

这样通过构造一个 event 对象，即可实现模拟事件触发。

2.4.3 通过开发者工具进行依赖安装和项目构建

Serverless 架构下的应用开发和传统架构下的应用开发有一个比较大的区别是二者所关注的内容维度是不同的，例如理想状态下的前者并不需要人们关注服务器等底层资源。但是在当今的 Serverless 发展阶段，Serverless 架构下的应用开发真的不需要人们对服务器等额外关注吗？其实不是的，虽然 Serverless 架构强调的是 Noserver 心智，但是在实际生产中，有很多依赖等是无法跨平台使用的，例如 Python 语言中的某些依赖需要进行二进制编译，和操作系统、软件环境等有比较大的关系，所以项目中如果引入这类依赖，需要在和函数计算平台线上环境一致的环境中进行依赖的安装、代码的打包或项目的部署。

目前，各个云厂商均对自身的线上函数环境进行了比较细致的描述，例如 AWS Lambda 有专门针对不同运行时进行描述的文档，如图 2-51 所示。

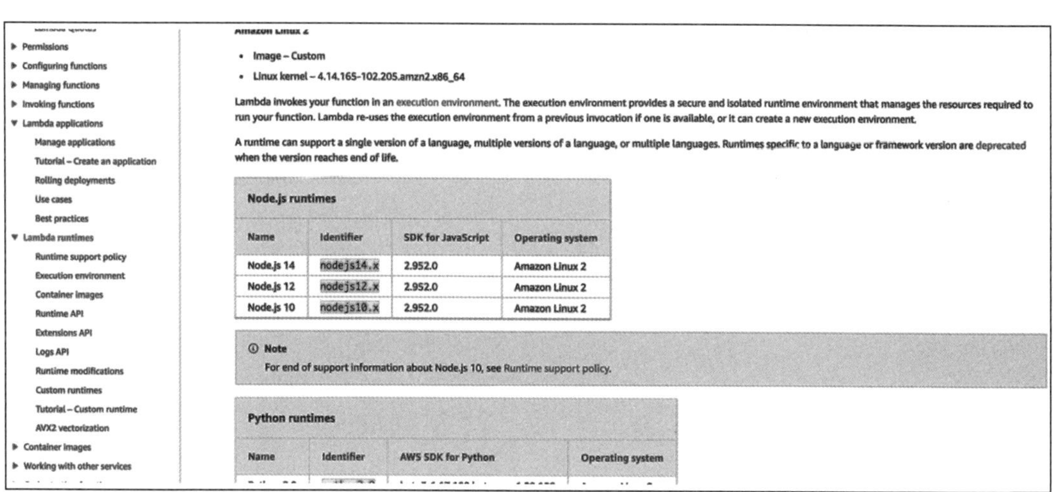

图 2-51　AWS Lambda 对运行时环境细节的描述

同样，阿里云函数计算也有类似的文档与描述，例如使用 C、C++ 、Go 编译的可执行文件，需要与函数计算的运行环境兼容。函数计算的 Python 运行环境如下。

- Linux 内核版本：Linux 4.4.24-2.al7.x86_64。
- Docker 基础镜像：docker pull python:2.7 ; docker pull python:3.6。

但是，在实际应用开发过程中，依赖的打包依旧是让一众开发者头疼的事情。他们在很多 Serverless 应用开发过程中都会面临类似的挑战：项目在本地可以正常运行，一发布到线上就找不到某个依赖，但是实际上依赖是存在的，此时问题定位就成了非常困难的事情。

目前来看，为 Serverless 应用安装依赖或者项目构建的方法通常有 3 种。

1）在本地创建项目之后，自行根据云厂商提供的环境数据进行线上环境搭建，进而进行依赖的安装。这种方法相对来说自主可控，但是难度非常大，操作较为烦琐。

2）用已有的开发者工具进行依赖的安装，如图 2-52 所示。以 Serverless Devs 开发者工具以及阿里云函数计算产品为例，开发者只需要按照语言习惯准备对应语言的相关依赖安装文件即可，例如 Python 语言的 `requirements.txt`，Node.js 语言的 `package.json` 等。然后在当前项目下，执行 `s build --use-docker` 命令即可完成与阿里云函数计算平台线上环境一致的环境中的依赖的安装。以 Python 项目为例，开发者只需要在项目目录下完成如下操作。

- 开发源代码；
- 执行 s build –use-docker 命令之后，自动根据 requirements.txt 文件下载对应的依赖到本地，并且和源码一起组成交付物；
- 执行 s deploy 命令将整个交付物打包，创建函数，同时设置好依赖包的环境变量，让函数可以直接输入对应的代码依赖包。

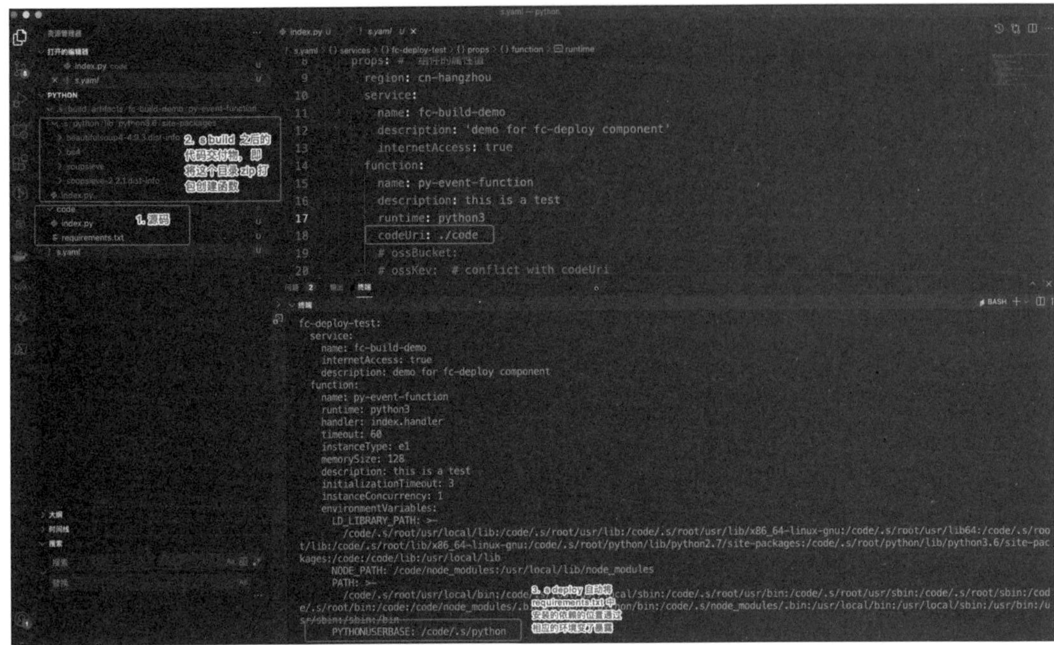

图 2-52　通过工具安装依赖示意图

3）目前，部分云厂商的 FaaS 平台控制台支持 WebIDE，且阿里云、腾讯云等云厂商的 WebIDE 拥有实现命令行程序的能力，所以也可以在控制台的 WebIDE 中直接进行依赖的安装。在线安装依赖示意图如图 2-53 所示。

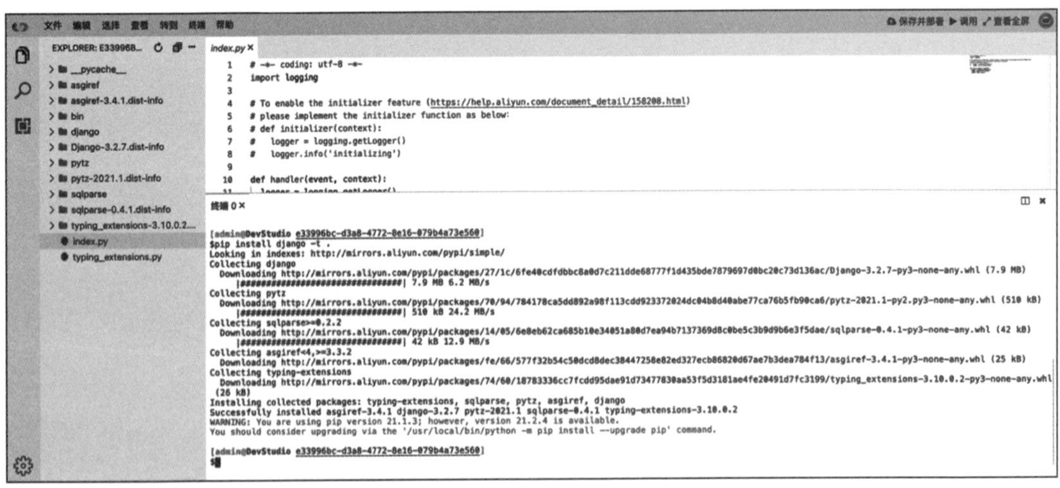

图 2-53　在线安装依赖示意图

2.4.4 Serverless 架构与 CI/CD 工具的结合

CI/CD 是一种通过在应用开发阶段引入自动化流程以频繁向客户交付应用的方法。如图 2-54 所示，CI/CD 的核心概念是持续集成、持续交付和持续部署。作为一个面向开发和运营团队的解决方案，CI/CD 主要针对集成新代码时所引发的问题。具体而言，CI/CD 可以让持续自动化和持续监控贯穿于应用的整个生命周期（从集成、测试阶段到交付和部署阶段）。这些关联的事务通常被统称为“CI/CD 管道”，由开发和运维团队以敏捷方式协同支持。

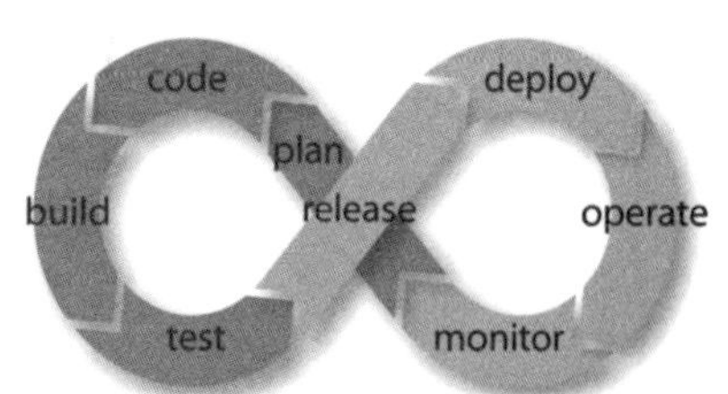

图 2-54 CI/CD 的概念与内容简图

在 Serverless 架构下，通常会有很多函数构成一个完整的功能或服务，这种比较细粒度的功能往往会给后期项目维护带来极大的不便，包括但不限于函数管理、项目的构建、发布层面等的不便。此时在 Serverless 架构中，CI/CD 就显得尤为重要。更加科学、安全的持续集成和部署过程不仅会让整体的业务流程更加规范，也会在一定程度上降低人为操作、手工集成部署所产生错误的概率，同时也会大规模减轻运维人员的工作负担。

如果想要通过 CI/CD 平台，科学且方便地进行 Serverless 应用的持续集成、交付和部署，通常情况下我们需要借助相应的开发者工具，例如 Serverless Framework、Serverless Devs 等。Serverless 开发者工具配置到 CI/CD 平台的流程可以简化为图 2-55。

图 2-55 Serverless 开发者工具配置到 CI/CD 平台的流程

1. 与 GitHub Action 的集成

在 GitHub Action 的 Yaml 文件中，增加 Serverless Devs 相关下载、配置以及命令执行相关内容。

例如，在 GitHub 仓库中创建文件 .github/workflows/publish.yml，文件内容如下：

```
name: Serverless Devs Project CI/CD

on:
    push:
        branches: [ master ]

jobs:
    serverless-devs-cd:
        runs-on: ubuntu-latest
        steps:
```

```
      - uses: actions/checkout@v2
      - uses: actions/setup-node@v2
        with:
            node-version: 12
            registry-url: https://registry.npmjs.org/
      - run: npm install
      - run: npm install -g @serverless-devs/s
      - run:  s  config  add  --AccountID  ${{secrets.AccountID}}  --AccessKeyID
        ${{secrets.AccessKeyID}}  --AccessKeySecret  ${{secrets.AccessKey-
        Secret}} -a default
      - run: s deploy
```

与 GitHub Action 集成主要包括以下几部分内容。

- 通过 NPM 安装最新版本的 Serverless Devs 开发者工具：

```
run: npm install -g @serverless-devs/s
```

- 通过 config 命令进行密钥等信息的配置：

```
run: s config add --AccountID ${{secrets.AccountID}} --AccessKeyID ${{secrets.
    AccessKeyID}} --AccessKeySecret ${{secrets.AccessKeySecret}} -a default
```

- 执行某些命令，例如通过 deploy 命令进行项目的部署，或者通过 build 等命令进行项目的构建：

```
run: s deploy
```

关于密钥的配置：密钥信息是通过 ${{secrets.*}} 获取的，此时，需要将所需要的密钥和对应的 Key 配置到 GitHub Secrets 中，例如在上面的案例中，需要 AccountID、AccessKeyID、AccessKeySecret 三个密钥的 Key 就可以配置相关内容。

找到 GitHub Secrets 页面，如图 2-56 所示。

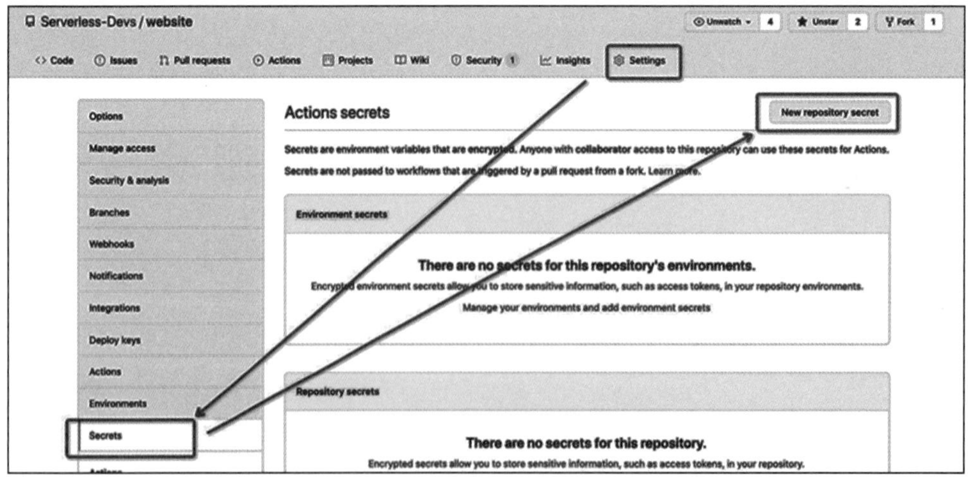

图 2-56 GitHub Secrets 页面

创建和配置密钥信息，如图 2-57 所示。

Actions secrets / New secret

Name

YOUR_SECRET_NAME　此处填写 Key

Value

此处填写 Value

图 2-57　创建和配置密钥信息页面

此处配置了 3 对密钥，如图 2-58 所示。

Secret	Updated		
ALIYUN_ACCESS_KEY_ID Available to 1 repository	Updated 16 days ago	Update	Remove
ALIYUN_ACCESS_KEY_SECRET Available to 1 repository	Updated 16 days ago	Update	Remove
ALIYUN_ACCOUNT_ID Available to 1 repository	Updated 21 days ago	Update	Remove

图 2-58　GitHub 仓库配置密钥结果页面

2. 与 Gitee Go 的集成

在开启 Gitee Go 的服务之后，在流水线的 Yaml 文件中，可以增加 Serverless Devs 的相关下载、配置以及命令执行相关内容。

例如，在 GitHub 仓库中创建文件 .github/workflows/publish.yml，文件内容如下：

```
name: serverless-devs
displayName: 'Serverless Devs Project CI/CD'
triggers:                                            #流水线触发器配置
    push:
        - matchType: PRECISE
            branch: master
commitMessage: ''
stages:
    - stage:
            name: deploy-stage
            displayName: 'Deploy Stage'
            failFast: false

            steps:                                   #构建步骤配置
                - step: npmbuild@1                   #采用NPM编译环境
```

```
name: deploy-step
displayName: 'Deploy Step'
inputs:                          #构建输入参数设定
    nodeVersion: 14.15           #指定 node 环境版本为 14.15
    goals: |                     #安装依赖，配置相关主题、部署参数并发布部署
    node -v
    npm -v
    npm install -g @serverless-devs/s
    s config add --AccountID $ACCOUNTID --AccessKeyID $ACCESS-
        KEYID --AccessKeySecret $ACCESSKEYSECRET -a default
    s deploy
```

与 GitHub Action 集成的流程类似，与 Gitee Go 集成主要包括以下几部分内容。

- 通过 NPM 安装最新版本的 Serverless Devs 开发者工具：

```
npm install -g @serverless-devs/s
```

- 通过 config 命令进行密钥等信息的配置：

```
s config add --AccountID $ACCOUNTID --AccessKeyID $ACCESSKEYID --AccessKeySecret
    $ACCESSKEYSECRET -a default
```

- 执行某些命令，例如通过 deploy 命令进行项目的部署，或者通过 build 等命令进行项目的构建：

```
s deploy
```

关于密钥的配置：密钥信息是通过 $* 获取的，此时将所需的密钥和对应的 Key 配置到 Gitee 的环境变量管理中，例如在上面的案例中，需要 AccountID、AccessKeyID、AccessKeySecret 三个密钥的 Key 就可以配置相关内容。

找到 Gitee 的环境变量管理页面，如图 2-59 所示。

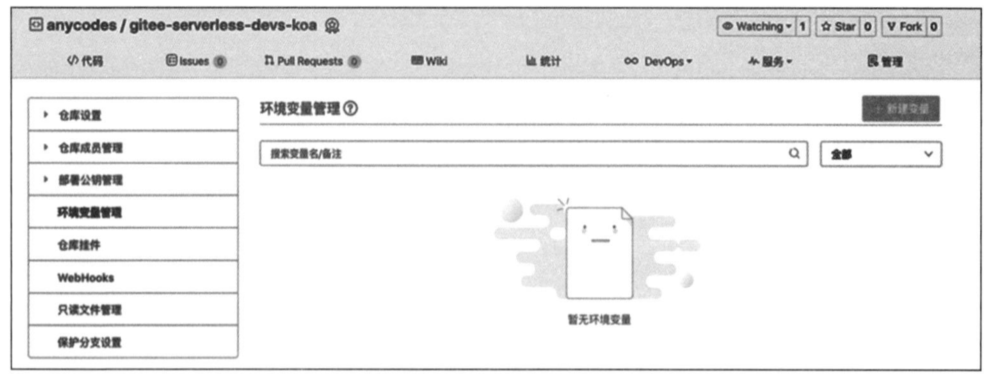

图 2-59 Gitee 的环境变量管理页面

创建和配置密钥信息，如图 2-60 所示。

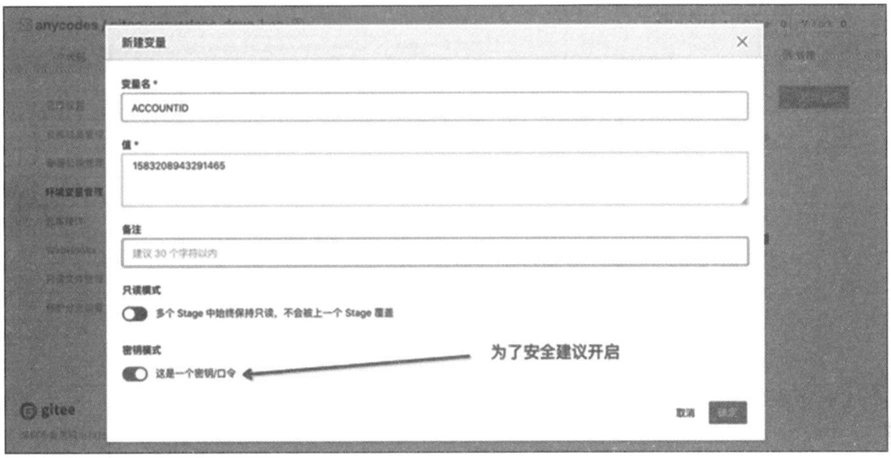

图 2-60　创建和配置密钥信息页面

此处配置了 3 对密钥，如图 2-61 所示。

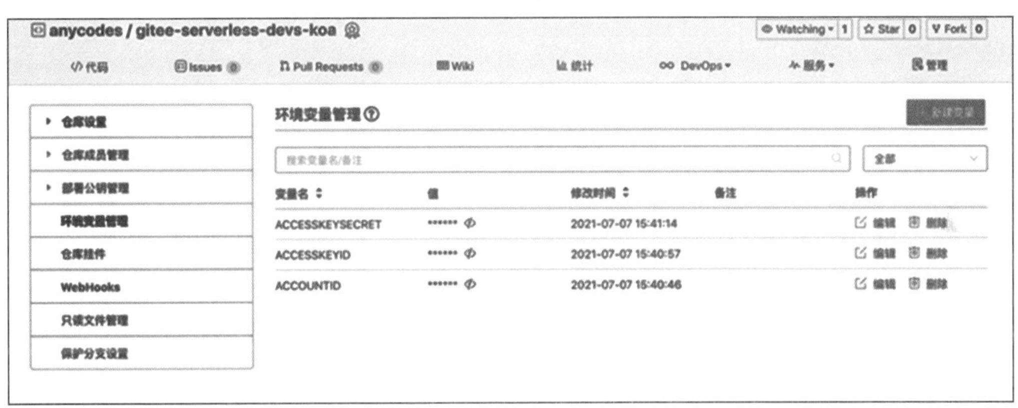

图 2-61　Gitee 仓库完成密钥配置页面

3. 与 Jenkins 的集成

在将 Serverless Devs 集成到 Jenkins 之前，需要先基于 Jenkins 官网安装并运行 Jenkins。

本地启动 Jenkins，通过浏览器进入链接 http://localhost:8080 并配置完成基础设置，之后新增凭据设置，如图 2-62 所示。

可以根据需要，增加密钥信息。以阿里云为例，新增 3 个全局凭据：

```
jenkins-alicloud-account-id : 阿里云 accountId
```

```
jenkins-alicloud-access-key-id : 阿里云 accessKeyId
jenkins-alicloud-access-key-secret : 阿里云 accessKeySecret
```

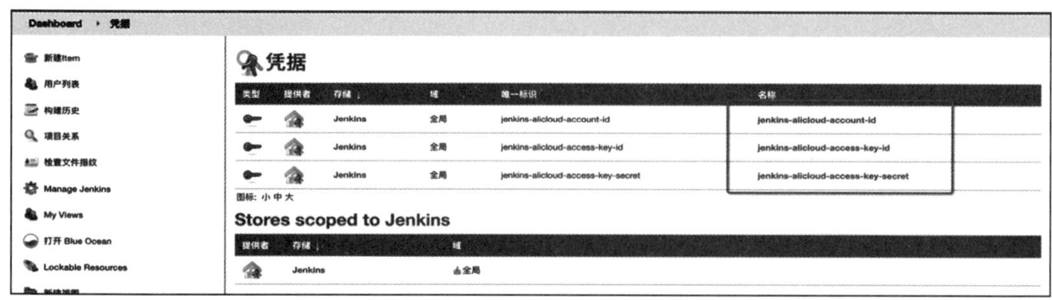

图 2-62　Jenkins 凭据设置页面

此时，可以对自身的 Serverless Devs 项目进行完善。

创建文件 Jenkinsfile：

```
pipeline {
    agent {
        docker {
            image 'maven:3.3-jdk-8'
        }
    }

    environment {
        ALICLOUD_ACCESS = 'default'
        ALICLOUD_ACCOUNT_ID = credentials('jenkins-alicloud-account-id')
        ALICLOUD_ACCESS_KEY_ID = credentials('jenkins-alicloud-access-key-id')
        ALICLOUD_ACCESS_KEY_SECRET = credentials('jenkins-alicloud-access-key-secret')
    }

    stages {
        stage('Setup') {
            steps {
                sh 'scripts/setup.sh'
            }
        }
    }
}
```

与 Jenkins 集成主要内容包括以下两部分。

- environment 部分：主要是根据上面步骤配置的密钥信息，进行密钥的处理。
- stages 部分：包括 sh 'scripts/setup.sh' 部分，即运行 scripts/setup.sh 文件，进行相关内容的准备和配置。

准备 scripts/setup.sh 文件，只需要在项目下创建该文件即可。

```
#!/usr/bin/env bash
echo $(pwd)
curl -o-  L http://cli.so/install.sh | bash
source ~/.bashrc
echo $ALICLOUD_ACCOUNT_ID
s config add --AccountID $ALICLOUD_ACCOUNT_ID --AccessKeyID $ALICLOUD_ACCESS_KEY_
    ID --AccessKeySecret $ALICLOUD_ACCESS_KEY_SECRET -a $ALICLOUD_ACCESS
(cd code && mvn package && echo $(pwd))
s deploy -y --use-local --access $ALICLOUD_ACCESS
```

在该文件中，主要包括以下几个部分。

- 安装最新版本的 Serverless Devs 开发者工具：

```
curl -o- -L http://cli.so/install.sh | bash
```

- 通过 config 命令进行密钥等信息的配置：

```
s config add --AccountID $ALICLOUD_ACCOUNT_ID --AccessKeyID $ALICLOUD_ACCESS_
    KEY_ID --AccessKeySecret $ALICLOUD_ACCESS_KEY_SECRET -a $ALICLOUD_ACCESS
```

- 执行某些命令，例如通过 deploy 命令进行项目的部署，或者通过 build 等命令进行项目构建：

```
s deploy -y --use-local --access $ALICLOUD_ACCESS
```

完成密钥配置之后，可以创建一个 Jenkins 流水线。该流水线的源是目标 GitHub 地址。接下来，就可以开始运行 Jenkins 流水线，运行结束后可得到相关的结果。

4. 与云效的集成

在云效中，可以直接选择 Serverless Devs 开发者工具，并在自定义命令中输入以下内容：

```
# input your command here
npm install -g @serverless-devs/s
s config add --AccountID ${ACCOUNTID} --AccessKeyID ${ACCESSKEYID} --AccessKeySecret
    ${ACCESSKEYSECRET} -a default
s deploy
```

与 GitHub Action、Gitee Go 以及 Jenkins 的配置类似，与云效集成同样主要包括 3 部分。

- 安装最新版本的 Serverless Devs 开发者工具：

```
npm install -g @serverless-devs/s
```

- 通过 config 命令进行密钥等信息的配置：

```
s config add --AccountID ${ACCOUNTID} --AccessKeyID ${ACCESSKEYID} --AccessKeySecret
```

```
    ${ACCESSKEYSECRET} -a default
```

❑ 执行某些命令，例如通过 deploy 命令进行项目的部署，或者通过 build 等命令进行项目的构建：

```
s deploy  -y
```

效果如图 2-63 所示。

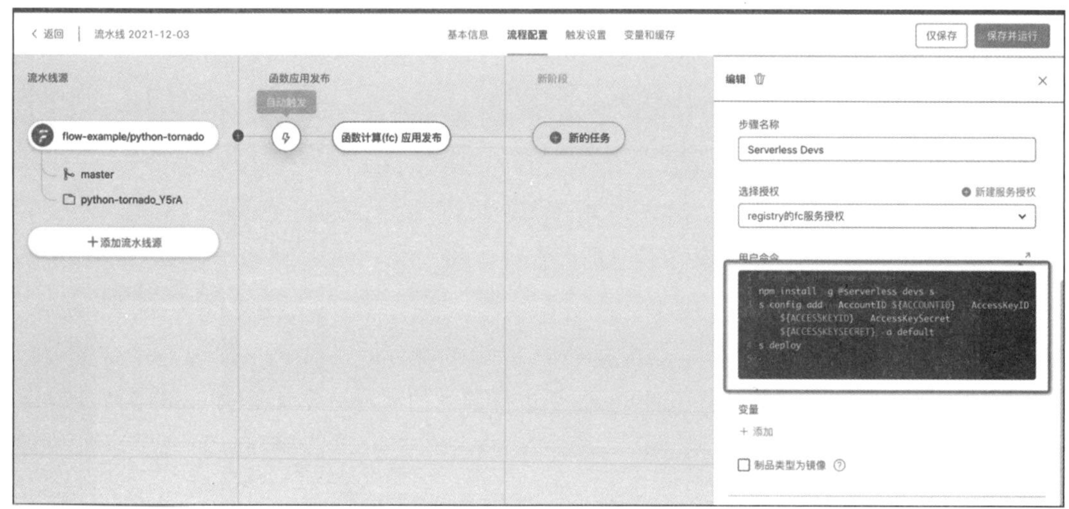

图 2-63　云效命令配置页面

由于在命令中引用了 3 个重要的环境变量：ACCOUNTID、ACCESSKEYID、ACCESSKEY-SECRET，因此还需要在环境变量中增加图 2-64 所示的类似内容。

图 2-64　环境变量配置页面

5. CI/CD 平台集成总结

通过上面几个案例不难发现，在做自动化发布时，最核心的 3 个流程如下。

- 下载工具：命令为 npm install -g @Serverless-devs/s。
- 配置密钥：命令为 s config add --AccountID $ACCOUNTID --AccessKeyID $ACCESSKEYID --AccessKeySecret $ACCESSKEYSECRET -a default。
- 项目部署：命令为 s deploy。

虽然只是以 GitHub Action、Gitee Go、Jenkins、云效几个工具作为案例，实际上无论哪个工具与 CI/CD 平台集成，上述 3 个核心流程都不会发生本质变化。另外，上面所列举的流程更多是在做自动化发布，在发布之前有时还需要进行一些测试和重新构建，以便根据具体的实际需要进行适当的完善。

综上所述，如果想非常简单、快速、科学地完成 Serverless 应用的 CI/CD 建设，一个完善的开发者工具是必不可少的。Serverless Devs 是一款多云开发者工具。我们可以通过该工具非常简单、快速、方便地部署 AWS、阿里云、腾讯云等多个云厂商的函数计算等相关服务。同时，Serverless Devs 也是一个开源项目，便于用户随时随地贡献组件、应用。

2.5　Serverless 应用的可观测性

Serverless 应用的可观测性被很多用户所关注。可观测性是通过外部表现判断系统内部状态的方式。在应用开发中，可观测性有助于判断系统内部的健康状况，在系统出现问题时，帮助定位问题、排查问题、分析问题；在系统平稳运行时，帮助评估风险，预测可能出现的问题。在 Serverless 应用开发中，如果函数的并发度持续升高，很可能是业务推广团队业务规模迅速扩张。为了避免达到并发度限制而触发流控，开发者就需要提前提高并发度。以阿里云函数计算为例，阿里云函数计算在可观测性层面提供了多种维度，包括 Logging、Metrics 以及 Tracing 等。

如图 2-65 所示，在控制台监控中心，我们可以查看整体的 Metrics、服务级 Metrics 以及每个函数的 Metrics，还可以看到当前函数计算的请求记录，如图 2-66 所示。

根据不同的请求记录，我们还可以查看函数计算的详细信息，如图 2-67 所示。

除了在控制台的监控中心查看函数的日志等信息，我们还可以在函数详情页面看到函数计算的详细日志信息，如图 2-68 所示。

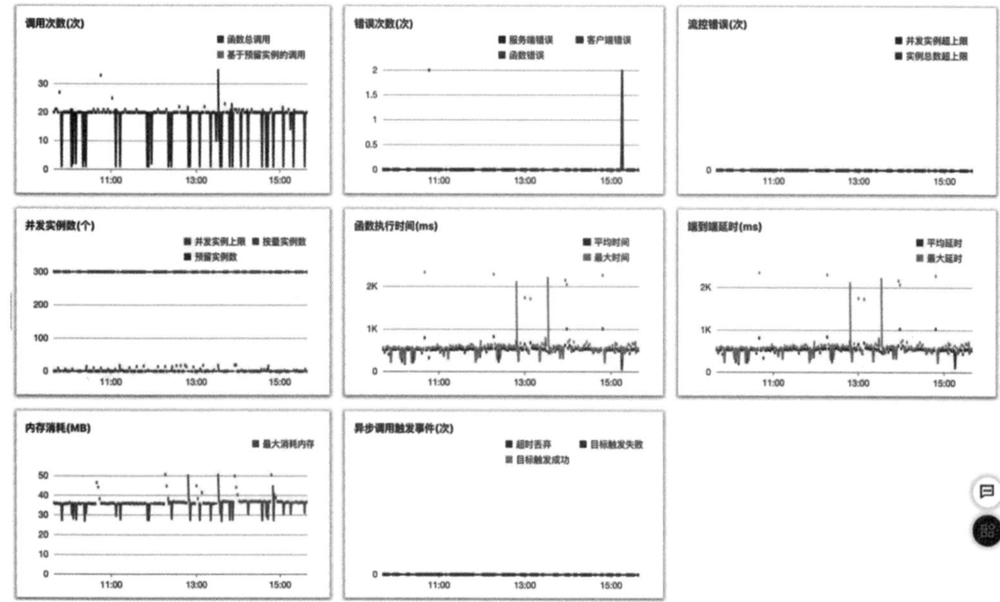

图 2-65　函数计算可观测性整体图表

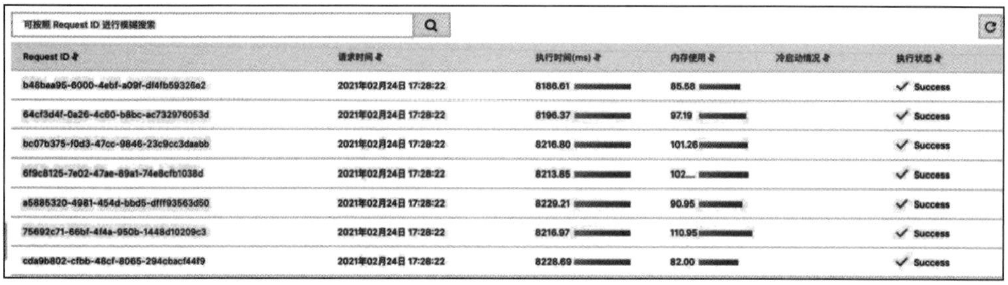

可按照 Request ID 进行模糊搜索

Request ID	请求时间	执行时间(ms)	内存使用	冷启动情况	执行状态
b48baa95-6000-4ebf-a09f-df4fb59326e2	2021年02月24日 17:28:22	8186.61	85.58		Success
64cf3d4f-0a26-4c60-b8bc-ac732976053d	2021年02月24日 17:28:22	8196.37	97.19		Success
bc07b375-f0d3-47cc-9846-23c9cc3daabb	2021年02月24日 17:28:22	8216.80	101.26		Success
6f9c8125-7e02-47ae-89a1-74e8cfb1038d	2021年02月24日 17:28:22	8213.85	102....		Success
a5885320-4981-454d-bbd5-dfff93563d50	2021年02月24日 17:28:22	8229.21	90.95		Success
75692c71-66bf-4f4a-950b-1448d10209c3	2021年02月24日 17:28:22	8216.97	110.95		Success
cda9b802-cfbb-48cf-8065-294cbacf44f9	2021年02月24日 17:28:22	8228.69	82.00		Success

图 2-66　函数计算的请求记录

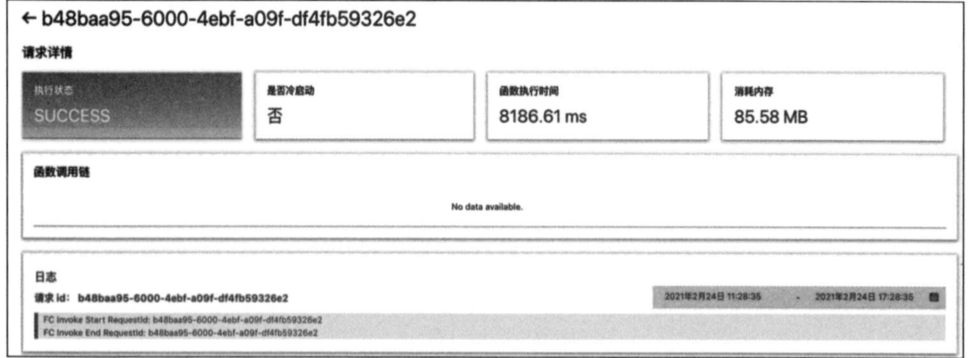

图 2-67　函数计算的请求详情

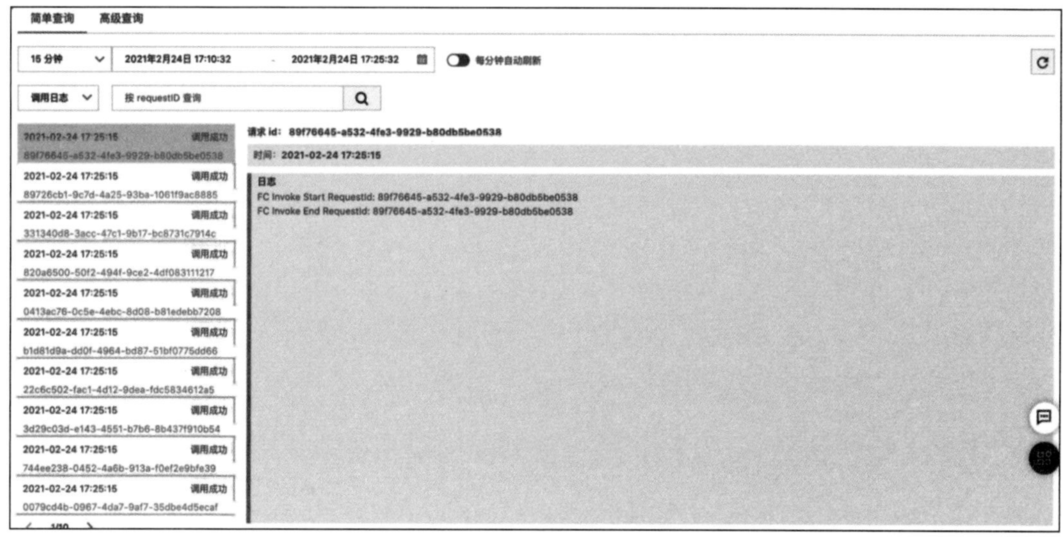

图 2-68　函数计算的日志信息

还可以看到 Tracing 相关信息，如图 2-69 所示。

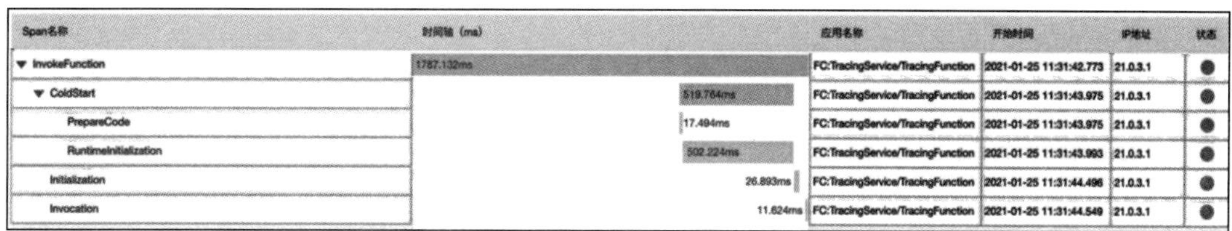

图 2-69　函数计算的 Tracing 相关信息

Chapter 3 第 3 章

机器学习入门

本章介绍机器学习入门知识，包括什么是人工智能、什么是机器学习、人工智能的典型应用场景、机器学习的分类、常见的机器学习算法等。通过本章的学习，读者会对机器学习有一个更深入的理解。

3.1 什么是人工智能

3.1.1 人工智能、机器学习和深度学习

人工智能（Artificial Intelligence，AI）是计算机科学、控制论、信息论、神经生理学、心理学、语言学、哲学等学科互相渗透而发展起来的一门综合性学科。人工智能的概念是美国斯坦福大学人工智能研究中心尼尔逊教授提出的，具体为人工智能是关于知识的学科——怎样表示知识以及怎样获得知识并使用知识的科学。从所实现的功能来定义，人工智能是机器所执行的与人类有关的功能，如判断、推理、证明、识别学习和问题求解等思维活动，即人工智能是研究人类智能活动的规律。更具体地，人工智能可以智能化地研究人类行为与思维特点，以知识为对象，研究如何获取知识，以及如何表达和具体应用。人工智能、机器学习、深度学习三者之间的关系如图 3-1 所示。

机器学习是人工智能的一种实现方法，最基本的做法是使用特定算法从数据中学习规律，然后对真实世界中的事件做出决策或预测。与为解决特定任务而在硬编码的程序不同，机器学习是用各种算法从大量数据中学习如何完成任务，进而训练出一个模型。

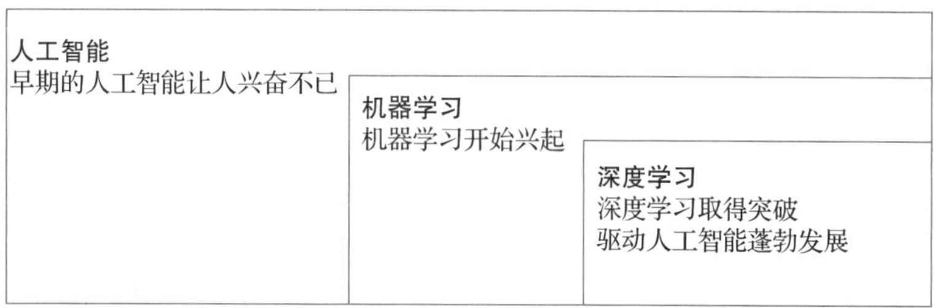

图 3-1 人工智能、机器学习和深度学习

从学习方式划分，机器学习算法可以分为监督学习、无监督学习、半监督学习等。传统的机器学习算法包括决策树、逻辑回归、支持向量机、朴素贝叶斯、K 最近邻、Adaboost 等。但是，这些传统算法在实际应用中每前进一步都异常艰难，于是发展出了深度学习、强化学习、集成学习等各种分支。

深度学习是机器学习领域一个新的研究方向。它是在学习样本数据的内在规律和表示层次。学习过程中获得的信息对诸如文字、图像和声音等数据的解释有很大的帮助。深度学习的最终目标是让机器能够像人一样具有分析能力，能够识别文字、图像和声音等数据。深度学习是一个复杂的机器学习算法，在机器视觉、机器翻译、自然语言处理、语音识别、搜索技术、数据挖掘、推荐系统等多个领域都取得了很多成果。深度学习使机器能模仿视听、思考等人类活动，解决了很多复杂的模式识别难题，使得人工智能相关技术取得很大进步。

综上所述，深度学习是机器学习的一种，而机器学习是实现人工智能的必经路径。无论机器学习作为一种实现方法出现，还是深度学习作为一个新的研究方向出现，它们被引入的目的都是实现人类“最初的梦想”——人工智能。

3.1.2 人工智能的发展

人工智能在社会发展中扮演着不可或缺的角色，在提高劳动效率、降低劳动成本、优化人力资源结构及工作岗位方面带来了革命性的成果。人工智能的出现为疲软的全球经济提供了新的动力，提高了全球 GDP 的增长速度。人工智能的发展趋势可简化为图 3-2。

人工智能在二十世纪五六十年代时被正式提出。1950 年，一位名叫马文·明斯基（后被人称为“人工智能之父”）的大四学生与他的同学邓恩·埃德蒙一起建造了世界上第一台神经网络计算机。这也被看作人工智能的一个起点。1955 年，著名科学家奥利弗·塞弗里奇（Oliver Selfridge）和艾伦·纽厄尔（Allen Newell）在一次美国西部计算机联合大会的学习机讨论会中，分别代表连接派和符号派进行了讨论，标志着人工智能雏形的出现。1956 年，达特茅斯会议（Dartmouth Conference）召开，多位大咖参与并讨论了用机器来模仿人类学习以及其他方面的智能。“人工智能”一词首次在学术会议中亮相。该会议也成为人工智能史上最重要的里程碑，被公认为“人工智能之肇始”。

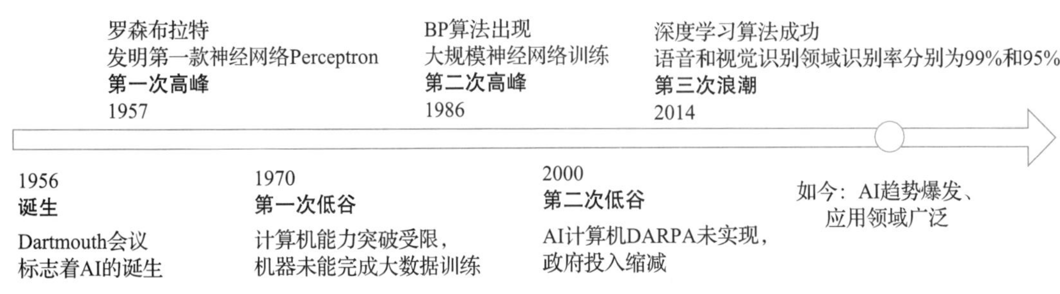

图 3-2 人工智能的发展趋势

1957 年，罗森布拉特（F. Rosenblat）提出了感知器（Perceptron）模型。这是一个由线性阈值神经元组成的前馈人工神经网络，可实现与、或、非等逻辑门，用于实现简单分类。之后的十余年里，计算机被广泛应用于数学和自然语言领域，用来解决代数、几何和英语问题。人工智能由此迎来了第一次高峰，让很多研究学者看到了机器向人工智能发展的希望。

但是到了 20 世纪 70 年代，人工智能进入一段艰难岁月。其间，人工智能领域所获得的资助也被大量缩减甚至取消。当时，人工智能面临的技术瓶颈主要体现在 3 个方面：第一，计算机性能不足，导致早期很多程序无法在人工智能领域得到应用；第二，问题复杂性只限于低维，早期人工智能程序主要是解决特定的问题，因为特定的问题对象少，复杂度低，但一旦问题维度上升，程序立马不堪重负；第三，数据稀缺，在当时不可能找到足够大的数据库来支撑程序进行深度学习，进而使机器智能化。

20 世纪 80 年代，一类名为“专家系统”的人工智能程序开始为全世界的公司所采纳，“知识处理”成为主流人工智能研究的焦点。专家系统的能力来自它们存储的专业知识。知识库系统和知识工程成为当时人工智能研究的主要方向。同时，各个国家开始对人工智能产业提供资助，如 DARPA 组织了战略计算促进会等。1986 年，神经网络的反向传播和大规模神经网络训练开始出现。

但是到了 1987 年，苹果和 IBM 公司生产的台式机性能都超过了 Symbolics 等厂商生产的通用型计算机。1989 年，DARPA 的新任领导认为人工智能并非“下一个浪潮”，拨款倾向于那些看起来更容易出成果的项目。人们对专家系统和人工智能产生了信任危机，专家系统风光不再。人工智能又一次跌入低谷，开始相对平稳地发展。

在 2012 年之前，研究者、学者们带来了许多著名的成果，比如 IBM 的国际象棋智能机器人“深蓝”击败了人类冠军。而且直至 2012 年，深度卷积神经网络算法在 ImageNet 大规模图像识别比赛上崭露头角，深度学习革命正式开始，人工智能技术进入飞速发展期，尤其在云计算、大数据、机器学习等理论支撑，以及互联网迅猛发展下，计算机视觉、自然语言处理、强化学习等人工智能算法逐步应用于现实生活。2016 年，Google DeepMind 开发的人工智能围棋程序 AlphaGo 战胜围棋冠军，将人工智能技术研究推向高潮。

至今，人工智能研究领域还在不断扩大。图 3-3 展示了人工智能研究的各个分支，包括专家系统、机器学习、推荐系统、计算机视觉、多智能体系统等。机器学习只是人工智能庞大研究领域中的一小部分。

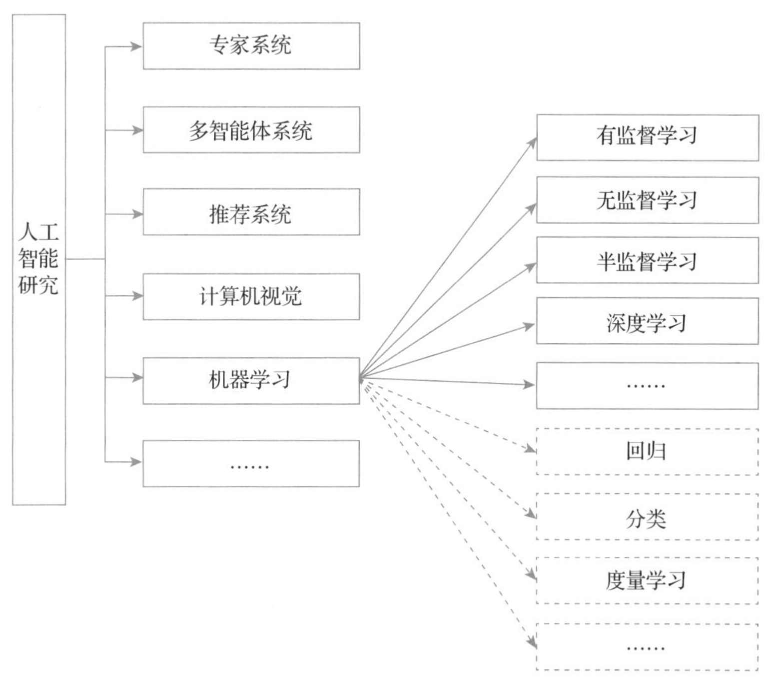

图 3-3 人工智能研究领域

3.1.3 人工智能的典型应用场景

随着互联网的高速发展，人工智能已经遍布在实际生活的方方面面。它不仅给许多行业带来巨大的经济效益，也给实际的生活带来许多便利。下面介绍几个常见的人工智能应用场景。

1. 人脸技术

计算机视觉中最典型的应用场景是人脸技术。人脸技术的研究始于 20 世纪 60 年代。之后，随着计算机技术和光学成像技术的发展，人脸技术水平在 20 世纪 80 年代得到不断提高。在 20 世纪 90 年代后期，人脸识别技术进入初级应用阶段。目前，人脸技术已广泛应用于多个领域，如金融、司法、公安、边检、航天、电力、教育、医疗等。人脸技术是计算机通过摄像头等设备获取人脸图像，进而识别、提取、处理、计算人脸面部特征，应用于表情识别、感情分析、身份识别等业务的生物检测技术。人脸技术可以分为人脸检测、人脸验证、人脸识别、人脸配准等技术，其中人脸识别技术是对图像中人脸所属身份的一种识别，在实际项目中主要配合人脸检测来使用，通过人脸检测技术识别人脸在图像中的位置，截取人脸图像作为人脸识别模型的输入，计算、识别该人脸的特征，最终经过模型推理，选择人脸身份库中对应可能性最高的身份。

2. 机器翻译

自然语言处理中最典型的应用场景是机器翻译。机器翻译是计算语言学的一个分支，是利用计算机将一种自然语言转换为另一种自然语言的过程。机器翻译用到的技术主要是神经机器翻译技术（Neural Machine Translation，NMT）。当前，该技术在很多语言上的表现已经超过人类。随着经济全球化进程的加快，机器翻译技术在政治、经济、文化交流等方面的价值凸显，也给人们的生活带来了许多便利。例如在阅读英文文献时，人们可以方便地通过有道翻译、Google 翻译等各种翻译工具将英文转换为中文，免去了查字典的麻烦，提高了学习和工作的效率。

3. 推荐系统

推荐系统是人工智能领域应用非常广泛的场景。网络的迅速发展带来了网上信息量的大幅增长，使得用户在面对大量信息时无法从中获得对自己真正有用的那部分信息，对信息的使用效率反而降低了，这就是所谓的信息超载问题。解决信息超载问题的一个非常有力的工具是推荐系统。它是根据用户的需求、兴趣等，将用户感兴趣的信息、产品等推荐给用户的个性化信息推荐系统。和搜索引擎相比，推荐系统通过研究用户的兴趣、偏好，进行个性化计算，发现用户的兴趣点，从而引导用户发现自己的信息需求。一个好的推荐系统不仅能为用户提供个性化的服务，还能和用户建立密切关系，让用户对推荐产生依赖。自 1995 年 3 月卡耐基・梅隆大学的 Robert Armstrong 等在美国人工智能协会上提出个性化导航系统 Web Watcher 之后，推荐系统就逐渐成为被广泛研究的对象。推荐系统现已应用于很多领域，其中最典型并具有良好发展和应用前景的领域是电子商务领域。

3.2　常用的机器学习算法

监督学习和无监督学习是机器学习的两种任务类型。这两种任务类型的主要区别在于：监督学习的目标是在给定样本数据和期望输出的情况下，学习样本数据中输入和输出之间的关系，即样本和该样本对应标注的关系；而无监督学习的数据是没有标注的，因此其目标是推断一组数据点中存在的自然结构。

更形象地，监督学习可比作做练习题的过程。将练习题比作机器学习中的样本数据集，这份练习题的标准答案就是该数据集的标注，答题者就是机器学习的模型。答题者做完练习题与标准答案进行比对，以提升自己的答题能力。这个过程就是监督学习中算法模型通过学习样本和标注之间的关系来达到最优模型的过程。

所以，监督学习中的数据是提前拥有优化目标信息的，它的训练样本中同时包含有特征和标签信息，以此来学习、训练一个表达特征和标签之间关系的函数。监督学习中比较典型的问题包括：输入变量与输出变量均为连续变量的预测问题，即回归问题；输出变量为有限个离散变量的预测问题，即分类问题。

3.2.1　常见的监督学习算法

本节详细介绍几种常见的监督学习算法。上述介绍中，监督学习是指利用一组已知标签的样本来调整模型的参数，使其达到所要求性能的过程。在监督学习中，一个训练样本代表一个实例，每个实例都是由一个输入对象（通常为矢量）和一个期望的输出值（也称为监督信号）组成的。

常见的监督学习算法有决策树、逻辑回归、支持向量机、神经网络等。

1. 决策树

决策树（Decision Tree）是一种基本的分类与回归算法。本节只介绍分类决策树。在分类问题中，基于特征对实例进行分类的过程，可以认为是 if-else 的集合，也可以认为是定义在特征空间与类空间上的条件概率分布。举一个简单的例子，在邮件系统中，我们需要做一个分类功能，将所有邮件分成需及时处理的邮件，无聊时阅读的邮件，垃圾邮件。

那么，如果发送邮件域名地址包含 Serverless.cn，我们就认为它是需要及时处理的邮件；在其余邮件中如果内容字数大于 100，就将其作为无聊时阅读的邮件；剩下的全部邮件当作垃圾邮件。这样，简单的决策树就构造完成了。该决策树的流程如图 3-4 所示。

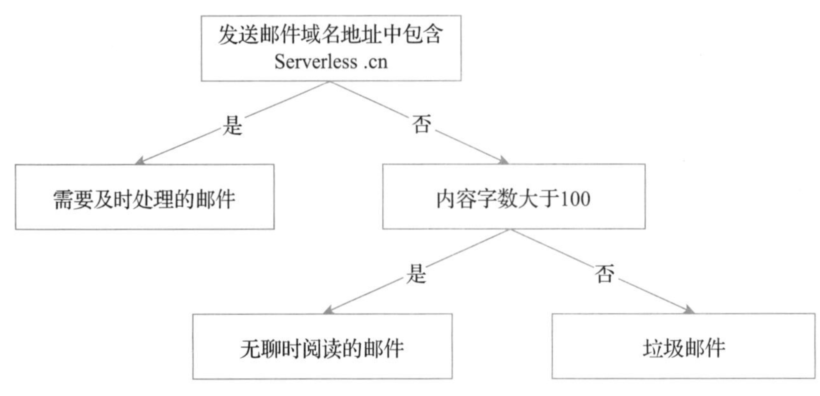

图 3-4　邮件决策树流程

图 3-4 中，决策树包含一个根节点、若干个内部节点和若干个叶子节点，其中根节点包含样本全集，叶子节点对应决策结果（需及时处理的邮件、无聊时阅读的邮件、垃圾邮件），其他每个节点对应一个属性（如内容字数大于 100）。每个非叶子节点包含的样本集合根据属性测试结果被划分到子节点。从根节点到每个叶子节点的路径对应一个判定测试序列。

而现实中的数据量往往是很大的，数据特征也并非两个，且无法判断当前节点该用什么特征，这时候决策树的构造算法应运而生。构造算法会递归地选择最优特征，并根据该特征对训练数据进行分割，使得各个子数据集有一个最好的分类。这个过程对应着对特征空间的划分，也对应着决策树的构建。

以邮件系统决策树的构造为例，是否可以将"内容字数大于 100"这个特征作为第一个分裂节点呢？发送邮件域名中包含 Serverless.cn 的邮件中内容字数可能大于 100 也可能小于 100，用"内容字数大于 100"先来决定该邮件属于"无聊时阅读的邮件"或者"垃圾邮件"都可能错过需要及时处理的邮件，导致分类错误率提高。而当在"内容字数大于 100"特征下的每个节点里都判断一次"发送邮件域名中包含 Serverless.cn"，分类错误率将明显小于直接通过"内容字数大于 100"进行分类的错误率。所以，在满足一定树深度的前提下，递归地将节点进行分裂，得到所有可能的节点情况，找到最小的错误率，也就找到了当下最合理的分类。

经典的决策树构造算法有 ID3、C4.5 和 CART（Classification And Regression Tree），分别用不同的方法判断节点的分裂，如熵、信息增益等。决策树的优点是计算复杂度不高，输出结果易于理解，对中间值的缺失不敏感，可以处理不相关特征数据；缺点是可能产生过度匹配问题。

2. 逻辑回归

（1）逻辑回归基本表达式

在决策树小节讨论的邮件分类，实际上是一个分类问题。分类问题遍布在现实生活的方方面面，比如银行通过一系列数据判断某贷款是否有风险，医院通过血液、彩超、心电图等数据判断病患是否属于某种疾病等。在以上例子中预测的都是二值变量，如贷款无风险和有风险、患有某种疾病和没有患这个疾病。这里将二值类别分别定义为正类（Positive Class）和负类（Negative Class）。那么，如何解决这类问题呢？本节介绍一个原理简单却是二分类问题中最流行的机器学习方法——逻辑回归（Logistic Regression）。

逻辑回归虽然被称为回归，但其实际上是分类模型，并常用于二分类问题。逻辑回归因其简单、可并行化、可解释性强而在工业界得到广泛应用。逻辑回归包含如下几个步骤。

- 寻找预测函数；
- 构造损失函数；
- 损失函数最小化。

在逻辑回归算法中，第一步是寻找预测函数，即对于在多维空间存在的样本点，用特征的线性组合（特征加权）去拟合空间中点的分布和轨迹。假设一份有监督训练数据集 (X, Y)，X 表示特征，x 为 X 的一个子集，Y 表示标签，θ 表示该某一特征对应的权重，得到一个简单的线性模型公式：

$$\theta_0+\theta_1x_1+\cdots+\theta_nx_n=\sum_{i=1}^{n}\theta_ix_i=\boldsymbol{\theta}^{\mathrm{T}}x$$

这样的线性模型可以拟合数据点，但无法做出分类，如图 3-5 所示。

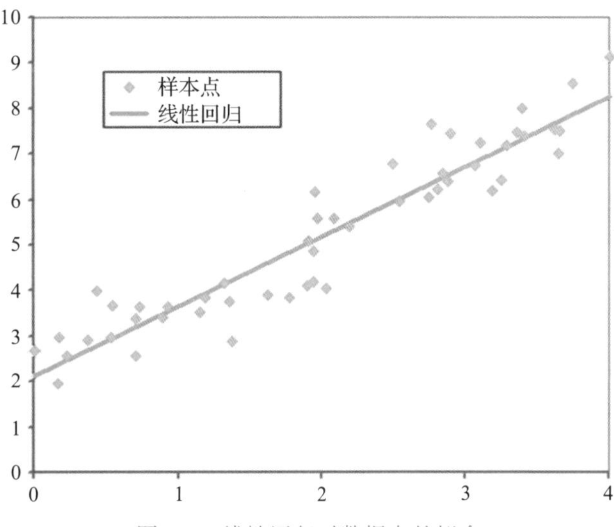

图 3-5　线性回归对数据点的拟合

在逻辑回归的二分类场景中，将正类用 1 替代，负类用 0 替代，且通常使用 sigmoid 函数对线性回归的结果进行处理，使得线性回归的所有数值在 0 到 1 之间。sigmoid 的函数公式如下：

$$g(z)=\frac{1}{1+\mathrm{e}^{-z}}$$

sigmoid 函数是一个漂亮的 S 形，值域在 0 到 1 之间。当 $z=0$ 时，它的值刚好为 0.5；当 z 为正无穷大时，它的值无限接近 1；反之，值无限接近 0。sigmoid 函数如图 3-6 所示。

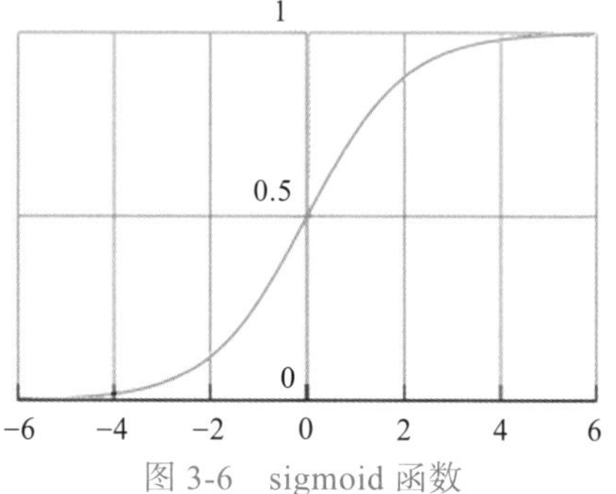

图 3-6　sigmoid 函数

在 sigmoid 函数里，代入线性回归公式就可以得到如下基本的逻辑回归算法表达式：

$$h_\theta(x)=g(\boldsymbol{\theta}^{\mathrm{T}}x)=\frac{1}{1+\mathrm{e}^{-\theta^{\mathrm{T}}x}}$$

在逻辑回归算法中，还需要定义一个阈值来确定当前的分类结果。如阈值设置为 0.5，那么当结果大于 0.5 的时候，判断样本为正类；小于 0.5 时，判断样本为负类。

逻辑回归算法的优点是计算代价不高，易于理解和实现，同样其缺点也是比较明显的，包括容易欠拟合、分类精度可能不高等。下面介绍如何使逻辑回归算法的损失函数最小化。

（2）逻辑回归算法训练

有了模型的预测函数，模型的权重还需要通过训练得到，而训练的关键莫过于损失函数训练，因为它决定了模型权重拟合数据的方向。在决策树中，我们用熵、信息增益等来判断节点分裂的时机，在逻辑回归中也需要一个方法来判断模型是否训练完成，即是如何拟合逻辑回归中模型的参数 θ。

机器学习中有许多损失函数，如对数损失、平方差损失、hinge 损失等。逻辑回归中常用对数损失函数。对数损失函数表达式如下：

$$\mathrm{Loss}(h_\theta(x),y)=\begin{cases}-\log(h_\theta(x))\\-\log(1-h_\theta(x))\end{cases}$$

其代价函数（Cost Function）表达式如下：

$$\mathrm{Cost}(\theta)=\frac{1}{M}\sum_{i=1}^{n}\mathrm{Loss}(h_\theta(x^{(i)}),y^{(i)})=-\frac{1}{M}\sum_{i=1}^{n}(y^{(i)}\log(h_\theta(x^{(i)}))+(1-y^{(i)})\log(1-h_\theta(x^{(i)})))$$

其中，y 的取值是 0 和 1，逻辑回归的预测函数取值在 0 到 1 之间，损失函数 Loss 越小，就表示逻辑回归的预测函数越接近数据集标注 y，即模型的权重随着训练逐渐拟合数据。显然，逻辑回归算法的优化目标就是最小化损失函数。

在机器学习中，常用梯度下降法（Gradient Descent）、牛顿法等优化方法来使得模型权重达到最优。在逻辑回归中，常用的优化方法是梯度下降法。梯度下降又叫作最速梯度下降，是一种迭代求解的方法，通过在每一步选取使目标函数变化最快的一个方向调整参数的值来逼近最优值。目标函数变化最快的方向即目标函数的梯度方向（即对目标函数的求导结果），求导公式如下：

$$\begin{aligned}\frac{\partial}{\partial\theta_j}L(\boldsymbol{\theta})&=\left(y\frac{1}{g(\boldsymbol{\theta}^{\mathrm{T}}x)}-(1-y)\frac{1}{1-g(\boldsymbol{\theta}^{\mathrm{T}}x)}\right)\frac{\partial}{\partial\theta_j}g(\boldsymbol{\theta}^{\mathrm{T}}x)\\&=\left(y\frac{1}{g(\boldsymbol{\theta}^{\mathrm{T}}x)}-(1-y)\frac{1}{1-g(\boldsymbol{\theta}^{\mathrm{T}}x)}\right)g(\boldsymbol{\theta}^{\mathrm{T}}x)(1-g(\boldsymbol{\theta}^{\mathrm{T}}x))\frac{\partial}{\partial\theta_j}\boldsymbol{\theta}^{\mathrm{T}}x\\&=(y(1-g(\boldsymbol{\theta}^{\mathrm{T}}x))-(1-y)g(\boldsymbol{\theta}^{\mathrm{T}}x))x_j\\&=(y-h_{\boldsymbol{\theta}}(x))x_j\end{aligned}$$

最终权重的更新公式为：

$$\theta_j:=\theta_j+a((y^{(i)}-h_{\boldsymbol{\theta}}(x^{(i)}))x_j^{(i)})$$

沿梯度负方向选择一个较小的步长可以保证损失函数是减小的。另外，逻辑回归的损失函数是凸函数，可以保证算法找到的局部最优值同时是全局最优值。

3. 支持向量机

支持向量机（Support Vector Machine，SVM）和逻辑回归一样，也是用于分类的一种算法。它的基本模型是定义在特征空间的间隔最大的线性分类器。SVM 可以分为很多种，如线性支持向量机、近似线性支持向量机、非线性支持向量机。

（1）线性支持向量机

一个分类模型不仅可将不同类别的样本分隔开，还要以比较大的置信度来分隔这些样本，这样才能使绝大部分样本被分开。比如当通过一个平面将两个类别的样本分开，如果这些样本是线性可分（或者近似线性可分），那么这样的平面有很多，但如果加上以最大的置信度将这些样本分开，那么这样的平面只有一个。怎么才能找到这样的平面呢？这就需要用到 SVM 算法了。

间隔最大化指找到距离分隔平面最近的点，并且使得距离平面最近的点尽可能地距离平面最远。这样，每一个样本就都能够以比较大的置信度被分隔开，算法的分类预测能力也就越好。显然，SVM 算法的关键所在，就是找到使得间隔最大的分隔超平面（如果特征是高维度的，我们称这样的平面为超平面）。

如图 3-7 所示，假设一个超平面可以将所有的样本分为两类，位于左侧的样本为一类，值为 +1，而位于右侧的样本为另外一类，值为 −1。假设存在函数：

$$f(x)=\boldsymbol{x}\boldsymbol{w}^{\mathrm{T}}+\boldsymbol{b}$$

对于正侧的数据，有 $\boldsymbol{x}\boldsymbol{w}^{\mathrm{T}}+\boldsymbol{b}\geqslant 1$。其中，至少有一个点 x_i 能使得 $f(\boldsymbol{x}_i)=1$，这个点被称为最近点。对于负侧的数据，有 $\boldsymbol{x}\boldsymbol{w}^{\mathrm{T}}+\boldsymbol{b}\leqslant -1$。其中，至少有一个点 x_i 能使得 $f(\boldsymbol{x}_i)=-1$，这个点被称为最近点。于是，将上面两个约束条件合并为：$y_i f(x_i)=y_i(\boldsymbol{x}\boldsymbol{w}^{\mathrm{T}}+\boldsymbol{b})\geqslant 1$，其中 y_i 是点 x_i 对应的分类值（−1 或者 1，这也是将二分类类别不定义为 0 和 1 的原因，即为了方便公式的转换）。超平面函数是 $\boldsymbol{x}\boldsymbol{w}^{\mathrm{T}}+\boldsymbol{b}=0$。

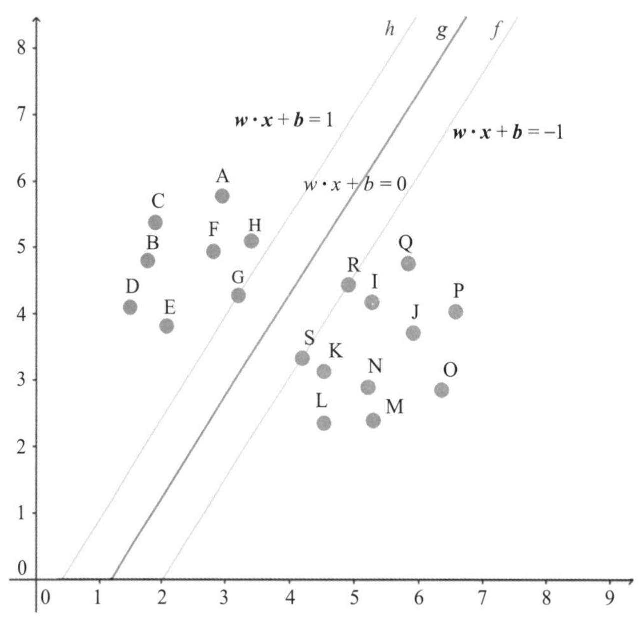

图 3-7 支持向量机分隔超平面

SVM 的优化目标是最大化样本点到分离超平面的最小间隔，以此构建算法的目标函数。通过转换，目标函数公式为：

$$\min \frac{1}{2}\|\boldsymbol{w}\|^2$$

$$\text{s.t. } y_i(\boldsymbol{w}^{\mathrm{T}}\boldsymbol{x}_i+\boldsymbol{b})\geqslant 1, i=1,2,\cdots,n$$

其中，y 为分类类别，$\boldsymbol{w}$ 和 $\boldsymbol{b}$ 为权重，$\boldsymbol{x}$ 为样本点。于是，只需要求得最优 $\boldsymbol{w}$ 和 $\boldsymbol{b}$ 就能找到间隔最大分离超平面。求解 $\boldsymbol{w}$ 和 $\boldsymbol{b}$ 的过程是凸二次规划问题。凸二次规划问题是指目标函数是一个需要最大化或最小化多个变量的二次函数，且它是一个凸函数，约束函数为仿射函数（满足 $f(\boldsymbol{x}) = \boldsymbol{a}\boldsymbol{x} + \boldsymbol{b}$，$\boldsymbol{a}$ 和 $\boldsymbol{x}$ 均为 n 维向量）。一般地，求解凸二次规划问题可以利用对偶算法，即引入拉格朗日算子。利用拉格朗日对偶性将原始问题的最优解问题转化为拉格朗日对偶问题，求出对应的参数 $\boldsymbol{w}$ 和 $\boldsymbol{b}$，从而找到这样的间隔最大超平面，进而利用该平面完成样本分类。最终可以将目标函数转换为如下公式：

$$\max_{a}\sum_{i=1}^{n}a_i-\frac{1}{2}\sum_{i,\,j=1}^{n}a_ia_jy_iy_j\boldsymbol{x}_i^{\mathrm{T}}\boldsymbol{x}_j$$

$$s.t.\ a_i \geqslant 0, i=1,2,\cdots,n$$

$$\sum_{i=1}^{n}a_iy_i=0$$

可见，使用拉格朗日和 KKT 条件后，求 $\boldsymbol{w}$、$\boldsymbol{b}$ 的问题变成了求拉格朗日乘子 a_i 的问题。a_i 可以直接应用到分类器中，并且支持数据集非线性情况。

（2）其他支持向量机

当数据集并不是严格线性可分时，即满足绝大部分样本点线性可分，极少部分异常，也就是说存在部分样本不能满足约束条件，此时我们可以引入松弛因子。这样，这些样本点到超平面的距离加上松弛因子 Sigma，就能保证被超平面分隔开来。这类 SVM 叫作近似线性支持向量机。

而当数据集不是线性可分的，即不能通过前面的线性模型对数据集进行分类，我们就需要用到非线性支持向量机。在数据集不是线性可分的情况下，我们必须想办法使这些样本特征符合线性模型，这样才能通过线性模型对这些样本进行分类。这就要用到核函数。核函数的功能就是将低维特征空间映射到高维特征空间。在高维特征空间，这些样本经过转化后变得线性可分。这样，在高维特征空间，我们就能够利用线性模型来解决数据集分类问题。利用核函数解决非线性问题的 SVM 叫作非线性支持向量机。

4. 神经网络

神经网络方面的研究很早就出现了，今天“神经网络”已是一个相当大、多学科交叉的技术领域。相关学科对神经网络的定义不同，这里采用目前使用最广泛的定义，即神经网络是由具有适应性的、简单单元组成的广泛并行互连的网络，它的组织能够模拟生物神经系统对真实世界体所做出的交互反应。从组成来看，神经网络最基本的组成成分为神经元，这也对应了神经网络一词中的“神经”，而“网络”顾名思义就是由这些神经元组成的广泛并行互连的网络。

神经网络的提出也是得益于生物神经网络的思考，模拟的是生物大脑的网络处理方式。在生物神经网络中，每个神经元互连。当神经元接收到外部输入，且电位较高时，神经元处于兴奋状态，会向其他神经元传递化学物质。

1943 年，McCulloch 和 Pitts 将上述描述抽象为图 3-8 所示的简单模型，这就是沿用至今的 M-P 神经元模型。神经元接收到来自其他神经元传递来的输入信号（这些输入信号通过带权重的连接进行传递）。神经元接收到的输入值和神经元的阈值进行对比，通过激活函数产生神经元的输出。

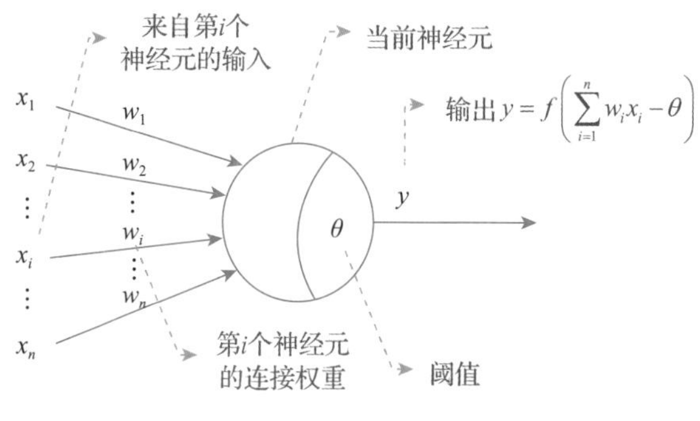

图 3-8 M-P 神经元模型

假设神经元电位高于某个阈值时会处于兴奋状态，则对于每个神经元，我们可以通过将神经元输入线性组合，减去该阈值来作为函数变量的函数，最终量化其是否处于兴奋状态。这个函数被称为激活函数。理想的激活函数应当是阶跃函数，因为阶跃函数能够将输入值映射为 0 或 1，这两个输出结果很好地对应了“兴奋”与“抑制”状态。但是由于阶跃函数具有不连续、不光滑等不太友好的数学性质，会导致后期最优解问题变得棘手，故神经网络中的激活函数不采用阶跃函数，而是采用 Sigmoid 函数，如图 3-9 所示。

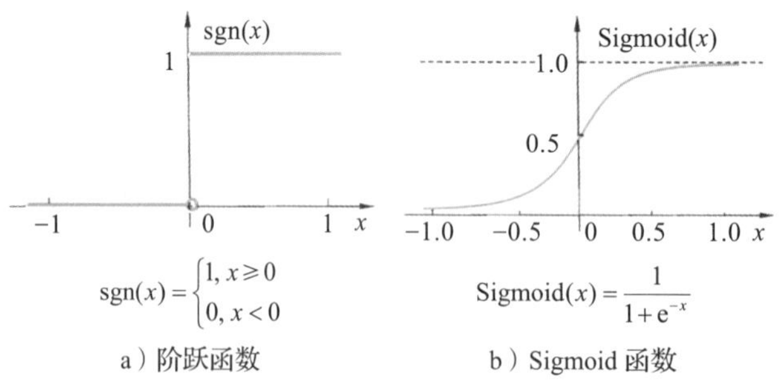

图 3-9 神经网络中的激活函数

将多个神经元按一定的层次结构连接起来，就得到了神经网络。它是一种包含多个参数的模型，比如 10 个神经元两两连接，则有 100 个参数需要学习（每个神经元有 9 个连接权以及 1 个阈值），若将每个神经元看作一个函数，则整个神经网络就是由这些函数相互嵌套而成的。

基于神经网络衍生出目前最常用、最流行的几种网络结构：全连接神经网络、卷积神经网络（Convolutional Neural Network，CNN）、循环神经网络（Recurrent Neural Network，RNN）。它们都具有不同的连接规则。

（1）全连接神经网络

首先介绍全连接神经网络的结构。

在介绍全连接神经网络前，先介绍一下它的前身：感知机（Perceptron）。感知机是由两层神经元组成的一个简单模型，但只有输出层是 M-P 神经元（即只有输出层神经元进行激活函数处理，也被称为功能神经元）；输入层只是接收外界信号（样本属性）并传递给输出层（输入层的神经元个数等于样本的属性数目），而没有激活函数。这样，感知机与之前线性模型中的对数几率回归的思想基本是一样的，都是通过对属性加权与另一个常数求和，再使用 Sigmoid 函数将输出值压缩到 0～1 之间，从而解决分类问题。不同的是，感知机的输出层可以有多个神经元，从而可以解决多分类问题。

实际上，感知机的学习能力非常有限，只有一层功能神经元，只能解决部分线性可分问题。对于线性可分问题，感知机一定会收敛并找到一个适当的权重。但是对于非线性可分问题，感知机学习过程将发生震荡，权重难以稳定。对于这类非线性可分问题，考虑使用多层神经元，即在感知机的输入层和输出层之间再加入一层神经元，这层神经元被称为隐藏层。

一般情况下，常见的神经元是图 3-10 所示的层级结构。每层神经元都与下一层神经元相互连接，同层神经元之间互不连接，这样的网络结构被称为全连接神经网络。在全连接神经网络中，输入层接收外界数据的输入，隐藏层对输入数据进行处理、加工，输出层对隐藏层的数据进行处理、加工，并输出最终结果。连接每个神经元之间的“线”被称作“连接权”，即模型的权重。神经网络学习过程中根据训练数据来调整权重，即神经网络学到的东西都蕴含在权重中。

综上所述，全连接神经网络具备的特点非常明显：每一层是全连接层，即每一层的每个神经元与上一层所有神经元都有连接。

接着介绍神经网络的训练算法。

神经网络学习到的东西都包含在权重里，那么权重取什么值合适呢？这里以全连接神经网络为例介绍神经网络的训练算法：反向传播算法（Back Propagation，BP）。它是迄今为止最成功、最主流的神经网络学习算法，不管是 TensorFlow、PyTorch 还是 Caffe 等框架都是使用反向传播算法进行训练的。

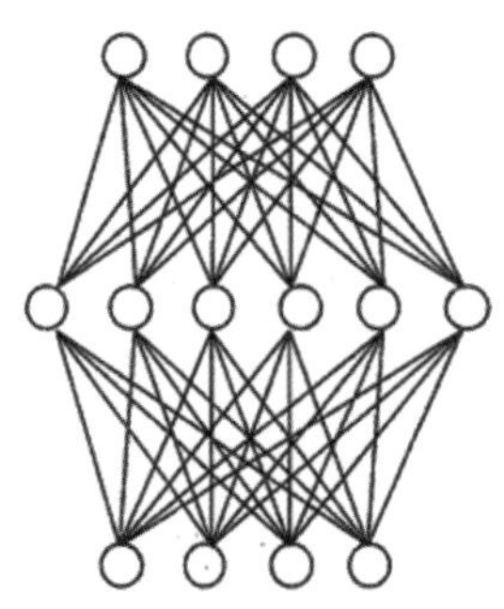

a）单隐层全连接神经网络

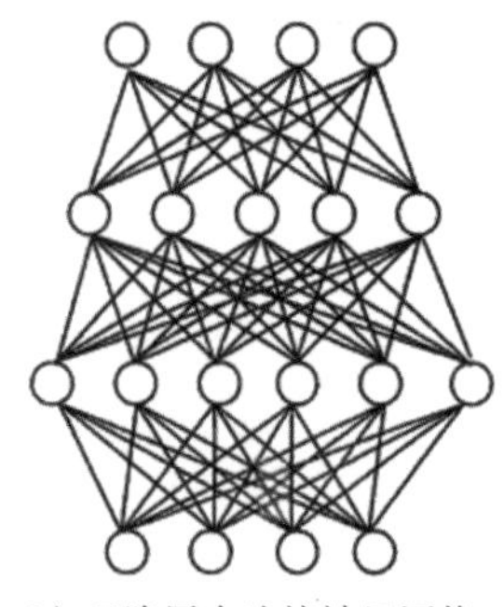

b）双隐层全连接神经网络

图 3-10　全连接神经网络

图 3-11 给出了反向传播算法的工作流程。对于每个训练样本，反向传播算法执行以下操作：先进行前向传播，将输入样本传到网络的输入层，隐藏层依次计算，并得到输出层的输出结果；然后计算输出层神经元的误差，将误差反向传递到隐藏层神经元，计算出所有隐藏层的误差，将误差对权重和偏置求偏导，计算出所有的梯度；最后根据隐藏层神经元的梯度对权重和偏置进行调整。这个过程迭代进行，直到达到某个停止条件，如训练误差低于某个阈值，或者模型精度高于某个阈值。

输入：训练集 $D=\{(x_k, y_k)\}_{k=1}^{m}$；
　　　学习率 η.
过程：
在(0, 1)范围内随机初始化网络中所有权重 $\boldsymbol{W}$ 和偏置 $\boldsymbol{B}$
repeat
　for all $(x_k, y_k)\in D$ do
　　根据模型的当前参数前向传播，计算当前样本的输出 y_k'；
　　根据当前样本的输出 y_k' 和当前样本期望输出 y_k 计算误差；
　　将误差传到整个网络，计算所有隐藏层的误差；
　　将误差对权重和偏置求偏导，计算出梯度项 G；
　　根据梯度项和学习率，更新权重和偏置($\boldsymbol{W}=\boldsymbol{W}-\eta * G, \boldsymbol{B}=\boldsymbol{B}-\eta * G$)；
　end for
until 达到停止条件
输出：由权重 $\boldsymbol{W}$ 和偏置 $\boldsymbol{B}$ 确定的多层神经网络

图 3-11　全连接神经网络的反向传播算法

（2）卷积神经网络

卷积神经网络是一类包含卷积计算且具有深度结构的前馈神经网络（Feedforward Neural Network），是深度学习的代表算法之一。卷积神经网络具有表征学习（Representation Learning）能力，能够按其阶层结构对输入信息进行平移不变分类（Shift-invariant Classification)，因此也被称为“平移不变人工神经网络（Shift-Invariant Artificial Neural Network，SIANN）”。

卷积神经网络的研究始于20世纪80～90年代。时间延迟网络和LeNet-5是最早出现的卷积神经网络。21世纪后，随着深度学习理论的提出和数值计算设备的改进，卷积神经网络得到了快速发展，并被应用于计算机视觉、自然语言处理等领域。卷积神经网络仿造生物的视知觉（Visual Perception）机制构建，可以进行监督学习和非监督学习。其隐藏层内的卷积核参数共享和层间连接的稀疏性使得卷积神经网络能够以较小的计算量对格点化（Grid-like Topology）特征，例如像素和音频特征进行学习并得到稳定的效果，且对数据没有额外的特征工程（Feature Engineering）要求。

常规的卷积神经网络是由若干卷积计算层、采样层、全连接层组成的，其中卷积层是卷积神经网络最重要的层，也是“卷积神经网络”名字的由来。

图3-12为基于卷积神经网络的手写数字识别任务。其中，网络输入为像素为32×32的手写数字图像，输出为识别到的结果，多个卷积层和池化层对输入数据进行处理，最后由连接层输出。可以发现，卷积神经网络的层结构和全连接神经网络的层结构有很大不同。全连接神经网络每层神经元是一维结构，也就是排成一条线的样子；而卷积神经网络每层神经元是三维结构，也就是排成一个长方体的样子，有宽度、高度和深度。

每个卷积层包含多个特征映射（Feature Map）。每个特征映射是一个由多个神经元构成的“平面”，并通过卷积滤波器提取特征。在图3-12中，第一个卷积层是由6个特征映射组成的，每个特征映射是28×28的神经元矩阵，其中的每个神经元负责从5×5的区域通过滤波器提取输入数据的局部特征，即当前的28×28神经元矩阵都是由输入层的5×5区域计算得到的。这个5×5区域也叫作神经元的感受野（Receptive Field）。

采样层也叫作池化层（Pooling Layer）。其作用是基于局部相关性原理进行下采样，从而在减少数据量的同时保留有用的信息。例如在图3-12中，第一个采样层有6个14×14的特征映射，其中每个神经元都和上一层的2×2区域相连，并计算输出。采样层中没有需要学习的参数，同时可将上一层的输出特征映射大小降低，从而达到减少后续网络参数量的作用。通过若干层卷积层和采样层的组合，图3-12中的卷积神经网络将原始的图像映射成了120维的特征向量，最后由84个神经元组成的连接层和输出层完成识别任务。

综上所述，卷积神经网络具有的特点非常明显。卷积层：相当于滤镜，将图片进行分块，对每一块进行特征处理，从而提取特征；池化层：通过对提取的高维特征进行降维；连接层：对空间排列的特征转化成一维的向量。卷积神经网络常用的场景有目标检测、图像分类、语义分割等。

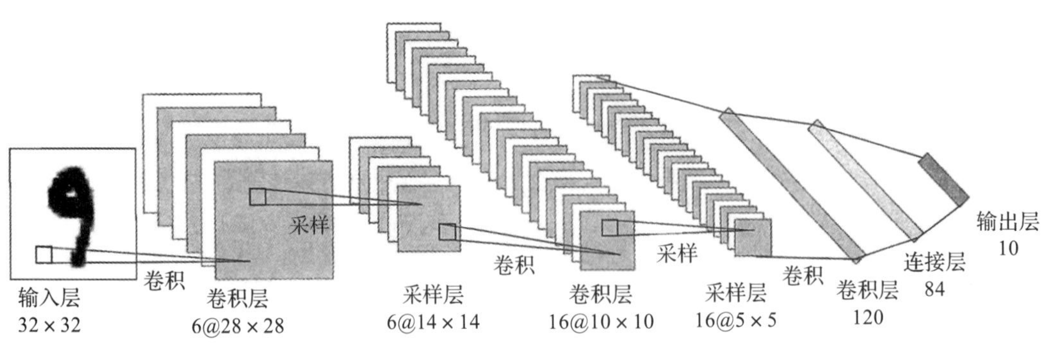

图 3-12 基于卷积神经网络的手写数字识别任务

（3）循环神经网络

循环神经网络是一类以序列数据为输入，在序列的演进方向进行递归且所有节点（循环单元）链式连接的递归神经网络（Recursive Neural Network）。

循环神经网络的研究始于 20 世纪 80～90 年代，并在 21 世纪初发展为深度学习算法之一。其中，双向循环神经网络（Bidirectional RNN，Bi-RNN）和长短期记忆网络（Long Short-Term Memory network，LSTM）是常见的循环神经网络。循环神经网络具有记忆性、参数共享且图灵完备（Turing Completeness，指具有无限存储能力）等特点，因此在对序列的非线性特征进行学习时具有一定优势。循环神经网络在自然语言处理（Natural Language Processing，NLP），例如语音识别、语言建模、机器翻译等领域有广泛应用，也被用于各类时间序列预报。结合卷积神经网络构建的循环神经网络可以处理包含序列输入的计算机视觉问题。

循环神经网络的单个神经元模型如图 3-13 所示。与以往的神经元相比，它包含一个反馈输入。如果将其按照时间变化展开可以看到，循环神经网络单个神经元类似一系列权值共享前馈神经元的依次连接，连接后同传统神经元相同随着时间的变化输入和输出会发生变化，不同的是循环神经网络上一时刻神经元的历史信息会通过权值与下一时刻的神经元相连接，这样循环神经网络在 t 时刻的输入与输出的映射参考了 t 时刻之前所有输入数据对网络的影响，形成了反馈网络结构。虽然反馈结构的循环神经网络能够参考背景信息，但常见的信号所需要参考的背景信息与目标信息时间相隔可能非常大，理论上循环神经网络可以参考当时时刻之前任意时间范围内的背景信息，但实际应用过程中对于较长时间间隔的背景信息通常无法参考。

上述提到的较长时间间隔的背景信息之所以无法参考，原因主要在于网络训练时需要计算代价函数梯度，而梯度计算与神经元之间连接的权值密切相关，在训练过程中很容易造成梯度爆炸或者梯度消失。常见的网络训练算法以反向传播算法或者实时递归学习算法为主。随着时间推移数据量逐步增加以及网络隐藏层神经元自身循环问题，这些算法的误差在按照时间反向传播时会产生误差指数式增长或者梯度消失问题。由于时间延迟越来越长，参考的信号也越来越多，这样权值数量也会出现激增，最终很小的误差经过大量的权值加和之后出现指数式增长，以至于无法训练或者训练时间过长。梯度消失问题指网络刚开始输入的具有参考价值的数据，随着时间推移新输入网络的数据会取代网络先前的隐藏层参数导致最初的有效信息逐步被"忘记"，如果以颜色深浅代表数据信息的有用程度，那么随着时间推移数据信息的有用性将逐步淡化。这两种问题都会导致网络模型产生缺陷，无法参考时间间隔较长的序列状态，最终在分类识别类似的应用中仍旧无法获得好的实践效果。

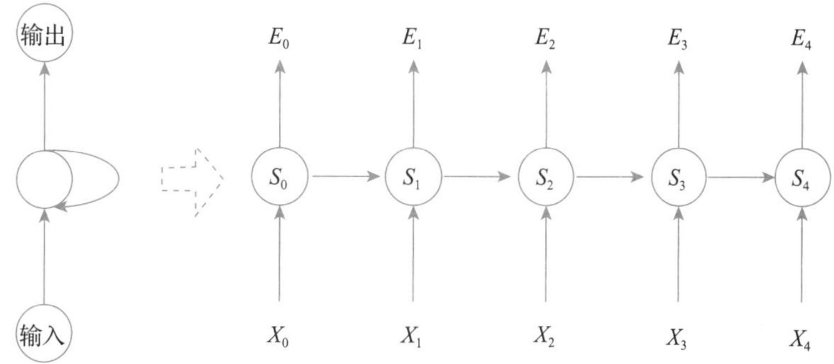

图 3-13 循环神经网络

综上所述，循环神经网络具有的特点非常明显：中间层的输出作为输入和下一个样本数据一起作为输入，也叫循环层；具有记忆样本之间相关联系的能力。循环神经网络常见的应用场景为文本填充、语音识别等。

3.2.2 常见的无监督学习算法

常见的无监督学习算法有主成分分析、K 均值聚类算法等。

1. 主成分分析

主成分分析（Principal Component Analysis，PCA）是一种常用的无监督学习方法，利用正交变换把线性相关变量表示的观测数据转换为少数几个由线性无关变量表示的数据。线性无关的变量称为主成分。

通常数学上的处理就是将原来 P 个指标进行线性组合，作为新的综合指标。最经典的做法就是用 $F1$（选取的第一个线性组合，即第一个综合指标）的方差来表达，即 VAR($F1$)

越大，$F1$ 包含的信息越多。在所有的线性组合中选取的 $F1$ 的方差应该是最大的，故称 $F1$ 为第一主成分。如果第一主成分不足以代表原来 P 个指标的信息，再考虑选取 $F2$，即选第二个线性组合。为了有效地反映原来信息，$F1$ 已有的信息不需要再出现在 $F2$ 中，用数学语言表达就是要求 $COV(F1, F2) = 0$，则称 $F2$ 为第二主成分。以此类推，可以构造出第三、第四……，第 P 个主成分。

概括起来说，主成分分析主要有以下几个方面作用。

- 降低所研究的数据空间的维数，即用研究 m 维的 Y 空间代替 p 维的 X 空间 ($m<p$)，而低维的 Y 空间代替高维的 X 空间所损失的信息很少。即使只有一个主成分 Y_l（即 $m = 1$），Y_l 仍是使用 X 空间全部变量（p 个）得到的。例如要计算 Y_l 的均值也得使用全部 X 的均值。在所选的前 m 个主成分中，如果某个 X_i 的系数全部近似于 0，就可以把该 X_i 删除，这也是一种删除多余变量的方法。
- 有时可通过因子负荷 a_{ij} 的结论，弄清 X 变量间的某些关系。
- 多维数据的一种图形表示方法。多元统计研究问题大多多于 3 个变量。要把研究的问题用图形表示出来是不可能的。然而，经过主成分分析后，可以选取前两个主成分或其中某两个主成分，根据主成分的得分，画出 n 个样品在二维平面的分布情况。从图形可直观地看出，各样品在主分量中的地位，进而对样本进行分类处理，发现远离大多数样品的离群点。
- 构建回归模型，即把各主成分作为新自变量代替原来自变量 x 做回归分析。
- 筛选回归变量。回归变量的选择有着重要的实际意义。为了使模型本身易于做结构分析、控制和预报，我们需要从原始变量所构成的子集合中选择最佳变量，构成最佳变量集合。用主成分分析法可以用较少的计算量来选择变量，获得最佳变量集合。

2. K 均值聚类算法

聚类是一个将数据集中在某些方面相似的数据成员进行分类的过程，是一种发现数据内在结构的技术，属于无监督学习。

K 均值聚类（K-means Clustering Algorithm）是著名的划分聚类算法之一，因简洁和高效成为所有聚类算法中最广泛使用的算法。给定一个数据点集合和需要的聚类数目 k（k 由用户指定），K 均值聚类算法可根据某个距离函数把数据分入 k 个类。

K 均值聚类算法的步骤如下。若想要将数据分为 k 组，则先随机选取 k 个对象作为初始聚类中心，然后计算每个对象与各个种子聚类中心之间的距离，把每个对象分配给距离它最近的聚类中心。聚类中心以及分配给它们的对象代表一个聚类。每分配一个样本，算法会根据聚类中现有的对象重新计算聚类中心。这个过程将不断重复直到满足某个终止条件。

终止条件可以是没有（或最小数目）对象被重新分配到类中，没有（或最小数目）聚类中心再发生变化，误差平方和局部最小。

K 均值聚类是使用最大期望算法（Expectation-Maximization Algorithm）求解的高斯混合模型（Gaussian Mixture Model，GMM），在正态分布的协方差为单位矩阵，且隐变量的后验分布为一组狄拉克 δ 函数时所得到的特例。下面代码片段是通过 Python 语言实现 K 均值聚类算法的示例：

```
import numpy as np
import pandas as pd
import random
import sys
import time


class KMeansClusterer:
    def __init__(self, ndarray, cluster_num):
        self.ndarray = ndarray
        self.cluster_num = cluster_num
        self.points = self.__pick_start_point(ndarray, cluster_num)

    def cluster(self):
        result = []
        for i in range(self.cluster_num):
            result.append([])
        for item in self.ndarray:
            distance_min = sys.maxsize
            index = -1
            for i in range(len(self.points)):
                distance = self.__distance(item, self.points[i])
                if distance < distance_min:
                    distance_min = distance
                    index = i
            result[index] = result[index] + [item.tolist()]
        new_center = []
        for item in result:
            new_center.append(self.__center(item).tolist())
        # 中心点未改变，说明达到稳态，结束递归
        if (self.points == new_center).all():
            return result

        self.points = np.array(new_center)
        return self.cluster()

    def __center(self, list):
        # 计算每一列的平均值
```

```
        return np.array(list).mean(axis=0)

    def __distance(self, p1, p2):
        tmp = 0
        for i in range(len(p1)):
            tmp += pow(p1[i] - p2[i], 2)
        return pow(tmp, 0.5)

    def __pick_start_point(self, ndarray, cluster_num):

        if cluster_num < 0 or cluster_num > ndarray.shape[0]:
            raise Exception("簇数设置有误")

        # 随机点的下标
        indexes = random.sample(np.arange(0, ndarray.shape[0], step=1).tolist(),
            cluster_num)
        points = []
        for index in indexes:
            points.append(ndarray[index].tolist())
        return np.array(points)
```

3.2.3 其他常见的深度学习模型

1. 图像分类模型

前面已经介绍全连接神经网络、卷积神经网络、循环神经网络，本节介绍基于上面网络搭建图像分类的模型。图像分类就是给计算机输入一幅图像，计算机通过一系列算法识别它的类别。图像分类的主要过程包括图像预处理、特征提取和分类，是目前深度神经网络应用最广的场景之一。

传统的图像预处理包括图像滤波，如中值滤波、均值滤波、高斯滤波以及图像归一化等操作。其主要作用是过滤图像中的一些无关信息，在简化数据的前提下最大限度地保留有用信息，增强特征提取的可靠性。传统的图像分类研究中，多数为基于图像特征的分类，即根据不同类别图像的差异，利用图像处理算法提取相应的经过定性或定量表达的特征，对这些特征进行数学统计分析或使用分类器输出分类结果。特征主要包括纹理、颜色、形状等底层视觉特征。尺度不变特征变换、方向梯度直方图等局部不变性特征缺乏良好的泛化性能，且依赖于设计者的先验知识和对分类任务的理解。传统的分类器主要包括决策树、支持向量机、神经网络等。这些分类器大大提升了图像分类效果，但对于处理庞大的图像数据、图像干扰严重等问题，分类精度无法满足实际需求，故传统分类器不适合复杂图像的分类。

深度学习因在图像特征学习方面具有显著效果而受到研究者们的广泛关注。其中影响力最大的就是卷积神经网络构成的深度神经网络。相较于传统的图像分类方法，其不需要人工对目标图像进行特征描述和提取，而是通过卷积结构自主地从训练样本中学习特征，提取出更高维、抽象的特征，并且这些特征与分类器关系紧密，很好地解决了人工提取特征和选择分类器的难题。卷积神经网络应用于图像分类后，对图像的预处理也变得不太一样，如在大规模图像数据集 ImageNet 上用到了随机裁剪、图像尺度变化等方法，让模型学习到图像更多的信息，防止模型过拟合。

（1）AlexNet

最早将卷积神经网络用于图像分类的网络是 Alex Krizhevsky 提出的 AlexNet（以该作者命名）。它用于训练大型图像数据集 ImageNet，以 TOP1 错误率 37.5% 和 TOP5 错误率 17.0%（TOP 指分类结果按分类置信度排序后由高到低的前几个类别）成为当时 ImageNet 数据集识别精度最高的网络，效果大幅度超越传统方法，获得了 ILSVRC2012 竞赛冠军。

AlexNet 模型共包含 5 层卷积层和 3 层全连接层，其中最后一层为分类层，是包含 1000 个神经元的全连接层（ImageNet 数据集包含 1000 个类别），卷积层最常使用的是 ReLu 激活函数，分类层最常使用 Softmax 函数，具体结构如图 3-14 所示。AlexNet 之后涌现出一系列 CNN 模型，不断地在 ImageNet 数据集上刷新成绩。

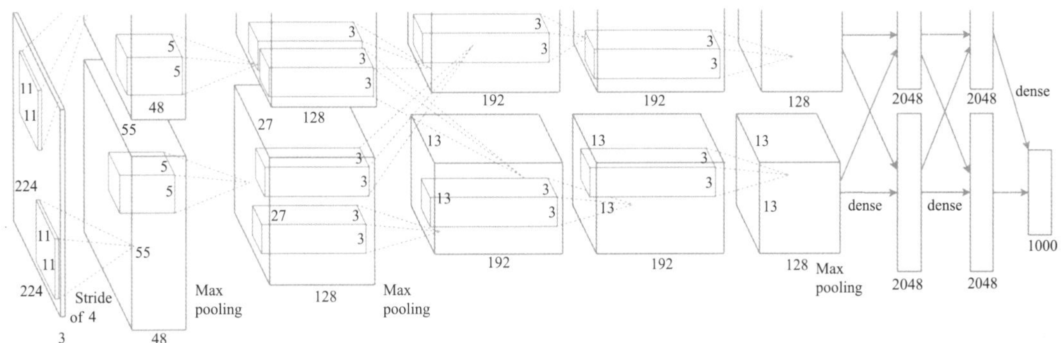

图 3-14 AlexNet 网络结构

（2）VGG

牛津大学在 2014 年 ILSVRC 提出了 VGG（Visual Geometry Group）模型。该模型相比以往模型进一步加宽和加深了网络结构。它的核心是 5 组卷积操作，每两组之间做 Max-pooling 空间降维。同一组内采用多次连续的 3×3 卷积，卷积核的数目由较浅组的 64 增加到最深组的 512。同一组内的卷积核数目是一样的。卷积之后接两个全连接层，之后是分类层。在 VGG 中每组内卷积层数不同，有 11、13、16、19 层这几种结构。图 3-15 展示了不同配置的 VGG 模型结构。VGG 模型结构相对简单，提出之后也有很多文章基于此模型进行研究，如首次公开在 ImageNet 上超过人眼识别的模型就是借鉴的 VGG 模型结构。

ConvNet Configuration					
A	A-LRN	B	C	D	E
11 weight layers	11 weight layers	13 weight layers	16 weight layers	16 weight layers	19 weight layers
input (224 × 224 RGB image)					
conv3-64	conv3-64 **LRN**	conv3-64 **conv3-64**	conv3-64 conv3-64	conv3-64 conv3-64	conv3-64 conv3-64
max pool					
conv3-128	conv3-128	conv3-128 **conv3-128**	conv3-128 conv3-128	conv3-128 conv3-128	conv3-128 conv3-128
max pool					
conv3-256 conv3-256	conv3-256 conv3-256	conv3-256 conv3-256	conv3-256 conv3-256 **conv1-256**	conv3-256 conv3-256 **conv3-256**	conv3-256 conv3-256 conv3-256 **conv3-256**
max pool					
conv3-512 conv3-512	conv3-51 2 conv3-512	conv3-512 conv3-512	conv3-512 conv3-512 **conv1-512**	conv3-512 conv3-512 **conv3-512**	conv3-512 conv3-512 conv3-512 **conv3-512**
max pool					
conv3-512 conv3-512	conv3-512 conv3-512	conv3-512 conv3-512	conv3-512 conv3-512 **conv1-512**	conv3-512 conv3-512 **conv3-512**	conv3-512 conv3-512 conv3-512 **conv3-512**
max pool					
FC-4096					
FC-4096					
FC-1000					
softmax					

图 3-15　VGG 网络结构及其参数

相比 AlexNet，VGG 卷积核统一用 3 × 3，池化核统一用 2 × 2，网络中还用 1 × 1 卷积核（图 3-15 中的 C 列）进行卷积维度变换。同时，2014 年 ILSVRC 的 VGG 相关某论文中指出 AlexNet 常用的局部响应归一化层（LRN）用处不大。该论文还提出使用预训练好的参数初始化可以加速训练。之后大多数分类模型都采用基于 ImageNet 预训练的参数作为模型初始化参数。

（3）GoogleNet 和 Inception

深度神经网络的初衷是通过叠加多层神经网络提高模型效果，深度学习就是以此得名的。一般来说，提高网络性能最直接的办法就是增加网络深度和宽度，但一味地增加会带来诸多问题：参数太多，如果训练数据集有限，很容易过拟合；网络越大、参数越多，计算复杂度越大，难以应用。

为了在增加网络深度和宽度的同时减少参数，Google 研究人员提出了 Inception 结构，并基于 Inception 结构搭建了 GoogLeNet。该模型在 2014 年 ILSVRC 竞赛中获得了冠军。

Inception 结构借鉴了 NIN（Network-In-Network）的一些思想：在线性卷积后增加若干

1 × 1 的卷积层，这样可以提取出高度非线性特征；最后一层卷积层包含类别维度的特征图，然后采用全局均值池化（Avg-pooling）替代全连接层，得到类别维度的向量，再进行分类。

Inception 模块如图 3-16 所示。图 3-16a 是最简单的设计，输出是 3 个卷积层和 1 个池化层的特征拼接。这种设计的缺点是池化层不会改变特征通道数，拼接后会导致特征的通道数较大。经过几层这样的模块堆积后，通道数会越来越大，导致参数和计算量也增大。为了解决这个问题，图 3-16b 引入 3 个 1 × 1 卷积进行降维，所谓的降维就是减少通道数，同时如 NIN 模型中提到的 1 × 1 卷积也可以修正线性特征。

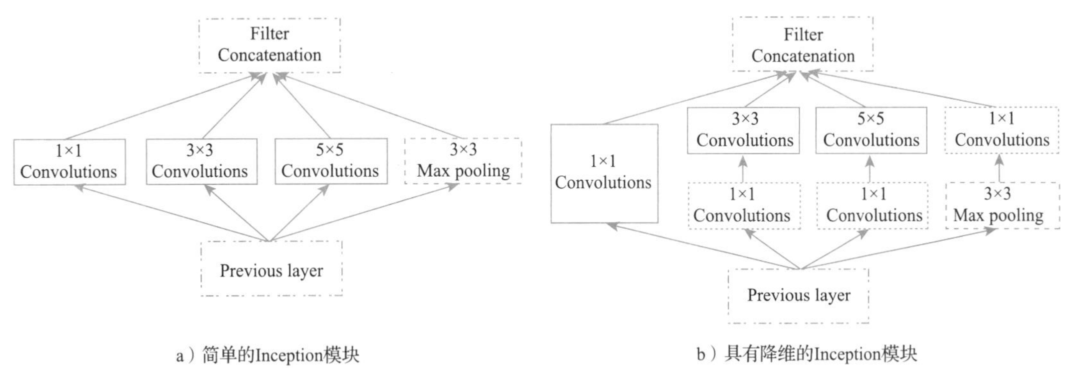

a）简单的Inception模块　　b）具有降维的Inception模块

图 3-16　Inception 模块

对于由 Inception 组成的共 22 层网络的 GoogLeNet，图 3-17 展示了每一层结构及参数量。

type	patch size/ stride	output size	depth	#1×1	#3×3 reduce	#3×3	#5×5 reduce	#5×5	pool proj	params	ops
convolution	7×7/2	112×112×64	1							2.7k	34M
max pool	3×3/2	56×56×64	0								
convolution	3×3/1	56×56×192	2		64	192				112k	360M
max pool	3×3/2	28×28×192	0								
inception (3a)		28×28×256	2	64	96	128	16	32	32	159k	128M
inception (3b)		28×28×480	2	128	128	192	32	96	64	380k	304M
max pool	3×3/2	14×14×480	0								
inception (4a)		14×14×512	2	192	96	208	16	48	64	364k	73M
inception (4b)		14×14×512	2	160	112	224	24	64	64	437k	88M
inception (4c)		14×14×512	2	128	128	256	24	64	64	463k	100M
inception (4d)		14×14×528	2	112	144	288	32	64	64	580k	119M
inception (4e)		14×14×832	2	256	160	320	32	128	128	840k	170M
max pool	3×3/2	7×7×832	0								
inception (5a)		7×7×832	2	256	160	320	32	128	128	1072k	54M
inception (5b)		7×7×1024	2	384	192	384	48	128	128	1388k	71M
avg pool	7×7/1	1×1×1024	0								
dropout (40%)		1×1×1024	0								
linear		1×1×1000	1							1000k	1M
softmax		1×1×1000	0								

图 3-17　GoogLeNet 网络结构及其参数

(4) ResNet

上述几个常用模型中，VGG 的卷积网络达到了 19 层，GoogLeNet 的卷积网络达到了 22 层。在深度学习中，网络越深，模型能获取的信息越多，而且特征也越丰富。但是实验表明，随着网络的加深，优化效果反而越差，测试数据和训练数据的准确率降低了，如图 3-18 所示。这显然不符合对深度神经网络的期望。

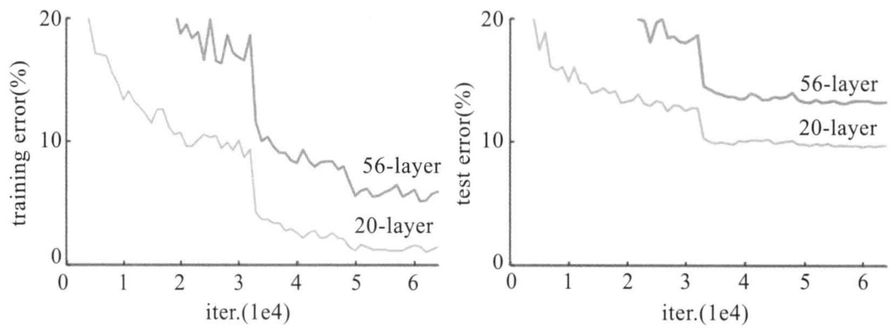

图 3-18 GoogLeNet 网络结构及其参数

可以看出，这些问题并不是过拟合造成的，因为过拟合会让网络在训练集上表现得很好，在测试集上表现得很差，而图 3-18 中深层网络的准确率始终都比浅层网络的差，这个现象被称为网络的退化问题。它实际就是网络深度增加带来的梯度消散和梯度爆炸问题。神经网络反向传播算法计算隐藏层梯度时，利用了链式法则，因此梯度值会进行一系列连乘。一旦其中某一个导数很小，多次连乘后梯度值可能越来越小，这就是常说的梯度消散。(对于深层网络来说，梯度传到浅层几乎就没了。) 若连乘时导数大于 1，多次连乘后得到的梯度值很大，导致梯度爆炸。

2015 年，何凯明提出了残差网络，让更深的网络也能训练出好的效果，并得到 ILSVRC 竞赛冠军，同时成为目前最流行的图像分类网络。残差网络的主要组成是残差块 (ResNet Block)。图 3-19a 为基础的残差块，包含两个卷积层和残差处理，主要在第 18 和第 34 层残差网络中使用；图 3-19b 相比图 3-19a 增加了 1×1 卷积，利用 1×1 卷积维度变换解决输入和输出维度不同的问题，主要在 50 层以上的残差网络中使用。假设输入为 X，残差块在经过两层卷积转换得到的 $H(X)$ 上加输入数据 X，得到 $H(X)+X$，这个过程叫作捷径连接（Shortcut Connection），将输出表述为输入和输入的非线性变换的线性叠加。如果设输出 $Y=H(X)+X$，则有 $H(X)=Y-X$，即残差，如图 3-19 所示。

这样简单的残差结构为什么可以解决上面提到的退化问题呢？在残差网络的反向传播中，每一个导数加上一个恒等项 1，求导公式如下：

$$\frac{\mathrm{d}H}{\mathrm{d}x}=\frac{\mathrm{d}(f+x)}{\mathrm{d}x}=1+\frac{\mathrm{d}f}{\mathrm{d}x}$$

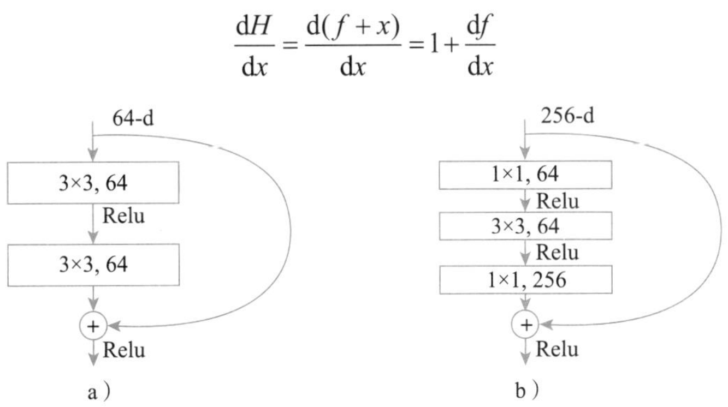

图 3-19　残差网络结构

此时即使原来的导数 $\frac{\mathrm{d}f}{\mathrm{d}x}$ 很小，误差仍然能够有效地反向传播，而不会被一系列连乘影响。加入残差之后的错误率如图 3-20 所示。可以看到，34 层网络的错误率明显低于 18 层网络的错误率。

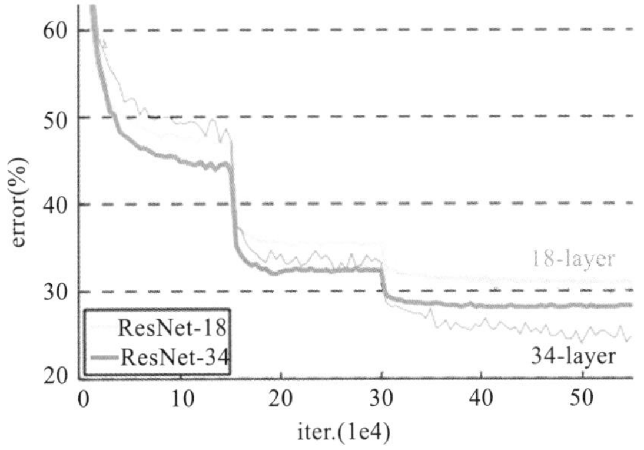

图 3-20　ResNet 网络随着层数增加，错误率的变化

残差网络共推出 5 种层数的模型，包括 18、34、50、101、152 层。残差网络的整体结构如图 3-21 所示。

2. 目标检测模型

目标检测（Object Detection）是计算机视觉领域的基本任务之一，在学术界已有将近 20 年的研究历史。近些年，随着深度学习技术的火热发展，目标检测也从基于手工特征的传统算法转向了基于深度神经网络的新兴技术。图像分类任务是对一张图像根据其内容进行分类，而目标检测算法不仅识别图像中的内容属于哪个类别，还将识别到的对象在图像中定位出来。其中，定位是通过矩形框将目标在图像中“圈”出来。

layer name	output size	18-layer	34-layer	50-layer	101-layer	152-layer
conv1	112×112	7×7, 64, stride 2				
conv2_x	56×56	3×3 max pool, stride 2				
		$\begin{bmatrix}3\times3, 64\\3\times3, 64\end{bmatrix}\times2$	$\begin{bmatrix}3\times3, 64\\3\times3, 64\end{bmatrix}\times3$	$\begin{bmatrix}1\times1, 64\\3\times3, 64\\1\times1, 256\end{bmatrix}\times3$	$\begin{bmatrix}1\times1, 64\\3\times3, 64\\1\times1, 256\end{bmatrix}\times3$	$\begin{bmatrix}1\times1, 64\\3\times3, 64\\1\times1, 256\end{bmatrix}\times3$
conv3_x	28×28	$\begin{bmatrix}3\times3, 128\\3\times3, 128\end{bmatrix}\times2$	$\begin{bmatrix}3\times3, 128\\3\times3, 128\end{bmatrix}\times4$	$\begin{bmatrix}1\times1, 128\\3\times3, 128\\1\times1, 512\end{bmatrix}\times4$	$\begin{bmatrix}1\times1, 128\\3\times3, 128\\1\times1, 512\end{bmatrix}\times4$	$\begin{bmatrix}1\times1, 128\\3\times3, 128\\1\times1, 512\end{bmatrix}\times8$
conv4_x	14×14	$\begin{bmatrix}3\times3,256\\3\times3,256\end{bmatrix}\times2$	$\begin{bmatrix}3\times3,256\\3\times3,256\end{bmatrix}\times6$	$\begin{bmatrix}1\times1, 256\\3\times3,256\\1\times1,1024\end{bmatrix}\times6$	$\begin{bmatrix}1\times1, 256\\3\times3,256\\1\times1,1024\end{bmatrix}\times23$	$\begin{bmatrix}1\times1, 256\\3\times3,256\\1\times1,1024\end{bmatrix}\times36$
conv5_x	7×7	$\begin{bmatrix}3\times3, 512\\3\times3, 512\end{bmatrix}\times2$	$\begin{bmatrix}3\times3, 512\\3\times3, 512\end{bmatrix}\times3$	$\begin{bmatrix}1\times1, 512\\3\times3, 512\\1\times1, 2048\end{bmatrix}\times3$	$\begin{bmatrix}1\times1, 512\\3\times3, 512\\1\times1, 2048\end{bmatrix}\times3$	$\begin{bmatrix}1\times1, 512\\3\times3, 512\\1\times1, 2048\end{bmatrix}\times3$
	1×1	average pool, 1000-d fc, softmax				
FLOPs		1.8×10^9	3.6×10^9	3.8×10^9	7.6×10^9	11.3×10^9

图 3-21 残差网络 ResNet 结构及其参数

最初基于深度神经网络的模型是在 2013 年提出的 R-CNN，如今 Faster R-CNN、SSD、YOLO 系列等模型已广泛应用于各个目标检测市场，如人脸检测、行人检测、车辆识别、安全帽识别等。网络模型从一开始的双阶段结构到单阶段结构优化，从只能在 PC 端应用逐渐往轻量级手机端应用方向发展。目前，目标检测算法无论在公开数据集上，还是实际应用中，表现都非常出色。

下面着重介绍双阶段目标检测模型 Faster R-CNN 和单阶段模型 YOLOv3。

（1）Faster R-CNN

自从 AlexNet 获得 ILSVRC 2012 挑战赛冠军后，卷积神经网络成为图像分类领域的主流。而在目标检测领域，一种较暴力的方法是从左到右、从上到下在图片中滑动窗口，利用分类模型识别每个窗口中图像对应的类别，分类大于一定阈值则返回这个窗口和窗口中图像对应的类别。为了实现在不同观察距离检测不同的目标类型，我们需要使用不同宽高比的窗口。2013 年提出的 R-CNN 使用候选区域方法获取感兴趣的区域（ROI）。它使用选择性搜索提取了约 2000 个 ROI。这些区域被转换为固定大小的图像，并分别送到卷积神经网络，之后使用 SVM 对区域进行分类，使用线性回归损失来校正边界框，以实现目标分类并得到边界框。目标检测网络 R-CNN 示意图如图 3-22 所示。

R-CNN 需要非常多的候选区域以提升准确度，但其实有很多区域是重叠的，可能需要重复提取特征。因此 R-CNN 的训练和预测速度非常慢。之后，研究者们提出了 Fast R-CNN 算法。它使用 CNN 网络先提取整个图像的特征，将创建候选区域的方法直接应用到提取到的特征图上。Fast R-CNN 选择了 VGG16 中的卷积层 conv5 来生成 ROI 对应的特征图上的映射特征图块，并将其用于目标检测任务中；使用 ROI 池化将特征图块转换为固定的大小，并送到全连接层进行分类和定位。因为 Fast R-CNN 不会重复提取特征，所以它能显著地缩短处理时间，相比 R-CNN，训练速度快了 10 倍，推理速度快了 150 倍。目标检测网络 Fast R-CNN 示意图如图 3-23 所示。

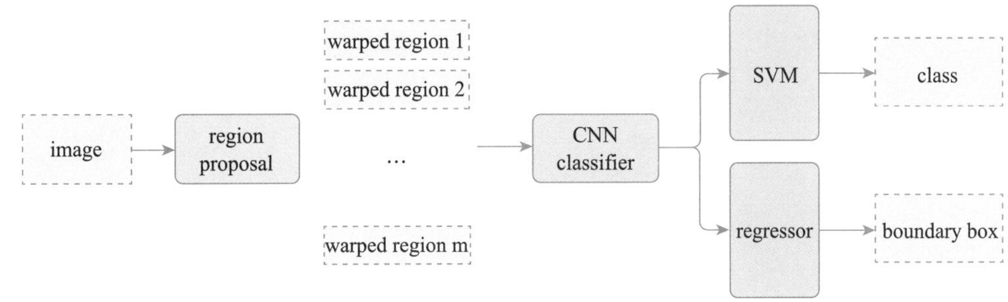

图 3-22　目标检测网络 R-CNN

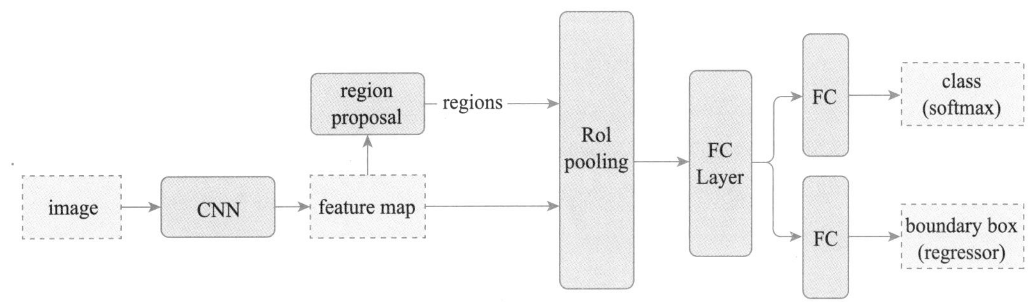

图 3-23　目标检测网络 Fast R-CNN

然而，Fast R-CNN 还是需要依赖非深度学习的候选区域选择算法。这些算法运行在 CPU 上，导致整体模型训练、推理速度依旧很慢。Fast R-CNN 模型推理总共需要约 2.3 秒，而其中约 2 秒用于生成 2000 个 ROI。因此，候选区域的生成成为整个模型性能的瓶颈。

与其使用固定的算法得到候选区域，不如让网络自己学习自己的候选区域应该是什么。Faster R-CNN 采用与 Fast R-CNN 相同的设计，但它用区域生成网络（Region Proposal Network，RPN）代替了候选区域方法。新的候选区域生成网络在生成 ROI 时效率更高，每幅图像的 ROI 生成速度为 10 毫秒。

RPN 将前面卷积网络的输出特征图作为输入，比如 VGG16 的 conv5 特征图。它在特征图上滑出一个 3×3 的卷积核，在每个 3×3 区域会得到一个 256 或 512 维的特征向量，然后将其送到两个独立的全连接层，以预测边界框和分类分数。目标检测网络 Faster R-CNN 的 RPN 网络结构如图 3-24 所示。

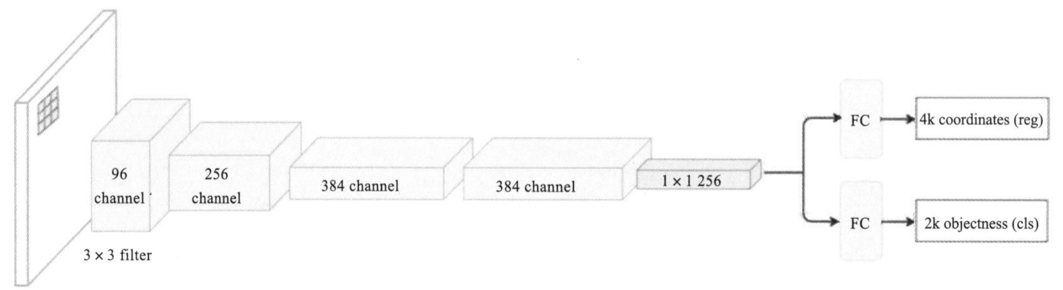

图 3-24 目标检测网络 Faster R-CNN 的 RPN 网络结构

在预测边界框的位置时，Faster R-CNN 不会创建随机边界框。相反，它会预测一些与左上角名为锚点的参考框相关的偏移量。如图 3-25 所示，要对每个位置进行 k 个预测，需要以每个位置为中心的 k 个锚点。这些锚点是精心挑选、多样的，且覆盖具有不同宽高比的现实目标。假设部署 9 个锚点框：3 个不同宽高比的 3 个不同尺寸的锚点框。每一个位置使用 9 个锚点，每个位置生成 2 × 9 个目标分数和 4 × 9 个坐标。图 3-25 为 Faster R-CNN 的 RPN 与锚点。

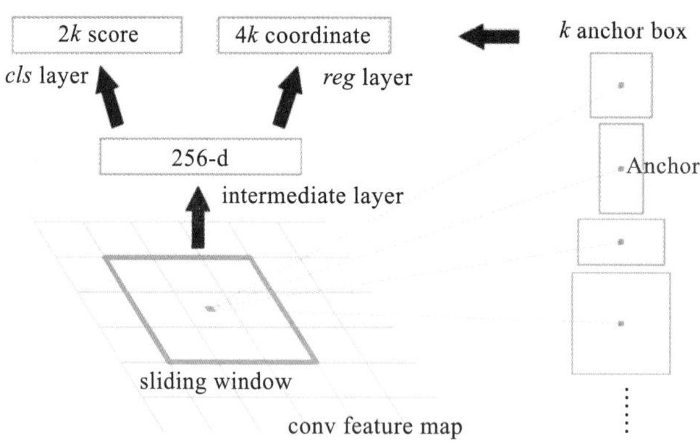

图 3-25 目标检测网络 Faster R-CNN 的 RPN 与锚点

(2) YOLOv3

Faster R-CNN 中有一个专用的候选区域网络 RPN。基于区域的检测是很准确的，但也需要付出代价。是否存在直接在一个步骤内得到边界框和类别的方法呢？单阶段结构让目标检测模型的训练和推理速度都得到了极大提升。单阶段的目标检测模型大多是在图像的提取特征图或者滑动窗口的同时，进行边界框和框对应类别的预测。

单阶段目标检测模型也有很多种，比如 SSD（Single-Shot MultiBox Detector）、YOLO（You Only Look Once）系列。YOLO 系列截止到 2021 年已经有 5 个版本，其中应用最广泛的还是 YOLOv3，下面着重进行介绍。

首先在特征提取方面，YOLO 系列模型的所有特征提取器都使用了比较特别的模型 DarkNet。它借鉴了 ResNet 残差网络的做法，在一些层之间设置了捷径连接。DarkNet-53 主要由 3×3 和 1×1 的卷积核以及捷径连接构成。相比 ResNet-152，DarkNet 有更低的 BFLOP（十亿次浮点数运算），但能以 2 倍的速度得到相同的分类准确率。

单阶段的 YOLO 是如何在特征提取的同时预测边界框和类别呢？ YOLO 会将整个图像分成 $S\times S$ 的小格子，如图 3-26 所示，对每个格子分别预测 B 个 bbox，以及 C 个类别的条件概率（注意是条件概率，即已经确定有目标的情况下，预测该目标属于哪个类别的概率，对每个格子只预测一个概率向量即可）。每个 bbox 都有 5 个变量，分别是 4 个描述位置坐标的值，以及 1 个对象，即是否有目标（相当于 RPN 网络里的前景 / 背景预测）。这样，每个格子需要输出 $5B+C$ 维向量，因此，模型最终输出尺寸为 $S\times S\times(5B+C)$。

YOLOv3 中会输出 3 个不同尺度的特征图，如图 3-27 右边延伸出的 3 个 Scale，就是跨尺度预测（Prediction Across Scale）。这借鉴了 FPN（Feature Pyramid Network，特征金字塔网络），采用多尺度来对不同尺度的目标进行检测，越精细的小格子检测出的物体越精细。以 coco 数据集为例，coco 中共有 80 个种类，所以每个边界框对每个种类应输出一个概率。YOLOv3 设定的是每个小格子预测 3 个边界框，结合上面提到的 $5B+C$ 维向量，最终的输出向量为 $3\times(5+80)=255$，如图 3-27 所示。

	Type	Filters	Size	Output
	Convolutional	32	3 × 3	256 × 256
	Convolutional	64	3 × 3 / 2	128 × 128
1×	Convolutional	32	1 × 1	
	Convolutional	64	3 × 3	
	Residual			128 × 128
	Convolutional	128	3 × 3 / 2	64 × 64
2×	Convolutional	64	1 × 1	
	Convolutional	128	3 × 3	
	Residual			64 × 64
	Convolutional	256	3 × 3 / 2	32 × 32
8×	Convolutional	128	1 × 1	
	Convolutional	256	3 × 3	
	Residual			32 × 32
	Convolutional	512	3 × 3 / 2	16 × 16
8×	Convolutional	256	1 × 1	
	Convolutional	512	3 × 3	
	Residual			16 × 16
	Convolutional	1024	3 × 3 / 2	8 × 8
4×	Convolutional	512	1 × 1	
	Convolutional	1024	3 × 3	
	Residual			8 × 8
	Avgpool		Global	
	Connected		1000	
	Softmax			

图 3-26　DarkNet 网络结构

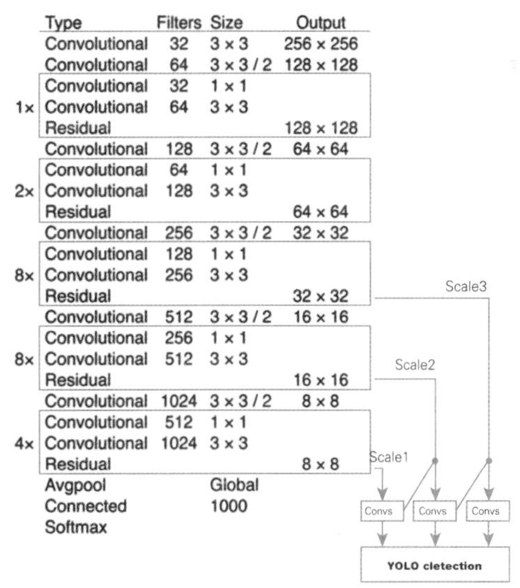

图 3-27　模型输入为 416×416 时 YOLOv3 的网络参数

如图 3-28 所示，YOLOv3 输出常用的 3 个尺度为 13 × 13、26 × 26、52 × 52，其中 13 × 13 这个尺度用于检测大型目标，对应的 26 × 26 这个尺度用于检测中型目标，52 × 52 这个尺度用于检测小型目标。其中，DBL 为 YOLOv3 的基本组件：卷积层、BN 层、Leaky Relu 的组合。

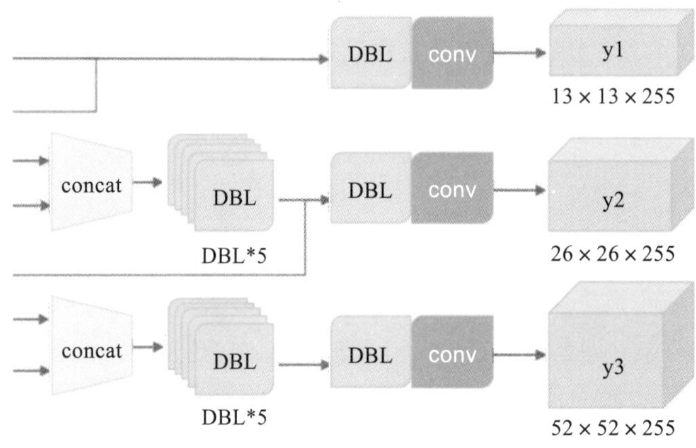

图 3-28 YOLOv3 的 3 个尺度输出

和 Faster R-CNN 等检测网络的分类层相比，YOLOv3 还替换了 Softmax。在实际应用中，一个物体有可能属于多个类别，单纯的单标签分类存在一定的限制。举例来说，一辆车既可以属于小汽车类别，也可以属于交通工具，用单标签分类只能得到一个类别。因此，YOLOv3 网络结构中，原先的 Softmax 层被换成了逻辑回归层，从而把单标签分类改成多标签分类。用多个逻辑回归分类器代替 Softmax 并不会降低准确率，可以保证 YOLO 的检测精度不下降。

3. 自然语言处理模型

自然语言处理（Natural Language Processing，NLP）是计算机科学、人工智能和语言学的交叉学科，目的是让计算机处理或“理解”自然语言，实现人与计算机用自然语言进行有效通信。在现实生活中，自然语言处理是一个很宽泛的领域，常应用于 4 个方面。

- 序列标注：模型对句子中每个单词根据上下文给出一个分类类别，如名词、动词等。这类任务有分词、词性标记、命名实体识别、语义标注等。
- 分类任务：输入文章或者句子，模型给出该输入的类别。这类任务有文本分类、情感分析等。
- 句子关系判断：输入两个句子，模型判断出这两个句子是否存在某种语义关系。这类任务有问答系统、阅读理解、蕴含关系等。

- 生产式任务：针对输入的文本或图像内容，模型可以自主地生成新的文字。这类任务有机器翻译、文本摘要、看图说话、写诗造句等。

自然语言处理模型已经经历了多轮迭代。早期的 NLP 系统主要基于人工编写的规则，处理任务时不仅耗时长，而且难以完成，无法覆盖多样的语言环境。于是在 20 世纪 80 年代，学者们提出了 *N* 元概率模型（N-gram）。但 *N* 元概率模型无法对大规模词汇进行建模，需要巨大的参数量。为了解决这个问题，学者们引入了神经网络，并相继提出在自然语言处理模型上应用前馈神经网络语言模型（FFNN Language Model，FFNNLM）、循环神经网络（RNN）等，以及 RNN 之后为了解决长期依赖问题而提出的长短时记忆网络（LSTM）、门循环网络（Gate Recurrent Unit，GRU）。其中 RNN、LSTM、GRU 等长期以来一直是处理自然语言的典型神经网络。但是近几年，TransFormer、BERT、GPT 等模型的出现，将所有语言模型的下游任务提升到新的高度。下面主要介绍 TransFormer 和 BERT 两个模型。

在介绍 TransFormer 和 BERT 之前，先介绍注意力机制（Attention）及其在 seq2seq（sequence-to-sequence）上的应用。seq2seq 网络结构是由编码器（Encoder）和解码器（Decoder）组成的。早期的 Encoder 和 Decoder 都是由 RNN 组成的，通常是 LSTM 或 GRU。seq2seq 的 Encoder 将一个可变长度的序列变为固定长度的向量，Decoder 将这个固定长度的向量变成可变长度的目标序列。以翻译任务中的“英译汉”为例，模型首先使用 Encoder 对英文进行编码，得到英文的向量化表示，然后使用 Decoder 对其进行解码，得到对应的中文。于是在 seq2seq 网络中，它的输入是一个序列，输出也是一个序列，因此得名 sequence-to-sequence。

这种 Encoder-Decoder 结构的 seq2seq 模型，不限制输入和输出序列的长度，因此应用范围非常广泛。在文本摘要任务中，它的输入是一段文本，输出是这段文本的摘要序列；在阅读理解任务中，它的输入是文章和问题，对两者分别编码，再进行解码得到问题的答案。

如图 3-29 所示，在 Encoder-Decoder 结构中，Encoder 把所有的输入序列编码成一个统一的语义编码 *C* 再解码，因此 *C* 中必须包含原始序列的所有信息，它的长度就成了模型性能的瓶颈。如机器翻译任务中，当要翻译的句子较长时，一个 *C* 可能存不下那么多信息，就会造成翻译精度的下降。

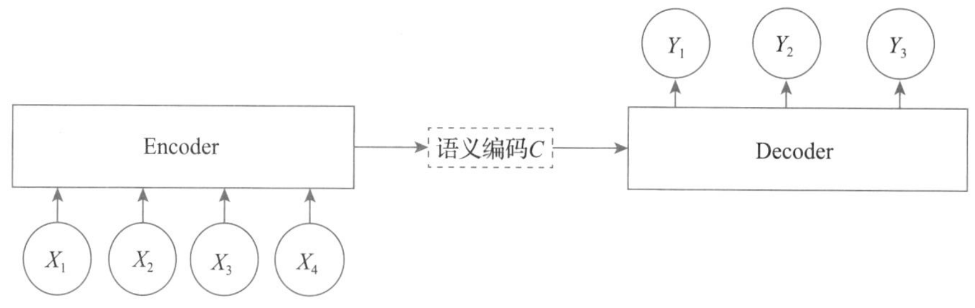

图 3-29　seq2seq 中的 Encoder-Decoder 结构

而 Attention 机制可以通过在每个时间点输入不同语义编码，解决信息限制的问题。Attention 机制最早出现在计算机视觉领域，在 2014 年被用于解决自然语言处理问题，并与 seq2seq 结合应用于机器翻译任务。顾名思义，Attention 机制是一种能让模型对重要信息重点关注并充分学习、吸收的技术。在图 3-29 的 seq2seq 结构中，Encoder 将输入编码成语义编码 C，每一个输出 Y 都会不加区分地使用这个 C 进行解码。而 Attention 机制要做的就是根据序列的每个时间步将 Encoder 编码为不同的 C，在解码时，结合每个不同的 C 进行解码，如图 3-30 所示。

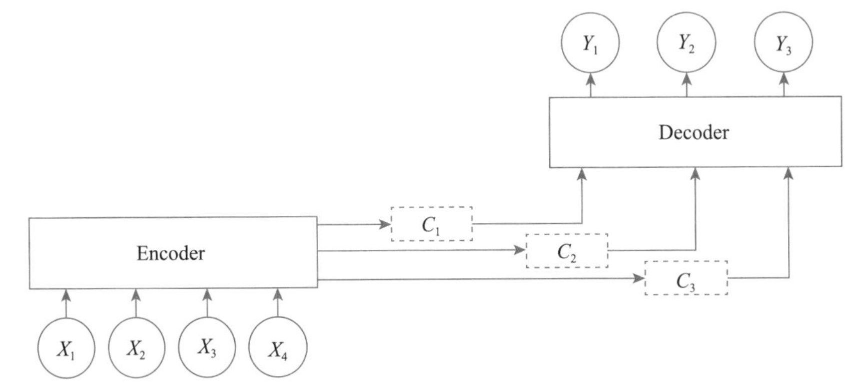

图 3-30 seq2seq 中的 Attention 结构

Attention 机制的流程为：假设句子序列 S 由单词序列 $[W_1, W_2, W_3, \cdots, W_n]$ 构成，那么在 Encoder 过程中，将每个单词 W_i 编码为一个单独向量 $\boldsymbol{v}_i$（RNN 中的隐含层）；在解码时，使用注意力权重 a_i 对 $\boldsymbol{v}_i$ 做加权线性组合，即 $C_i = \sum a_i\boldsymbol{v}_i$，在 Decoder 进行下一个词预测时，应用这个线性组合 C_i。

其中，注意力权重 a_i 的计算是注意力机制的核心，是通过相似度计算得到的。Encoder 中的信息与当前解码时刻的信息最为相似。那么在解码当前时刻，网络就能将注意力尽可能多地集中于对应编码时刻的信息。相似度计算方式有很多种，比如多层感知机方法、Bilinear 方法、点积等。这里介绍简单的 Bilinear 方法。假设 Encoder 中的隐藏层信息为 $\boldsymbol{K}$，Decoder 中的隐藏层信息为 $\boldsymbol{Q}$，权重 a_i 计算公式为

$$a(\boldsymbol{Q}, \boldsymbol{K}) = \boldsymbol{Q}^{\mathrm{T}}\boldsymbol{W}\boldsymbol{K}$$

它通过一个权重矩阵直接建立 $\boldsymbol{Q}$ 和 $\boldsymbol{K}$ 的映射关系，并用 Softmax 函数生成权重。

综上，seq2seq 的注意力机制中用到了 3 个信息：Encoder 层 RNN 的隐藏层信息为 $\boldsymbol{K}$、Decoder 的隐藏层信息为 $\boldsymbol{Q}$、Encoder 层的隐藏层信息为 $\boldsymbol{V}$（和 $\boldsymbol{K}$ 一样，为了区分表达）。更

抽象、更一般的情况下，在 Attention 机制中，***K*** 是键向量，是一个内容信息，表达了输入特征；***Q*** 是查询向量，表达了模型需要哪些信息。在解码当前时刻，每个 ***Q*** 和所有 ***K*** 进行相似度计算得到的重要性权重，相当于是在内容信息中查找模型需要的信息。而注意力权重和 ***V*** 做加权线性组合后，就表示更加关注输入特征中模型需要的信息。一般的 Attention 结构如图 3-31 所示。

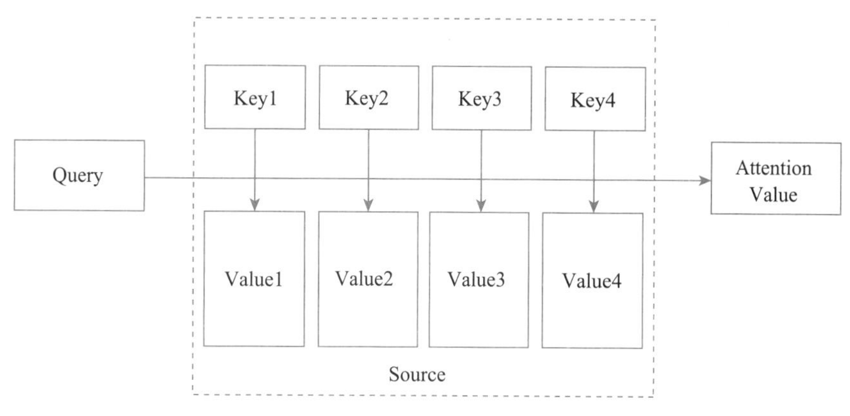

图 3-31　一般的 Attention 结构

（1）TransFormer

在 TransFormer 出现之前，基于 RNN 和 Attention 结构的 seq2seq 模型是大多自然语言处理任务的主流模型。但是，由于 RNN 模型的串行训练特点，训练速度比较慢。于是 Google 提出解决这个问题的 TransFormer 模型。其用 Attention 结构代替 RNN，不仅提高了训练速度，在翻译任务上也取得了更好的成绩，如今已广泛应用于 NLP 领域，如机器翻译、问答系统、文本摘要和语音识别等方向。

图 3-32 为 TransFormer 模型的结构。和 seq2seq 一样，其采用了 Encoder-Decoder 结构，但是相比基于 RNN 的 seq2seq 复杂得多。图 3-32 中左边为 TransFormer 的 Encoder 层，共包含 N 个 Encoder（一般 $N = 6$，即 6 个 Encoder），其中每个 Encoder 都由一个 Multi-Head Attention 和一个前馈（Feed-forward）神经网络组成，而 Multi-Head Attention 又由多个自注意力（Self-attention）结构组成；右边为 TransFormer 的 Decoder 层，和 Encoder 的结构大致相同，也包含 N 个 Decoder，但是每个 Decoder 里额外多了一个 Multi-Head Attention。它接收来自 Encoder 的键向量 ***K*** 和值向量 ***V***，和自己的查询向量 ***Q*** 结合计算注意力权重。

相比传统的 seq2seq，TransFormer 模型主要有以下几个特点。

1）自注意力机制。

根据之前 seq2seq 和 Attention 机制的介绍，Attention 机制的任务就是获取局部的“重要”信息，分别用到了 Encoder 和 Decoder 中的信息，包含 3 个向量：查询向量 ***Q***、键向量 ***K***、值向量 ***V***。但是在 TransFormer 自注意力机制中，只用前一层的输出作为输入，输入特征经过 3 个不同的特征变化得到 ***Q***、***K***、***V***，其中 ***Q*** 和 ***K*** 做相似度计算，经过 Softmax 等一系列操作后和 ***V*** 做加权线性组合得到自注意力模型的输出。自注意力机制的简易图如图 3-33 所示。

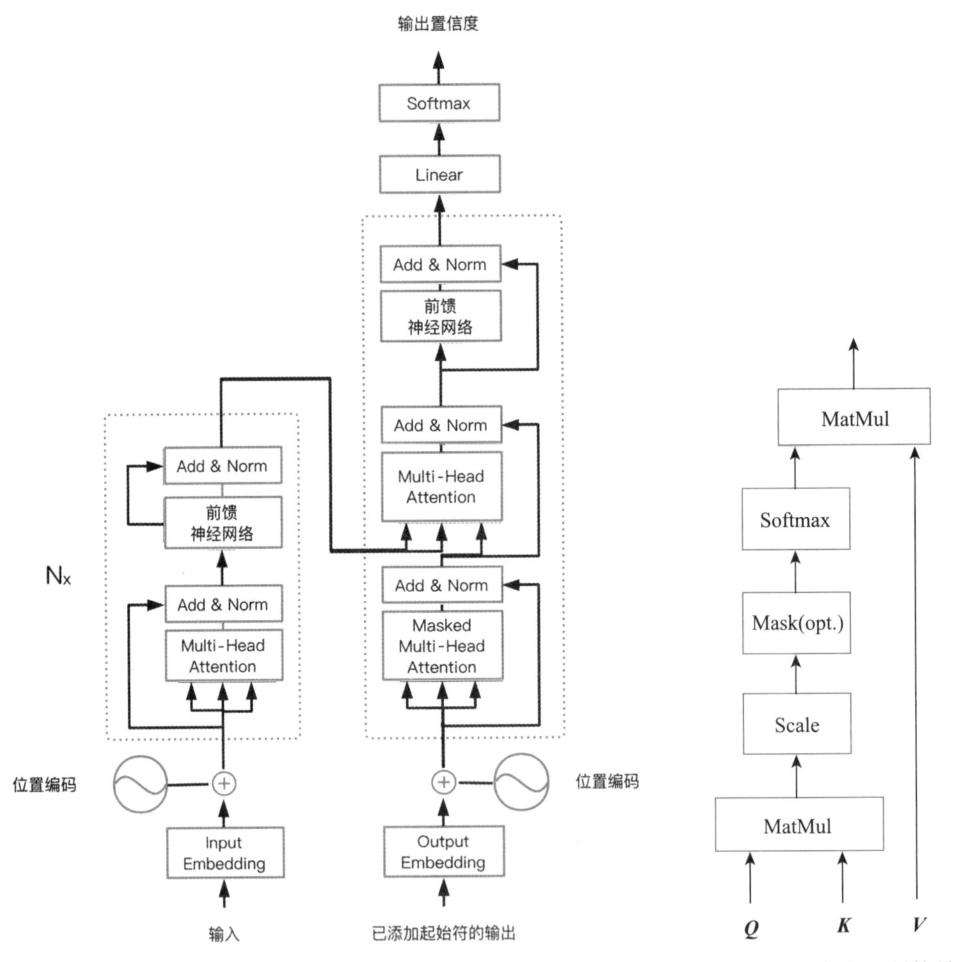

图 3-32　TransFormer 模型结构

图 3-33　自注意力机制简易图

抽象地讲，传统 seq2seq 的 Attention 机制表示 Decoder 中的某个词对 Encoder 中所有词的关注程度。而在 TransFormer 中，每个自注意力只有一个输入序列，自注意力机制表示的是某个词对当前序列中所有词的关注程度，如在句子“ Serverless 很好用，因为它不需要构建和运行服务器管理的应用程序”中，自注意力机制会对“它”和句子中所有词进行注意力计算，最终更关注到“Serverless”，同时减少对其他词的关注。

相比在 RNN 上的传统 Attention 机制，自注意力机制可以并行计算，减少训练耗时；对比一个序列长度为 n 的信息要经过的路径长度，前者需要从 1 到 n 逐个进行计算，后者只需要一步（矩阵计算）就可以。

2）Multi-Head Attention。

一般地，可以将 Attention 表示为：

$$\text{attention}_{\text{output}} = \text{Attention}(\boldsymbol{Q}, \boldsymbol{K}, \boldsymbol{V})$$

而 Multi-Head Attention 指的是将多个自注意力模块组合在一起：通过 H 个不同的线性变换得到 $\boldsymbol{Q}$、$\boldsymbol{K}$、$\boldsymbol{V}$，最后将它们的注意力模块拼接起来，公式如下：

$$\text{MultiHead}(\boldsymbol{Q}, \boldsymbol{K}, \boldsymbol{V}) = \text{Concat}(head_1, \cdots, head_h)W^o$$
$$\text{where head}_i = \text{Attention}(QW_i^{\boldsymbol{Q}}, KW_i^{\boldsymbol{K}}, VW_i^{\boldsymbol{V}})$$

其中，W^o 表示将拼接后的注意力模型输出做线性变换，以便构建后面前馈神经网络的输入及残差模块。

3）位置编码。

虽然自注意力机制可以通过并行计算，减少训练耗时，但它不能像 RNN 那样学习到输入序列顺序的信息。为了解决这个问题，TransFormer 为每个输入的词嵌入添加一个向量。这些向量遵循模型学习到的特定模式，以便确定每个单词的位置，或序列中不同单词之间的距离。这里是，将位置向量添加到词嵌入中使得它们在接下来的运算中，能够更好地表达词与词之间的距离。

TransFormer 使用不同频率的 sin 和 cos 函数计算位置信息（Positional Encoding，PE），计算公式如下：

$$PE_{(\text{pos}, 2i)} = \sin\left(\frac{\text{pos}}{10000^{2i} / d_{\text{model}}}\right)$$
$$PE_{(\text{pos}, 2i+1)} = \cos\left(\frac{\text{pos}}{10000^{2i} / d_{\text{model}}}\right)$$

这样的位置信息计算方式让任意位置的 $PE_{\text{pos}+k}$ 都可以被 PE_{pos} 的线性函数表示，且不受序列长度的限制。

在 TransFormer 中，位置信息编码直接和每个输入的词嵌入加和，作为新的词嵌入向量，输入后面的模型。

（2）BERT

结合 seq2seq、TransFormer，并对比各种图像神经网络，可以发现自然语言处理任务的特点和图像处理任务的特点有极大不同。自然语言处理任务的输入往往是一句话或一篇文章，所以它有几个特点：输入是一维线性序列，图像处理任务的输入是 2 维或 2 维以上；输入是不定长的，有的长有的短（给模型处理增加一些麻烦）；单词或子句的相对位置很重要，两个单词位置互换可能导致句子意思完全不同。

所以要处理自然语言问题，首先要解决文本表示问题。虽然人看文本，能够清楚文本中的符号表达什么含义，但是计算机只能做数学计算，需要将文本表示成计算机可以处理的形式。业界最开始的方法是采用 one hot，比如假设英文中常用的单词有 3 万个，那么就用一个 3 万维向量表示这个单词，所有位置都置 0，当想表示 apple 这个单词时，就在对应位置设置 1，如图 3-34 所示。

all	**apple**	hello	look	world	…
[0,	1,	0,	0,	0,	…]

图 3-34　one hot 方法

但是这样的向量没有任何含义，后来学者们提出了词向量（Word Vector），用一个低维度稠密向量表示一个词，如 [1.45332634, 2.132315345, 1.76233123, −1.3424254, 0.4231324, ……]。相比 one hot 动辄上万维度已经低了很多，而且词与词之间的关系可以用相似度或者距离来表示，相似度越高、距离越近，表示两个词更有关联。这种词向量可以根据 Word2vec 经典算法如 CBOW 或 Skip-Gram 学习到。但是，这样的词向量表现不出词的语法、语义等复杂特性，也无法处理一词多义的问题。因为 Word2vec 是静态的，而每个词都有不同的意思，如果要用数值表示这个词，这个词就不应该是固定的某个向量。

反观图像领域，其已经有一套成熟的图像特征解决方案：一般将由 ResNet 网络在 ImageNet 数据集上预训练的模型作为特征提取器，分类层前的卷积网络就是图像包含的所有特征，可以直接用于下游任务如目标检测、图像聚类、语义分割、其他场景的图像分类应用等。数据规模和成熟的卷积神经网络应用是图像特征解决方案的主要特点：数据集中有达 100 多万张标注的图片，分属 1000 多个类别；在模型训练过程中，模型会不断学习如何提取特征，卷积神经网络还可以提取图像的边缘、角、点等通用特征，模型维度越高，提取特征越抽象。在预训练模型中，我们可以固定底层的模型参数只训练顶层的参数，也可以对整个模型进行训练，这个过程叫作微调（Fine-tuning），最终得到一个可用的模型。这样，各种各样的任务都不再需要从头开始训练网络，可以直接拿预训练结果进行微调，既减少了训练计算量的负担，也减少了人工标注数据的负担。

自然语言处理也引入了这种做法：一个通用模型在非常大的语料库中进行预训练，然后在特定任务上进行微调。BERT（Bidirectional Encoder Representation from Transformer）就是这套方案的集大成者。BERT 基于 TransFormer 的双向编码表征，刷新了各大自然语言处理任务的榜单，在各种自然语言处理任务中都做到业内先进。为了适配多任务下的迁移学习，BERT 设计更通用的输入层和输出层，但是其整体模型结构和 TransFormer 的 Encoder 层几乎一样。

虽然自然语言处理领域没有像 ImageNet 这样质量高的人工标注数据，但是可以利用大规模文本数据的自监督性质来构建预训练任务。BERT 在模型预训练上应用了两个方法：MLM（Masked Language Model，屏蔽语言模型）、NSP（Next Sentence Prediction，预测下一句话）。

图 3-35 为整体预训练时 BERT 的模型结构。其中，[CLS] 和 [SEP] 都是为适配下游迁移学习而设计的输入标记，[CLS] 表示句子分类标记，[SEP] 表示句子分割标记，用于区分句子是属于句子 A 还是句子 B。E 表示每个词对应的表征，C 为分类标记对应最后一个 TransFormer 的输出，T 则代表其他词对应最后一个 TransFormer 的输出。

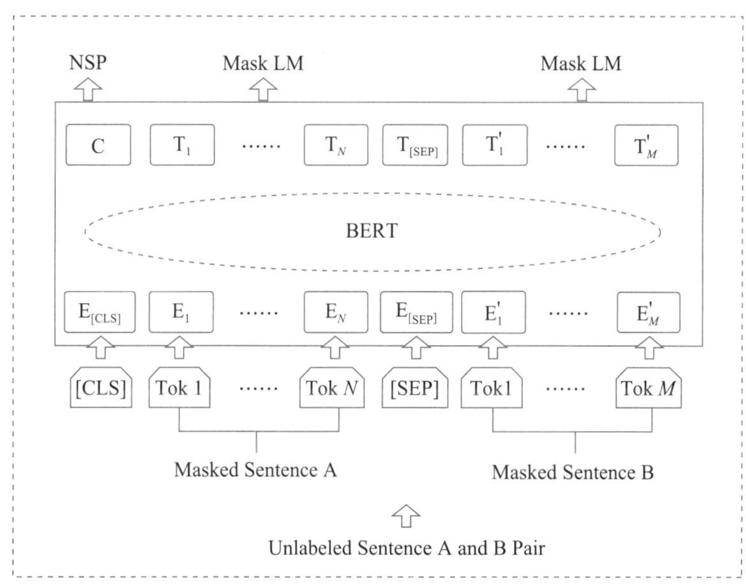

图 3-35　BERT 模型结构

1）MLM 模型介绍如下。

前两节介绍的基于 RNN 的 seq2seq 模型和 TransFormer 模型做的任务都是针对一个词，预测它的下一个词。它们的模型结构和训练方式限制了模型的表征能力，只能获取单方向的上下文信息。BERT 中应用了 MLM 模型，只需随机地掩蔽（使用掩蔽标记 [MASK]）一定百分比的输入词，然后预测那些被掩蔽的词，即可完成双向编码训练。之后和普通注意力机制一样，与掩蔽标记相对应的最终隐藏向量对应词汇表中的一个词。BERT 在每个序列中随机掩蔽 15% 的词，用 [MASK] 进行标记，并且只预测这些掩蔽的词，而不是重建整个输入。

实际上，这个操作会导致预训练和微调之间不匹配，因为 [MASK] 标记在微调训练时是不会出现的。为了解决这个问题，BERT 并不总是用实际的 [MASK] 标记来替换词。训练数据生成器随机选择 15% 的词进行预测。如果选择了其中一个词，那么对这个词的预测有几种可能：① 80% 的概率替换为 [MASK] 标记；② 10% 的概率替换为随机标记；③ 10% 的概率替换为不变化。比如针对一句话"Serverless 很好用，因为它不需要运行服务器管理的应用程序"中"Serverless"的预测如下。

- 80% 替换为 [MASK]：[MASK] 很好用，因为它不需要运行服务器管理的应用程序；
- 10% 随机替换：Python 很好用，因为它不需要运行服务器管理的应用程序；
- 10% 不替换：Serverless 很好用，因为它不需要运行服务器管理的应用程序。

最后再用 [MASK] 标记位置对应的 TransFormser 输出，预测出原来的词，具体做法是输入全连接网络，然后用 Softmax 输出在词表中每个词的概率，最后用交叉熵函数计算损失。

2）NSP 模型介绍如下。

许多重要的下游任务，如问答任务和自然语言推理，都是基于理解两个句子之间的关系而不是直接捕获的。为了训练一个理解句子关系的模型，BERT 应用 NSP 模型的二分类任务进行预训练。具体而言，在为每个预训练样本选择句子 A 和句子 B 时，50% 的概率句子 B 是句子 A 后面的实际句子（标记为 IsNext），而 50% 的概率是来自语料库随机的句子（标记为 NotNext）。然后把样本输入 BERT，用 [CLS] 标记对应的 TransFormer 的输出进行二分类的预测。

最后结合上面两个预训练方法，可以得到如下训练样本。

- 输入 1 = [CLS] [MASK] 很好用 [SEP] 因为它不需要运行 [MASK] 管理的应用程序 [SEP]

  标签 1=IsNext
- 输入 2 = [CLS] Serverless 很 [MASK][SEP][MASK] 也很好用 [SEP]

  标签 2=NotNext

把每一个训练样例输入 BERT 可以相应获得两个任务对应的损失值，再把这两个损失值加在一起就是整体的预训练损失了。可以明显地看出，这两个任务所需的数据其实都可以从无标签的文本数据中构建，比图像分类中需要人工标注的 100 多万张 ImageNet 数据集简单得多。

3）对 BERT 进行微调。

了解 BERT 的预训练方式之后，对一个已经训练好的 BERT 如何进行微调？先介绍 BERT 输出的结构，如图 3-36 所示。

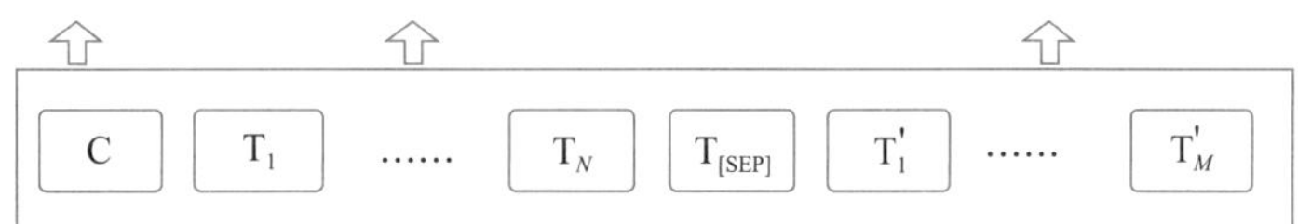

图 3-36　BERT 的输出结构

在模型构造中，对于一些词级别的任务（如序列标注），定义一个全连接神经网络作为分类层，类别数为词的类型数，把 T 输入分类层进行预测；对于一些句子级别的任务（如自然语言推断和情感分类任务），定义一个全连接神经网络作为分类层，类别数为句子的类型，把 C 输入分类层，C 代表句子级的文本特征。

在准备数据集时，针对文本情感分类、序列标注等任务，它们的输入是单句，输入数据只需要构造成：

[CLS]*xxx yyy*[SEP]

如果是文本摘要、自然语言推断、问答等两句话以上的输入，输入数据需要构造成：

[CLS]*xxx yyy*……[SEP]*mmm zzz*……[SEP]

4. 语音识别算法

自动语音识别（Automatic Speech Recognition，ASR）目前已应用在生活的各个方面：手机端的语音识别技术（各大手机厂商的语音机器人，如苹果的 siri 等）、智能音箱助手（比如阿里巴巴的天猫精灵、小米的小爱同学等），还有诸如科大讯飞的一系列智能语音产品等。语音识别可以作为一种广义的自然语言处理技术，以便人与人、人与机器进行更顺畅的交流。

为了清晰定义语音识别任务，先介绍语音识别的输入和输出。声音的本质是一种波，也就是声波，这种波可以作为一种信号进行处理，所以语音识别的输入实际上是一段随时间播放的信号序列，而输出是一段文本序列。如图 3-37 所示，将一段语音输入转化为文本输出的过程就是语音识别。

图 3-37　语音识别的输入和输出

和图像、自然语言处理一样，现实生活不会存在完美的样本。一段高保真、无噪声的语言是非常难得的，实际研究中用到的语音片段或多或少都有噪声存在。常用的语音特征包括线性预测倒谱系数（LPCC）、梅尔频率倒谱系数（MFCC）、FBank 等，语音相关的数据处理方法包括分帧、加窗、短时傅里叶变换（STFT）、去均值等。

传统的语音模型结合了声学模型和语言模型，由解码器对声学模型得分和语言模型得分进行综合。整个模型链路长而复杂，但不过时。端到端的语音模型可以将语音信号直接生成文本，大大简化了模型的训练过程，越来越受到学术界和产业界的关注。本节分别介绍传统的语音模型和端到端的语音模型。

（1）传统的语音模型

传统的语音模型在得到处理后的语音数据后，会经过声学模型和语言模型，其中的语言模型就是在自然语言处理章节中介绍的 RNN 等模型，本节详细介绍语音模型中的声学模型。

语音数据是由一系列音频特征组成的，因此要想识别，我们还需要知道语音来自哪个声学符号（音素）。这种通过音频特征找声学符号的模型被称为声学模型。在深度学习兴起之前，混合高斯模型（Gaussian Mixture Model，GMM）和隐马尔可夫模型（Hidden Markov Model，HMM）一直作为非常有效的声学模型而被广泛使用。即使是在深度学习高速发展的今天，这些传统的声学模型在语音识别领域仍然有着一席之地。

高斯混合模型是用混合的高斯随机变量分布来拟合训练数据（音频特征）后形成的模型。劣势在于不能考虑语音顺序信息，混合的高斯随机变量分布也难以拟合非线性或近似非线性的数据特征。隐马尔可夫模型包含两个结构：马尔可夫链，即利用一组与概率分布相联系的状态转移，及对状态转移的统计对应关系，来描述每个短时平稳段是如何转变到下一个短时平稳段，这个过程产生的输出为状态序列；随机过程，描述状态与观察值之间的统计关系，用观察到的序列来描述隐含的状态，产生的输出为观察值序列。

在 GMM-HMM 模型中，GMM 将特征用混合高斯模型进行模拟，把均值和方差输入 HMM，作为 HMM 求解过程的发射概率；HMM 根据各个概率得到最优的音素，最终组合成单词以及句子序列。图 3-38 为 GMM-HMM 的结构。

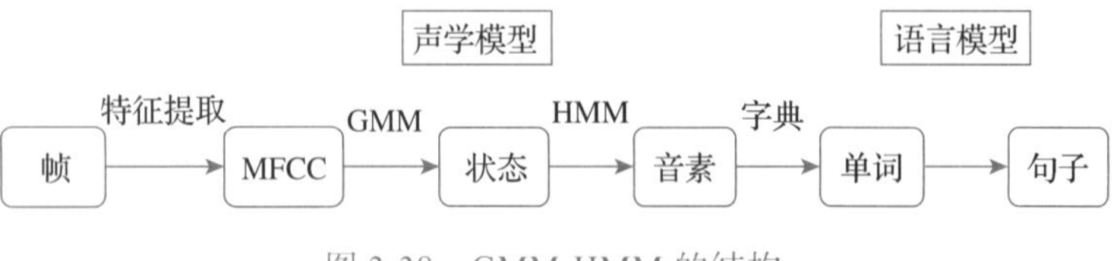

图 3-38 GMM-HMM 的结构

GMM-HMM 以音素为单位进行建模，首先对连续语音提取 MFCC 特征，将特征对应到 HMM 中“状态”这个最小单位，通过状态获得音素，音素再组合成单词，单词串起来变成句子。其中，若干帧对应一个状态，3 个状态组成一个音素。以下为 GMM-HMM 模型的语音识别过程（不包含语音数据处理过程）。

1）穷举当前帧序列对应的所有可能状态序列。

2）根据每个状态转移次数统计得到的转移概率和 GMM 计算的发射概率，HMM 得到特征帧序列由每种状态序列产生的概率。

3）将序列中的状态数目扩展到特征帧的数量，再将每种状态序列的概率求和，作为特征帧序列被识别成这个单词序列的概率。

4）根据上一步单词序列的概率和语言模型中的单词序列概率得到最终的单词序列概率。

5）概率最大的单词序列作为特征帧序列的识别结果。

整体识别过程如图 3-39 所示。

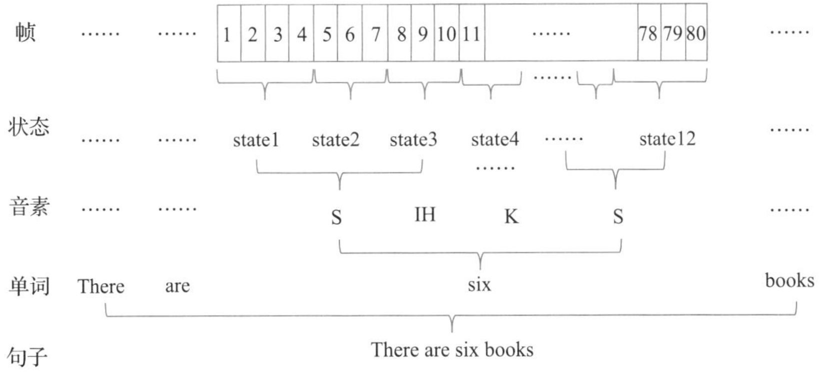

图 3-39　GMM-HMM 语音模型识别过程

（2）端到端的语音模型

传统的语音模型存在一定的局限性，如 HMM 假设帧的生成概率只与当前状态有关，与历史状态和历史帧无关；传统的语音模型需要准确的标注数据，尤其是在数据准备阶段必须要对每一帧的语音进行强制对齐。端到端的语音模型只需音频输入序列和对应的文本序列即可，极大地提高了语音模型构建效率。

端到端的语音模型主要是 seq2seq 结构。根据自然语言处理模型章节介绍的，seq2seq 是由 Encoder 和 Decoder 组成的。在语音模型中，音频输入会被 Encoder 进行语义编码，之后由 Decoder 解码成文本。常见的 seq2seq 结构的端到端语音模型有 LAS（Listen Attend and

Spell）、CTC（Connectionist Temporal Classification）、RNN-T（RNN Transducer）、Neural Transducer、MoCha（Monotonic Chunkwise attention）等。本节介绍最简单的 seq2seq 结构的 LAS、最早的端到端模型 CTC 和改进版的 RNN-T 三个模型。

1）LAS 模型介绍如下。

LAS 模型共分为 3 个部分：Listen、Attend 和 Spell。其中 Listen 是 seq2seq 结构的 Encoder 部分，主要作用是执行编码、实现注意力机制和过滤噪声等，可以是 CNN、LSTM、BILSTM、CNN+RNN、Self-Attention 或多层上述的组合结构等；Attend 就是一般的 Attention 结构，由 Encoder 的输出和 Decoder（RNN）上一时刻的输入变换后经过点乘或相加得到；Spell 一般是基于 RNN（LSTM）的 Decoder 结构，可以认为是模型中的语言模型，因此 LAS 可以不在模型之后添加其他的语言模型，相比传统语音模型直接一步到位，融合了两层次的声学模型和语言模型。

整体识别过程如图 3-40 所示。Encoder 端将输入数据转化为高维隐层嵌入 Attention。之后将 Decoder 上一时刻的输出和 Encoder 的每个输出分别做匹配得到每个 Encoder 输出的权重参数，然后对这个权重参数进行 Attention 计算，得到语义编码 $\boldsymbol{c}$，作为 Decoder 当前时刻的输入传入 Decoder，并将 Decoder 结果作为 LAS 当前时刻的输出返回。从网络结构可以看出，整个过程是串行的，需要先预测一个音频，再根据预测结果推理下一个音频，速度很慢。

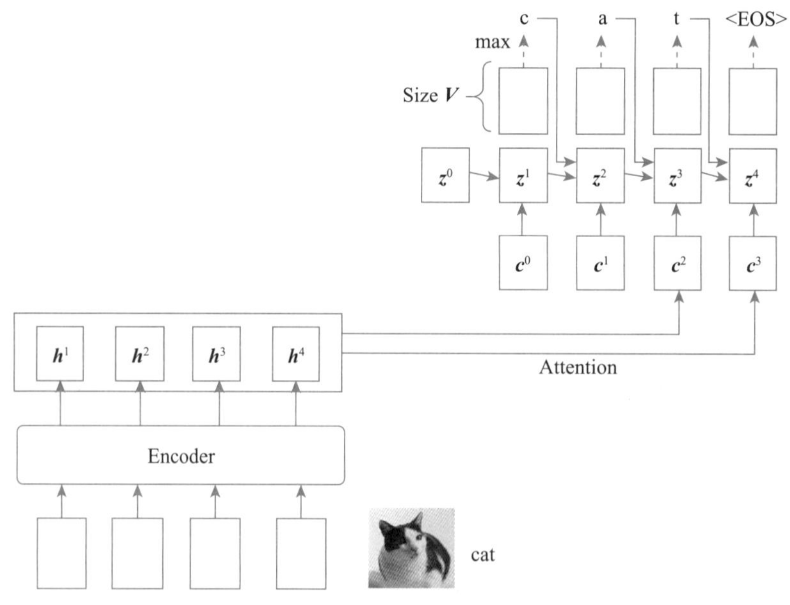

图 3-40　LAS 语音模型识别过程

LAS 需要将整个输入序列编码成一个语义向量，要得到整个输入序列之后才能开始输出，因此无法实现在线学习。

2）CTC 模型介绍如下。

连续时序分类模型 CTC 是最早的端到端语音识别模型，提出时间远早于 seq2seq 模型，然而整体的结构还是可以看到 seq2seq 的影子。相比传统的 seq2seq 模型，CTC 模型相当于将 Decoder 换成了分类模型，且去掉了 Attention 结构。

和 LAS 相比，CTC 能够实现实时识别功能，而不是串行识别。CTC 整体的网络结构如图 3-41 所示。首先，模型先通过一个 Encoder 结构将输入的音频数据转化为一个高维隐层嵌入，然后对每一个输出使用一个分类器（全连接神经网络）进行分类，最终得到每个音频数据对应的预测结果。虽然 CTC 模型没有 Attention 结构，但 Encoder 一般是使用 LSTM 网络的，因此每个音频数据也能够得到上下文信息。

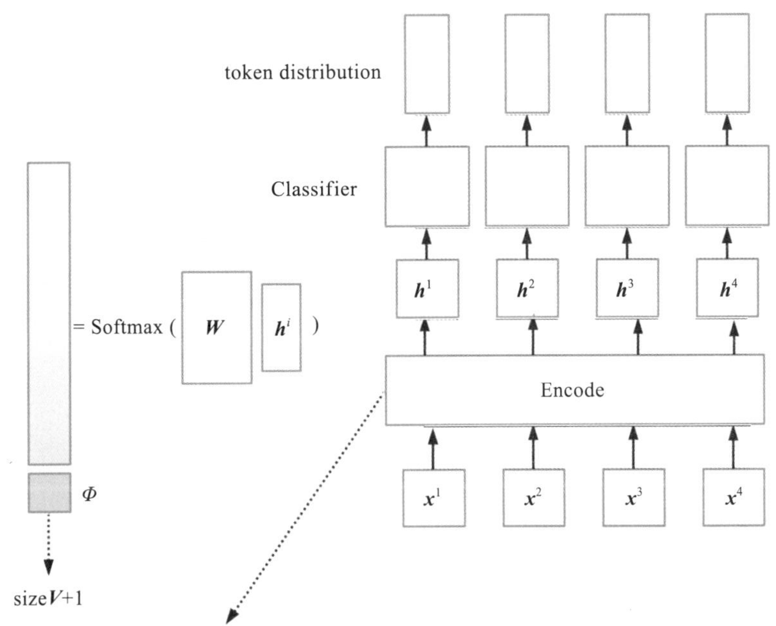

图 3-41 CTC 语音模型识别过程

因为 CTC 模型的输入是以帧为单位的音频，所以多个相邻音频数据可能出现输出重复或者某个音频输出为空的情况：当某个音频没有合适的输出时，模型输出 Φ 符号，并在最后将输出结果中的 Φ 符号删除；当多个相邻音频对应的输出重复时，模型会在最后将重复的输出结果合并。

3）RNN-T 模型的介绍如下。

RNN-Transducer 简称 RNN-T，是基于 CTC 的改进版语音模型。CTC 模型存在比较致命的缺点，就是缺少了语言模型，只是简单使用了分类网络。针对 CTC 的不足，Alex Graves 在 2012 年左右提出了 RNN-T 模型。RNN-T 模型巧妙地将语言模型与声学模型整合在一起，同时进行联合优化，是一种理论上相对完美的模型。

相比 CTC，它将 Encoder 之后的分类器改成了 RNN 网络，使得整个模型可以考虑更多的上下文信息；每个输入可以连续输出多个结果，当输出符号为 Φ 时，RNN 网络再开始接收下一个音频输入，如图 3-42 所示。

那么，RNN-T 是怎么与语言模型相结合的呢？在 RNN-T 中，RNN 网络的输出并不是简单地将上一时刻的输出作为当前时刻的一个输入，而是将上一时刻的输出放入一个额外的 RNN 中，然后将额外的 RNN 的输出作为当前时刻的一个输入。而这个额外的 RNN 就是一个语言模型，可以单独在语料库上进行训练。语言模型在 RNN-T 中的连接模块如图 3-43 所示，其中 Pred.Network 就是额外的 RNN 语言模型，每经过一个时刻，即预测的每一个词都会经过整个连接模块。

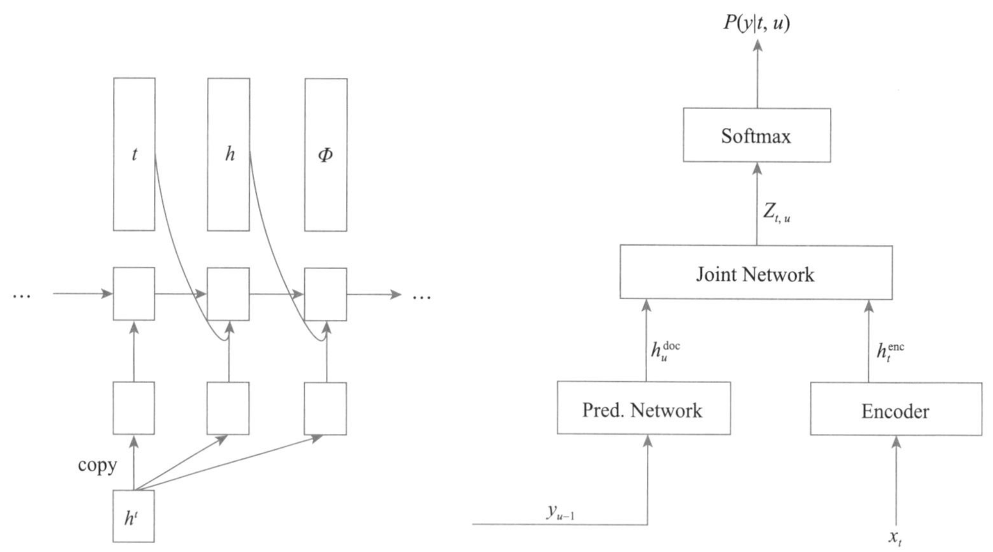

图 3-42 RNN-T 语音模型的 RNN 流程

图 3-43 RNN-T 语音模型中语言模型和 RNN 结合的模块

RNN-T 模型本身是比较完美的，几乎汇集了 LAS 和 CTC 模型的优点：端到端联合优化，具有语言模型建模能力，具有单调性，能够进行实时在线解码。

第 4 章 Chapter 4

主流机器学习框架与 Serverless 架构结合

在对 Serverless 架构与机器学习等都有所认识的前提下，本章将以 scikit-learn、TensorFlow、PyTorch 以及 PaddlePaddle 为例，通过对这些框架在实际案例中的应用以及与 Serverless 架构的结合、调优，帮助读者进一步理解和实践主流机器学习框架与 Serverless 架构的结合。

4.1 scikit-learn 与 Serverless 架构结合

4.1.1 scikit-learn 介绍

scikit-learn 是一个面向 Python 的第三方提供的非常强力的机器学习库，简称 sklearn，标志如图 4-1 所示。它建立在 NumPy、SciPy 和 Matplotlib 上，包含从数据预处理到训练模型的各个方面。在人工智能算法开发过程中，研究人员不仅要开发模型，还要花很大力气在数据分析上，以根据数据特征进行算法选择。scikit-learn 可以极大地节省编写代码的时间以及减少代码量，使开发者有更多的精力去分析数据、调整模型和修改超参，实现算法效率和效果之间的平衡。

图 4-1 scikit-learn 学习库标志

scikit-learn 的安装和使用相对来说比较简单。开发者可以通过 pip 或者 conda 命令进行 scikit-learn 学习库的安装。

通过 pip 命令进行安装：

```
pip install -U scikit-learn
```

通过 conda 命令进行安装：

```
conda install -c conda-forge scikit-learn
```

另外需要注意的是，随着 Python 版本的不断升级迭代，最新版本的 scikit-learn 已经在逐渐抛弃对老版本的支持。从官方的推荐来看，scikit-learn1.0.1 版本推荐使用 Python 3.7 及以上版本，同时依赖 NumPy 1.14.6 及以上版本、SciPy 1.1.0 及以上版本、joblib 0.11 及以上版本、threadpoolctl 2.0.0 及以上版本等。

4.1.2 scikit-learn 实践：鸢尾花数据分类

1. 鸢尾花数据集

在 scikit-learn 中包含许多常用的数据集，本案例选择的是比较基础的鸢尾花（Iris）数据集。该数据集包含 3 种不同类型的鸢尾花（Setosa、Versicolour 和 Virginica），其花瓣和萼片长度存储在 150×4 的 numpy.ndarray 数组中，行表示样本，列表示各个特征，分别是萼片长度、萼片宽度、花瓣长度和花瓣宽度。我们可以通过 Matplotlib 进行数据可视化，以便进一步了解鸢尾花数据集。

```
import matplotlib.pyplot as plt
from sklearn import datasets
iris = datasets.load_iris()
# 这里只选择其中两个特征进行展示
X = iris.data[:, :2]
y = iris.target

x_min, x_max = X[:, 0].min() - 0.5, X[:, 0].max() + 0.5
y_min, y_max = X[:, 1].min() - 0.5, X[:, 1].max() + 0.5
plt.figure(2, figsize=(8, 6))
plt.clf()

plt.scatter(X[:, 0], X[:, 1], c=y, cmap=plt.cm.Set1, edgecolor="k")
plt.xlabel("Sepal length")
plt.ylabel("Sepal width")

plt.xlim(x_min, x_max)
plt.ylim(y_min, y_max)
```

```
plt.xticks(())
plt.yticks(())

plt.show()
```

得到的图像如图 4-2 所示。

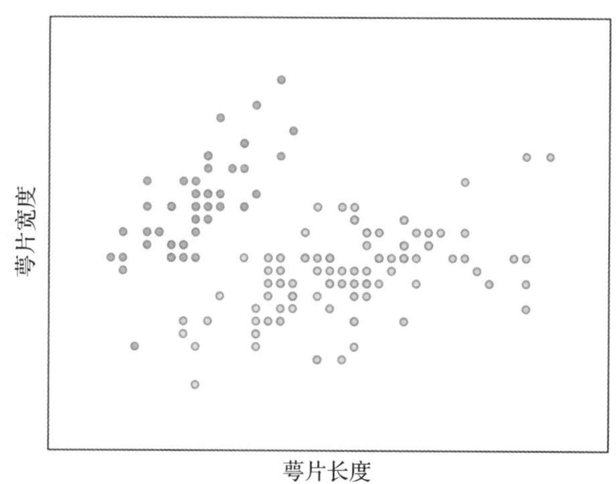

图 4-2　鸢尾花数据集展示

2. 使用决策树进行分类

决策树（Decision Tree）用于在已知各种情况发生概率的基础上，求取净现值的期望值大于等于 0 的概率，从而评价项目风险，判断其可行性。其是直观运用概率分析的一种图解法。由于这种决策分支画成图形很像一棵树的枝干，故称为决策树。在机器学习中，决策树是一个预测模型，它代表的是对象属性与对象值之间的一种映射关系。熵（Entropy）表示的是系统的凌乱程度。这一度量基于信息学理论中熵的概念。

决策树是一种树形结构，其中每个内部节点表示一个属性的测试，每个分支代表一个测试输出，每个叶节点代表一种类别。决策树是一种常用的分类方法。它是一种监督学习。所谓监督学习，就是给定一些样本，每个样本都有一组属性和一个类别，这些类别是事先确定的，通过学习得到一个分类器，这个分类器能够对新出现的对象给出正确的分类。

在 scikit-learn 学习库中应用决策树算法是非常简单和快捷的，只需要导入决策树相关的对象即可，例如：

```
from sklearn.tree import DecisionTreeClassifier
```

通过 fit() 方法，即可实现基础的数据训练操作，例如：

```
clf = DecisionTreeClassifier().fit(X, y)
```

针对鸢尾花分类，通过 scikit-learn 学习库使用决策树算法的完整代码：

```
from sklearn.datasets import load_iris
from sklearn.tree import DecisionTreeClassifier
from sklearn.metrics import accuracy_score
import pickle

# 加载数据，前120个样本作为训练集，后120个样本作为测试集
iris = load_iris()
X = iris.data[:120]
y = iris.target[:120]
test_X = iris.data[120:]
test_y = iris.target[120:]

# 训练
clf = DecisionTreeClassifier().fit(X, y)

# 保存
save_path = r"./tree.dot"
with open(r"./tree.dot", 'wb') as f:
    pickle.dump(clf, f)

# 加载模型
f = open(save_path, "rb")
tr = pickle.load(f)

# 测试和预测
Z = tr.predict(test_X)
print("Accuracy: ", accuracy_score(test_y, Z))
```

上述代码先进行了鸢尾花数据集的加载，然后通过决策树算法进行建模、训练，并对模型结果进行保存，再通过加载模型，对测试集进行相关的准确率分析，最终得到结果：

```
Accuracy:  0.8
```

至此，通过 scikit-learn 实现了非常经典的案例：鸢尾花数据分类。

从这个案例中不难发现，传统意义上需要通过原生写法实现的决策树等算法，通过 scikit-learn 学习库对外暴露的接口，可以最大效率地进行数据集的加载、模型的训练，以及最终结果的预测。

4.1.3 与 Serverless 架构结合：文本分类

1. 本地开发

文本分类是人工智能中非常经典的研究方向。实现一个简单的文本分类器，通常会被学习者认为是学习 scikit-learn 过程中的一个最佳实践。

本实践案例是基于 scikit-learn 实现一个根据公司主营业务的描述划分公司类型的功能，并将这个功能部署到 Serverless 架构，对外暴露服务级 API。

在开始之前，准备一定的公司类型以及相关的数据，例如本案例将公司类型分成 20 类：

```
C000001——电力、热力、燃气及水生产和供应业
C000002——建筑业
C000003——批发和零售业
C000004——交通运输、仓储和邮政业
C000005——农、林、牧、渔业
C000006——采矿业
C000007——制造业
C000008——租赁和商务服务业
C000009——科学研究和技术服务业
C000010——水利、环境和公共设施管理业
C000011——居民服务、修理和其他服务业
C000012——住宿和餐饮业
C000013——信息传输、软件和信息技术服务业
C000014——金融业
C000015——房地产业
C000017——卫生和社会工作
C000018——教育
C000020——文化、体育和娱乐业
```

以上 20 类中，每一类都有数量一致的相关文本描述，例如“电力、热力、燃气及水生产和供应业”类别中就有类似下面案例的近百个主营业务描述。

- 电线电缆、绝缘工具、仪器仪表、电力施工工具、五金电料、绝缘材料、安全防护用品的加工销售；劳保用品的销售。
- 风力发电设备的销售、安装、维修、调试及技术服务；电力工程、机电安装工程的设计、施工及技术服务；机电一体化设备、机械设备、液压工具、五金交电、仪器仪表、电线电缆、电子产品、办公用品、日用百货、消防器材、防盗报警器材、服装鞋帽、劳保用品的销售；货物及技术的进出口业务。

……

在自然语言处理领域，基础数据集准备完成之后，往往还需要准备一定量的辅助资源，例如屏蔽一些语气词的停词库，因为部分语气词对模型训练和预测有影响。

在完成基本的数据和相关的辅助资源准备之后，可以进行业务逻辑的开发。整个业务逻辑开发主要包括 3 部分，分别是模型数据初始化、模型建立以及最终结果的预测。

1）模型数据初始化，导入训练集、停词库等相关数据：

```
def modelData(self):
    class_list = []
    cut_word_data = []
```

```
    with open("StopwordsCN.txt") as f:
        stop_word_data = [eve_stop_word.replace("\n", "") for eve_stop_word in f.read-
            lines()]

    for eve_dir in os.walk("Sample"):
        eve_path_data = eve_dir[0]
        for eve_file_data in eve_dir[2]:
            new_path_data = os.path.join(eve_path_data, eve_file_data)
            if ".txt" in new_path_data:
                with codecs.open(new_path_data, "r","utf-8") as f:
                    file_content = f.read()
                eve_content_fenci_data = []
                for eve_word_data in jieba.cut(file_content):
                    if eve_word_data not in stop_word_data and len(eve_word_data) > 0:
                        eve_content_fenci_data.append(eve_word_data)
                cut_word_data.append(" ".join(eve_content_fenci_data))
                class_list.append(self.classDict[eve_path_data.split("/")[1]])
    cut_word = pandas.DataFrame({"class": class_list, "content": cut_word_data})
    countVectorizer = CountVectorizer(min_df=0, token_pattern=r"\b\w+\b")
    textVector = countVectorizer.fit_transform(cut_word['content'])
    return (cut_word, countVectorizer, textVector)
```

2）模型建立，主要通过 scikit-learn 提供的贝叶斯模型，进行多项式分布的朴素贝叶斯模型建立：

```
def setModel(self,textVector, cut_word):
    bys = MultinomialNB()
    bys.fit(textVector, cut_word["class"])
    return bys
```

3）最终结果的预测，即根据模型以及用户待推理预测的内容，返回最终结果：

```
def predictModel(self,bys,companyInfor, countVectorizer):
    newTexts = companyInfor
    for i in range(len(newTexts)):
        newTexts[i] = " ".join(jieba.cut(newTexts[i]))
    return bys.predict(countVectorizer.transform(newTexts))
```

在本地进行测试，以某建筑业公司的主营业务描述文本“建筑装饰装修工程、建筑幕墙工程、防腐保温工程、金属门窗工程；钢结构工程、建筑防水工程、园林绿化工程、管道工程、机电设备安装工程、消防设施工程、建筑智能化工程的设计、施工；电梯安装。（依法须经批准的项目，经相关部门批准后方可开展经营活动。)”为例：

```
model = BYSModel()
cut_word, countVectorizer, textVector = model.modelData()
temp_data = ["建筑装饰装修工程、建筑幕墙工程、防腐保温工程、金属门窗工程；钢结构工程、建筑防水
    工程、园林绿化工程、管道工程、机电设备安装工程、消防设施工程、建筑智能化工程的设计、施工；电
    梯安装。（依法须经批准的项目，经相关部门批准后方可开展经营活动。）"]
```

```
category = model.predictModel(model.setModel(textVector, cut_word),temp_data,
    countVectorizer)
print(category)
```

运行结果为：

```
Building prefix dict from the default dictionary ...
Loading model from cache /var/folders/sb/frfgq4nx44n34b33jlzy1mj80000gn/T/jieba.cache
Loading model cost 0.543 seconds.
Prefix dict has been built successfully.
['建筑业']
```

可以看到，通过简单的数据处理以及基于 scikit-learn 进行模型建立，该项目已经可以正常进行符合预期的推理。

2. 部署到 Serverless 架构

在将项目部署到 Serverless 架构之前，需要先按照 Serverless 架构的相关开发规范对业务逻辑进行升级，例如此处可以引入 Bottle 框架，进行参数的接收和结果的返回：

```
import Bottle

model = BYSModel()
cut_word, countVectorizer, textVector = model.modelData()

@bottle.route('/company/category', method='POST')
def category():
    postData = json.loads(bottle.request.body.read().decode("utf-8"))
    text = postData.get("text", None)
    return model.predictModel(model.setModel(textVector, cut_word), [text], countVec-
        torizer)

app = bottle.default_app()
```

上面的代码是通过 Bottle 框架简单地将机器学习项目服务化。但是实际上，上面的代码还可包括部分优化操作，例如模型载入、初始化等相关操作：

```
model = BYSModel()
cut_word, countVectorizer, textVector = model.modelData()
```

上述两行代码并没有在 category 方法中执行，尽管这种做法会让实例启动时间有所增加，但是实际上在实例复用的时候，将会有比较明显的冷启动优化效果。

若使用 Serverless Devs 开发者工具进行项目的构建和部署，要根据 Serverless Devs 的相关规范对所需要的相关资源与运行路径进行描述：

```
edition: 1.0.0
name: companyCategory                                    #项目名称
```

```
access: 'alibaba.default'                                  #密钥别名

services:
    companyCategory:                                       #服务名称
        component: devsapp/fc
        actions:                                           #自定义执行逻辑
            pre-deploy:                                    #在部署之前运行
                - run: s build --use-docker                #要运行的命令行
                  path: ./                                 #命令行运行的路径
            post-deploy:                                   #在部署之后运行
                - run: s nas command mkdir /mnt/auto/.s
                  path: ./                                 #命令行运行的路径
                - run: s nas upload -r -n ./.s/build/artifacts/company-category/
                  server/.s/python /mnt/auto/.s/python     #要运行的命令行
                  path: ./                                 #命令行运行的路径
        props:                                             #组件的属性值
            region: cn-hangzhou
            service:
                name: company-category
                description: 公司主营业务分类
                nasConfig: auto
                vpcConfig: auto
                logConfig: auto
            function:
                name: server
                runtime: python3
                codeUri: ./src
                ossBucket: devsapp
                handler: index.app
                memorySize: 3072
                timeout: 60
            triggers:
                - name: httpTrigger
                type: http
                config:
                    authType: anonymous
                    methods:
                        - GET
                        - POST
            customDomains:
                - domainName: auto
                    protocol: HTTP
                    routeConfigs:
                        - path: /*
```

上述 Yaml 文件中不仅有资源属性的定义，在 actions 字段下还包括若干行为定义，这使得在通过 Serverless Devs 开发者工具执行 deploy 命令之前，会先在 Docker 环境中执行项目的构建操作：

```
$ s build --use-docker
```

执行 build 操作的前提是，项目已经给出合理的依赖文件，例如 requirements.txt 等。以本项目为例，依赖详情包括：

```
bottle==0.12.19
jieba==0.42.1
pandas==1.1.5
scikit_learn==0.24.2
scipy==1.1.0
numpy==1.18
```

完成部署操作之后，系统会自动在 NAS 中创建目录，并上传相对应的文件夹等：

```
$ s nas command mkdir /mnt/auto/.s
$ s nas upload -r -n ./.s/build/artifacts/company-category/server/.s/python /mnt/
    auto/.s/python
```

当 s deploy -y 命令执行完成之后，即可完成 Serverless 项目的创建。项目创建成功后的日志如图 4-3 所示。

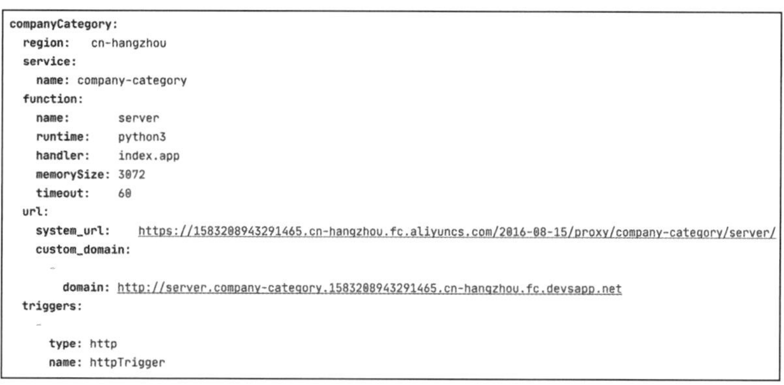

图 4-3　Serverless 项目创建完成后的日志

此时，我们可以通过 Postman 工具对接口进行测试。以某交通运输公司的主营业务描述“普通货物仓储、配载；普通货物运输；货运代理服务”为例，测试结果如图 4-4 所示。

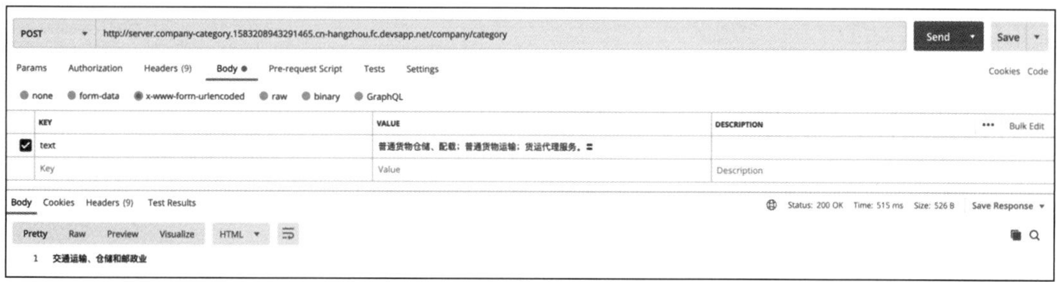

图 4-4　通过 Postman 进行项目测试

可以看到，系统已经正确地输出相关的结果：交通运输、仓储和邮政业。

至此，我们基于 scikit-learn 学习库，在 Serverless 架构上成功部署了一个根据企业信息进行企业分类的自然语言处理项目，并对外提供 API 服务。

3. 项目优化

虽然通过 Serverless Devs 开发者工具，本项目可以非常简单、快速、方便地部署到 Serverless 架构，但也有着比较多的优化空间，例如项目被部署到阿里云函数计算的 Python 运行时上，在部署前后将会面临诸多环境问题。

- 部署前：机器学习项目往往存在部分不可跨平台使用的依赖库，此时我们需要了解线上实例的环境详情，或者使用相对应的工具模拟线上实例环境，进行依赖的安装、项目的构建。
- 部署后：项目将会受到运行时环境的影响，而很难随着整体的技术迭代发展，例如目前阿里云函数计算的 Python 运行时版本是 3.6，而很多依赖库没办法在 Python 3.6 版本下正常运作，例如最新的 scikit-learn 已经推荐使用 Python 3.7 及以上版本。

针对这类问题，我们可以考虑通过容器镜像的方法进行解决，即将项目打包成容器镜像部署到函数计算，这样可以最大限度地提高项目后期的灵活度，以及降低维护成本等。

4.2 TensorFlow 与 Serverless 架构结合

4.2.1 TensorFlow 介绍

TensorFlow 是一个基于数据流编程（Data Flow Programming）的符号数学系统，被广泛应用于各类机器学习算法的编程实现。其前身是谷歌的神经网络算法库 DistBelief。TensorFlow 拥有多层级结构，可部署于各类服务器、PC 终端和网页，支持 GPU 和 TPU 高性能数值计算，因此也被广泛应用于谷歌内部的产品开发和各领域的科学研究。

TensorFlow 可作为一个端到端开源机器学习框架，拥有全面而灵活的生态系统，其中包含各种工具、库和社区资源，可助力机器学习技术的发展，并使开发者能够轻松地构建和部署由机器学习提供支持的应用。TensorFlow 的标志如图 4-5 所示。

图 4-5 TensorFlow 项目的标志

TensorFlow 是采用数据流图（Data Flow Graph）计算的，所以在使用该框架时我们首先需要创建一个数据流图，然后再将数据（数据以张量的形式存在）放在数据流图中计算。节点在图中表示数学操作，图中的边表示在节点间相互联系的多维数据数组，即张量（Tensor）。训练模型时，张量会不断地从数据流图中的一个节点流动（Flow）到另一个节点，这就是 TensorFlow 名字的由来。

TensorFlow 有 3 个重要特点，即张量、计算图（Graph）、会话（Session）。其中，张量有多种，零阶张量为纯量或标量，也就是一个数值，如 [1]；一阶张量为向量，比如一维的 [1, 2, 3]；二阶张量为矩阵，比如二维的 [[1, 2, 3]、[4, 5, 6]、[7, 8, 9]]。以此类推还有三阶张量等。张量从流图的一端流动到另一端的计算过程，生动形象地描述了复杂数据在人工神经网中的流动、传输、分析和处理模式。

计算图相当于盖房子之前设计的图纸，使得预先定义好的张量根据运算逻辑逐步运行。我们根据定义好的目标函数对计算图进行整体的优化。计算图具有可并发、可分发、可优化、可移植的优点。

有了张量和计算图，我们就可以构建模型了。但是，这样的模型怎么运行呢？虽然计算图已经有了，但是这个图是静态的，它的数据入口也没有流入数据。TensorFlow 中提供了一个叫 tf.Session 的会话机制，它为任务提供了计算环境，但需要为这个环境提供输入数据。例如下面的代码块：

```
import tensorflow as tf

# 初始化Session
sess = tf.Session()

# 以float32数据类型创建常量w和b
w = tf.constant(3, dtype=tf.float32)
b = tf.constant(4, dtype=tf.float32)

# 创建x的占位符，因为是一个标量，所以shape为空
x = tf.placeholder(tf.float32, [])

# 前面三个Tensor表示节点，创建它们之间联系来表示边
y = w * x + b

# 运行计算图
print(sess.run(y, {x: 6}))

# 每次运行后需关闭Session
sess.close()
```

目前，TensorFlow 拥有支持多种语言的 API。以 Python 语言为例，官方目前在 Pypi 中提供了多个软件包供选择。

- tensorflow：支持 CPU 和 GPU 的最新稳定版（适用于 Ubuntu 和 Windows）。

- tf-nightly：预览 build（不稳定）。Ubuntu 和 Windows 均支持 GPU。
- tensorflow == 1.15：TensorFlow 1.x 的最终版本。

TensorFlow 可以通过以下指令进行安装：

```
pip install --user --upgrade tensorflow  # install in $HOME
```

安装完成之后，验证安装效果：

```
python -c "import tensorflow as tf; print(tf.reduce_sum(tf.random.normal([1000,
    1000])))"
```

4.2.2 TensorFlow 实践：基于人工智能的衣物区分

Fashion MNIST 数据集是由 Zalando（德国的一家时尚科技公司）旗下研究部门提供的一个替代 MNIST 手写数字集的图像数据集。Fashion MNIST 的大小、格式和训练 / 测试数据划分与原始的 MNIST 完全一致，所以开发者通常情况下可以直接用它来测试机器学习和深度学习算法性能，且不需要改动任何代码。

Fashion MNIST 数据集包含 10 个类别的 70 000 个灰度图像（60 000/10 000 的训练 / 测试数据划分），这些图像以低分辨率（28 × 28 像素）展示了单件衣物，如图 4-6 所示。

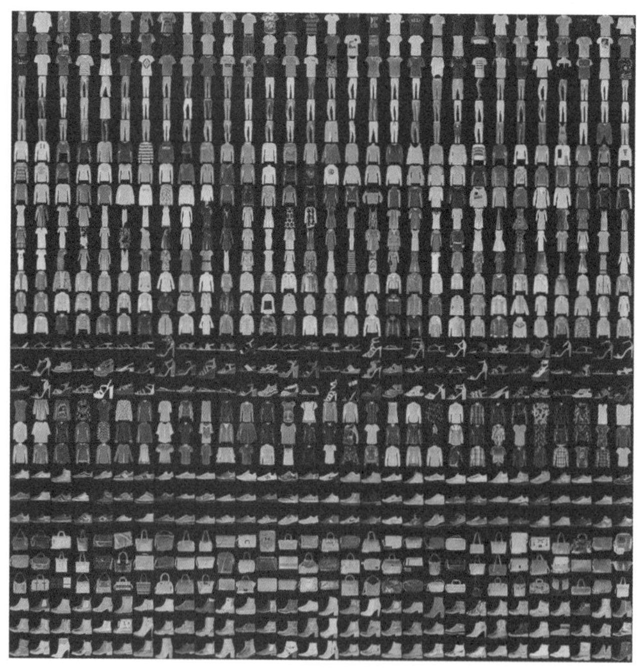

图 4-6 Fashion MNIST 数据集展示

本案例将以该数据集为例，通过 TensorFlow 框架实现图像分类。

1. 开发前准备

本案例中使用的 tf.keras 是 TensorFlow 用来构建和训练模型的高级 API。在进行图像分类案例实现之前，先导入算法相关的库，包括 TensorFlow、keras 等。

```
# TensorFlow and tf.keras
import tensorflow as tf
from tensorflow import keras

# Helper libraries
import numpy as np
import matplotlib.pyplot as plt
```

在本案例中，可以使用 60 000 个图像训练网络，使用 10 000 个图像评估网络对图像分类的准确率。开发者可以直接从 TensorFlow 中导入和加载 Fashion MNIST 数据：

```
fashion_mnist = keras.datasets.fashion_mnist
(train_images, train_labels), (test_images, test_labels) = fashion_mnist.load_data()
```

其中：

- train_images 和 train_labels 数组是训练集，即模型用于学习的数据。
- test_images 和 test_labels 是测试集，被用来对模型进行测试。

数据集加载完成之后，我们还需要对数据进行预处理。这里将这些值缩小至 0～1 之间，然后将其输入神经网络模型：

```
train_images = train_images / 255.0
test_images = test_images / 255.0
```

神经网络的基本组成部分是神经网络层。神经网络层会从向其传送的数据中提取表示形式。大多数网络层（如 tf.keras.layers.Dense）拥有在训练期间学习到的参数。这里定义一个简单的神经网络模型：

```
model = keras.Sequential([
    keras.layers.Flatten(input_shape=(28, 28)),
    keras.layers.Dense(128, activation='relu'),
    keras.layers.Dense(10)
])
```

该网络的第一层 tf.keras.layers.Flatten 将图像格式从二维数组（28×28 像素）转换成一维数组（$28 \times 28 = 784$ 像素）。该层意味着将图像数据展开成向量形式，将特征空间转换成后面全连接网络层的输入。该层没有要学习的参数，只会重新格式化数据。展平图像后，网络包括两个 tf.keras.layers.Dense 层。它们是全连接神经层。第一个 Dense 层以 128 个神经元作为隐藏层，第二个（也是最后一个）层是输出层，最终输出长度为 10 的数组。每个节点都包含一个得分，用来表示当前图像属于 10 个类中的哪一类。

之后对模型进行训练，模型训练前需要定义好损失函数、优化器、评价指标等。

- 损失函数：用于测量模型在训练期间的准确率。开发者通常希望最小化此函数，以便将模型“引导”到正确的方向上。
- 优化器：决定模型如何根据其看到的数据和自身的损失函数进行更新。
- 评价指标：用于监控训练和测试步骤。以下示例使用的准确率，即被正确分类的图像的比例。

```
model.compile(optimizer='adam',
              loss=tf.keras.losses.SparseCategoricalCrossentropy(from_logits=True),
              metrics=['accuracy'])
```

2. 模型训练

作为 TensorFlow 中更为高级的 API，Keras 极大地简化了训练代码。通常情况下，训练只需要一行代码：

```
model.fit(train_images, train_labels, epochs=10)
```

其中，train_images、train_labels 表示训练的图像数据和对应的标签，epochs 表示训练迭代的次数。

启动训练后，打印如下日志：

```
Epoch 1/10
1875/1875 [==========] - 3s 1ms/step - loss: 0.4924 - accuracy: 0.8265
Epoch 2/10
1875/1875 [==========] - 3s 1ms/step - loss: 0.3698 - accuracy: 0.8669
Epoch 3/10
1875/1875 [==========] - 3s 1ms/step - loss: 0.3340 - accuracy: 0.8781
Epoch 4/10
1875/1875 [==========] - 3s 1ms/step - loss: 0.3110 - accuracy: 0.8863
Epoch 5/10
1875/1875 [==========] - 3s 1ms/step - loss: 0.2924 - accuracy: 0.8936
Epoch 6/10
1875/1875 [==========] - 3s 1ms/step - loss: 0.2776 - accuracy: 0.8972
Epoch 7/10
1875/1875 [==========] - 3s 1ms/step - loss: 0.2659 - accuracy: 0.9021
Epoch 8/10
1875/1875 [==========] - 3s 1ms/step - loss: 0.2543 - accuracy: 0.9052
Epoch 9/10
1875/1875 [==========] - 3s 1ms/step - loss: 0.2453 - accuracy: 0.9084
Epoch 10/10
1875/1875 [==========] - 3s 1ms/step - loss: 0.2366 - accuracy: 0.9122
```

3. 模型验证

在模型训练期间，系统会显示损失和准确率指标。此模型在训练集上的准确率在 0.91（或 91%）左右，但在训练集上的表现并不代表在实际场景中的表现。于是，我们需要对模型进行验证。

```
test_loss, test_acc = model.evaluate(test_images,  test_labels, verbose=2)
print('Test accuracy:', test_acc)
```

验证结果为：

```
313/313 - 0s - loss: 0.3726 - accuracy: 0.8635
Test accuracy: 0.8634999990463257
```

其中，test_images、test_labels 为测试集对应的图像数据和标签，最终验证模型的准确率为 0.86，相比训练时的准确率降低 4%。训练准确率和测试准确率之间的差距代表过拟合。过拟合是指机器学习模型在新的输入数据上的表现不如在训练数据上的表现。

4.2.3　与 Serverless 架构结合：目标检测系统

ImageAI 是一个 Python 库，旨在使开发人员使用简单的几行代码构建具有包含深度学习和计算机视觉功能的应用程序和系统。ImageAI 本着编程简单的原则，支持最先进的机器学习算法，用于图像预测、自定义图像预测、物体检测、视频检测、视频对象跟踪和图像预测训练。目前，该库除支持使用在 ImageNet-1000 数据集上训练的 4 种机器学习算法进行图像预测和训练，还支持使用在 COCO 数据集上训练的 RetinaNet 进行对象检测、视频检测和对象跟踪等。

ImageAI 依赖 TensorFlow 1.4.0 及以上版本。通过对 TensorFlow 的进一步封装，ImageAI 提供用于图像预测的 4 种算法，包括 SqueezeNet、ResNet、InceptionV3 和 DenseNet。我们可以通过非常简单的方法实现图像预测、目标检测等任务。

1. 本地开发

首先明确要进行目标检测的图像，如图 4-7 所示。

图 4-7　目标检测图像

然后根据 ImageAI 提供的开发文档，实现以下代码：

```
# index.py
from imageai.Prediction import ImagePrediction

# 模型加载
prediction = ImagePrediction()
prediction.setModelTypeAsResNet()
```

```
prediction.setModelPath("resnet50_weights_tf_dim_ordering_tf_kernels.h5")
prediction.loadModel()

predictions, probabilities = prediction.predictImage("./picture.jpg", result_count=5 )
for eachPrediction, eachProbability in zip(predictions, probabilities):
    print(str(eachPrediction) + " : " + str(eachProbability))
```

完成代码开发之后，可以通过执行该文件进行效果测试：

```
laptop : 71.43893241882324
notebook : 16.265612840652466
modem : 4.899394512176514
hard_disc : 4.007557779550552
mouse : 1.2981942854821682
```

你如果在使用过程中发现模型 resnet50_weights_tf_dim_ordering_tf_kernels.h5 过大，耗时过长，可以按需选择模型。

- SqueezeNet（文件大小为 4.82 MB，预测时间最短，准确度适中）。
- ResNet50：by Microsoft Research（文件大小为 98 MB，预测时间较快，准确度高）。
- InceptionV3：by Google Brain team（文件大小为 91.6 MB，预测时间慢，准确度更高）。
- DenseNet121：by Facebook AI Research（文件大小为 31.6 MB，预测时间较慢，准确度最高）。

2. 部署到 Serverless 架构

在本地完成 ImageAI 的基本测试之后，我们可以将目标检测模型部署到 Serverless 架构。在 Serverless 架构上，该模型的基本运行流程如图 4-8 所示。

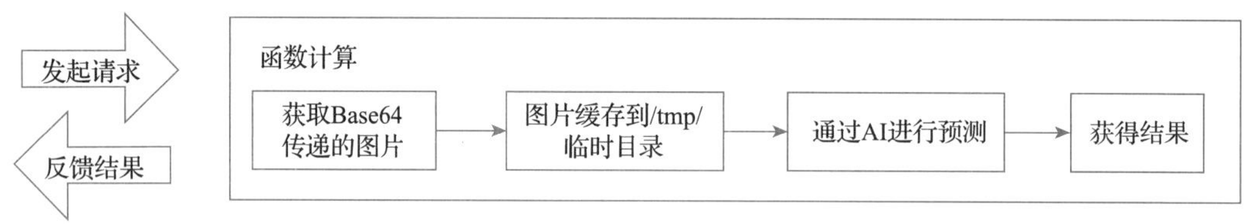

图 4-8　目标检测模型的基本运行流程

按照以上流程，以阿里云函数计算和轻量级 Python Web 框架 Bottle 为例，我们可以分别实现页面代码以及逻辑代码。其中，对于逻辑代码，这里主要是将在本地开发案例代码稍做修改，与 Bottle 框架进行结合：

```
# -*- coding: utf-8 -*-
from imageai.Prediction import ImagePrediction
import base64
```

```
import bottle
import random
import json

# 随机字符串
randomStr = lambda num=5: "".join(random.sample('abcdefghijklmnopqrstuvwxyz',
    num))

# 模型加载
prediction = ImagePrediction()
prediction.setModelTypeAsResNet()
prediction.setModelPath("/mnt/auto/model/resnet50_weights_tf_dim_ordering_tf_
    kernels.h5")
prediction.loadModel()

@bottle.route('/image_prediction', method='POST')
def getNextLine():
    postData = json.loads(bottle.request.body.read().decode("utf-8"))
    image = postData.get("image", None)
    image = image.split("base64,")[1]
    # 图片获取
    imagePath = "/tmp/%s" % randomStr(10)
    with open(imagePath, 'wb') as f:
        f.write(base64.b64decode(image))
    # 内容预测
    result = {}
    predictions, probabilities = prediction.predictImage(imagePath, result_count=5)
    for eachPrediction, eachProbability in zip(predictions, probabilities):
        result[str(eachPrediction)] = str(eachProbability)
    return result

@bottle.route('/', method='GET')
def getNextLine():
    return bottle.template('./html/index.html')

app = bottle.default_app()
if __name__ == "__main__":
    bottle.run(host='localhost', port=8080)
```

对于页面代码，这里主要是通过 HTML 与 JavaScript 实现一个便于测试的前端页面，如图 4-9 所示。

图 4-9　前端预测页面

为了快速进行项目的构建、依赖的安装、最终的项目部署，以及对项目进行观测，我们可以通过 Serverless Devs 开发者工具进行项目的托管。此时，我们需要根据 Serverless Devs 开发者工具相关规范，进行相关的资源描述以及行为描述：

```
edition: 1.0.0
name: imageAi                                                    # 项目名称
access: 'default'                                                # 密钥别名

services:
    imageAi:                                                     # 服务名称
        component: devsapp/fc
        actions:                                                 # 自定义执行逻辑
            pre-deploy:                                          # 在部署之前运行
                - run: s build --use-docker                      # 要运行的命令行
                  path: ./                                       # 命令行运行的路径
            post-deploy:                                         # 在部署之后运行
                - run: s nas command mkdir /mnt/auto/.s
                  path: ./                                       # 命令行运行的路径
                - run: s nas upload -r -n ./.s/build/artifacts/ai-cv-image-pred-
                  iction/server/.s/python /mnt/auto/.s/python    # 要运行的命令行
                  path: ./                                       # 命令行运行的路径
                - run: s nas upload -r -n ./src/model /mnt/auto/model # 要运行的命令行
                  path: ./                                       # 命令行运行的路径
        props:                                                   # 组件的属性值
            region: cn-hangzhou
            service:
                name: ai-cv-image-prediction
                description: 图片目标检测服务
                nasConfig: auto
                vpcConfig: auto
                logConfig: auto
            function:
                name: server
                description: 图片目标检测
                runtime: python3
                codeUri: ./src
                handler: index.app
                memorySize: 3072
                timeout: 60
                environmentVariables:
                    PYTHONUSERBASE: /mnt/auto/.s/python
            triggers:
                - name: httpTrigger
                  type: http
                  config:
                      authType: anonymous
                      methods:
                          - GET
```

```
                    - POST
                    - PUT
        customDomains:
            - domainName: auto
              protocol: HTTP
              routeConfigs:
                  - path: /*
```

从上面描述的 Yaml 文件中不难发现，actions 中的定义包括在项目部署开始前，通过 Docker 进行项目的构建，在项目部署完成后，在 NAS 中创建文件夹，上传对应的文件等。

首先是通过 Serverless Devs 开发者工具拉取 Docker 镜像，进行依赖安装。值得一提的是，在进行依赖安装之前，我们需要明确所需要的具体依赖内容：

```
tensorflow==1.13.1
numpy==1.19.4
scipy==1.5.4
opencv-python==4.4.0.46
pillow==8.0.1
matplotlib==3.3.3
h5py==3.1.0
keras==2.4.3
imageai==2.1.5
bottle==0.12.19
```

完成之后，通过 s build --use-docker 命令实现项目的构建，如图 4-10 所示。

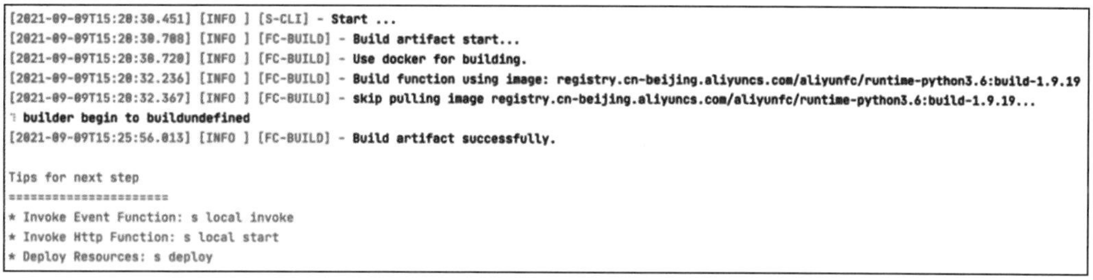

```
[2021-09-09T15:20:30.451] [INFO ] [S-CLI] - Start ...
[2021-09-09T15:20:30.708] [INFO ] [FC-BUILD] - Build artifact start...
[2021-09-09T15:20:30.720] [INFO ] [FC-BUILD] - Use docker for building.
[2021-09-09T15:20:32.236] [INFO ] [FC-BUILD] - Build function using image: registry.cn-beijing.aliyuncs.com/aliyunfc/runtime-python3.6:build-1.9.19
[2021-09-09T15:20:32.367] [INFO ] [FC-BUILD] - skip pulling image registry.cn-beijing.aliyuncs.com/aliyunfc/runtime-python3.6:build-1.9.19...
 builder begin to buildundefined
[2021-09-09T15:25:56.013] [INFO ] [FC-BUILD] - Build artifact successfully.

Tips for next step
======================
* Invoke Event Function: s local invoke
* Invoke Http Function: s local start
* Deploy Resources: s deploy
```

图 4-10　项目构建日志

依赖安装完成之后，执行项目部署操作。部署完成之后，将相关文件上传到 NAS，待一切都成功后，系统会进行图 4-11 所示的结果提示。

此时，根据工具返回的测试地址，我们可以在浏览器中打开网页，并上传之前准备好的图像进行预测，可以看到图 4-12 所示的结果。

可以看到，预测结果和前面在本地执行的结果是一致的。至此，我们已经成功将本地的 TensorFlow 项目（确切来说是基于 TensorFlow 开发的 ImageAI 项目）部署到 Serverless

架构，并通过 Serverless 架构对外暴露可视化的操作页面，以便于测试和白屏化操作。

```
imageAi:
  region: cn-hangzhou
  service:
    name: ai-cv-image-prediction
  function:
    name: server
    runtime: python3
    handler: index.app
    memorySize: 3072
    timeout: 60
  url:
    system_url: >-
      https://1583208943291465.cn-hangzhou.fc.aliyuncs.com/2016-08-15/proxy/ai-cv-image-prediction/server/
    custom_domain:
      - domain: >-
          http://server.ai-cv-image-prediction.1583208943291465.cn-hangzhou.fc.devsapp.net
  triggers:
    - type: http
      name: httpTrigger
```

图 4-11　项目部署完成的日志

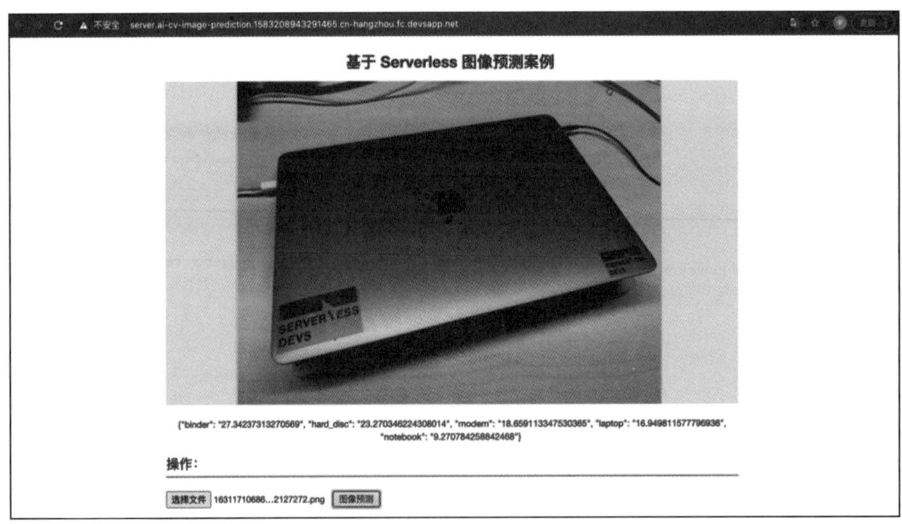

图 4-12　目标检测模型的测试

3. 项目优化

本项目采用的是阿里云函数计算 Python 运行时。相对来说，该运行时与人工智能项目相结合存在一定的复杂度。

- TensorFlow 等依赖比较大，而通常情况下，函数计算可以上传的代码包大小在 100MB 以下，这就导致模型与依赖很难同步部署到 Serverless 架构。虽然本项目采用了 NAS 作为挂载盘，完成了大依赖包以及模型文件的上传和加载，但是在开发和部署环节相对比较复杂，比较难上手。针对这一问题，我们可以通过容器镜像等运行时降低复杂度。

- 由于 FaaS 平台的环境在很多情况下和开发者的本地环境有一定差异，因此一些依赖无法跨平台运行，我们需要准备和 FaaS 平台一致的环境，进行依赖的安装和项目的打包。类似 Serverless Devs 的开发者工具虽然能协助依赖安装和项目打包，但是在一定程度上还是相对复杂的。此时，我们可以通过容器镜像等运行时降低这一部分的复杂度。
- 深度学习项目如果有 GPU 实例的支持会让训练和推理的速度大幅度提升，而本实例使用的是 CPU 实例进行的业务逻辑处理（包括预测部分），如果这一部分可以替换成 GPU 实例，将会大大提高训练和推理速度，获得更好的客户端体验。
- 在部署完成该项目，首次使用该项目时，不难发现网页打开的速度以及训练和推理的速度相对较慢，这充分说明冷启动的存在，并对项目产生了影响。为了在生产过程中降低冷启动带来的危害，我们可以适当进行实例的预留，以最大限度地保证项目性能。
- 在该项目中，网页等静态资源和预测等业务逻辑全部在函数中处理的。在复杂场景下，这种做法极有可能加剧 Serverless 架构的冷启动，所以相对科学的做法是将页面等静态资源部署到对象存储等云产品中，函数计算仅作为计算平台，并对外暴露 API 以提供相对应的能力。

4.3 PyTorch 与 Serverless 架构结合

4.3.1 PyTorch 介绍

2017 年 1 月，FAIR（Facebook AI Research）发布了 PyTorch。其标志如图 4-13 所示。PyTorch 是在 Torch 基础上用 Python 语言重新打造的一款深度学习框架，Torch 是用 Lua 语言打造的机器学习框架。但是 Lua 语言较为小众，导致 Torch 学习成本高，知名度不高。近几年来，PyTorch 凭借其易用性、代码简洁灵活等特点逐渐有了超越 TensorFlow 的趋势。在学术界，PyTorch 的地位已经超越 TensorFlow，且 PyTorch 借助 ONNX 所带来的模型落地能力在工业界大放光彩。

图 4-13 PyTorch 标志

PyTorch 如此流行与它的张量和动态计算图有关。和 TensorFlow 一样，PyTorch 也有张量（Tensor）。而与 TensorFlow 不同的是，PyTorch 中的张量是 *n* 维数组，类似于 Numpy 中的 Ndarray。Numpy 是 Python 中最主流的数据计算库之一。PyTorch 中的张量几乎是对

Ndarray 的扩展，且可以运行在 GPU 上，大大加快了运算速度。

PyTorch 官网提供了非常方便的 PyTorch 框架安装指引，如图 4-14 所示。

PyTorch Build	Stable (1.9.0)	Preview (Nightly)	LTS (1.8.2)	
Your OS	Linux	Mac	Windows	
Package	Conda	Pip	LibTorch	Source
Language	Python	C++ / Java		
Compute Platform	~~CUDA 10.2~~	~~CUDA 11.1~~	~~ROCm 4.2 (beta)~~	CPU
Run this Command:	pip3 install torch torchvision torchaudio			

图 4-14　PyTorch 框架安装指引

只需要选择不同的 PyTorch Build、OS，以及 Language 等信息，我们就可以生成对应的命令，在本地执行生成的命令就可以进行 PyTorch 的安装：

```
pip3 install torch torchvision torchaudio
```

4.3.2　PyTorch 实践：图像分类系统

CIFAR-10 是由 Hinton 的学生 Alex Krizhevsky 和 Ilya Sutskever 整理的一个用于识别普适物体的小型数据集。该数据集包含 10 个类别共 60 000 张图片，每张图片的大小为 32 × 32，其中训练图像 50 000 张，测试图像 10 000 张。图 4-15 是一些示例。

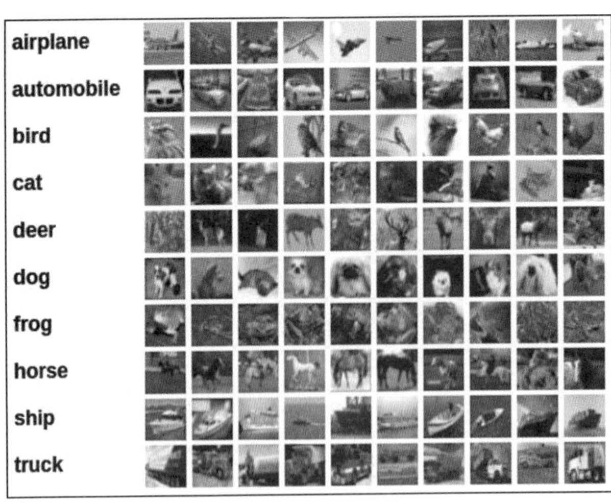

图 4-15　CIFAR-10 数据集示例

本案例将基于 CIFAR-10 数据集快速入门 PyTorch 框架，并实现一个简单的图像分类系统。

1. 开发前准备

在开始实现本案例之前，导入包括 PyTorch 等在内的依赖库：

```
import torch
import torch.nn as nn
import torch.nn.functional as F
import torchvision
import torchvision.transforms as transforms
```

通常在使用 PyTorch 的时候会用到两个依赖：

- torch 是关于运算的包；
- torchvision 则集成了常用数据集和经典的神经网络模型，比如 ResNet。

在正式开始构建模型之前，准备好训练集和测试集，同时定义好数据预处理操作，这里仅将图像的 RGB 值归一化至 0～1 区间：

```
transform = transforms.Compose(
    [transforms.ToTensor(),
     transforms.Normalize((0.5, 0.5, 0.5), (0.5, 0.5, 0.5))])
cifar_train = torchvision.datasets.CIFAR10(root='./data', train=True,
                                           download=True, transform=transform)
cifar_test = torchvision.datasets.CIFAR10(root='./data', train=False,
                                          transform=transform)
```

PyTorch 还提供了数据加载器 DataLoader，以便在训练、测试过程中遍历数据集：

```
trainloader = torch.utils.data.DataLoader(cifar_train, batch_size=32, shuffle=True)
testloader = torch.utils.data.DataLoader(cifar_test, batch_size=32, shuffle=False)
```

在数据加载器 Dataloader 中，定义每一步训练使用 32 个样本，即这里的参数 batch_size=32，并在训练时对训练数据集随机洗牌，对测试集不进行洗牌。这里定义一个简单的卷积神经网络模型：

```
class Net(nn.Module):
    def __init__(self):
        super(Net, self).__init__()
        self.conv1 = nn.Conv2d(3, 6, 5)
        self.pool = nn.MaxPool2d(2, 2)
        self.conv2 = nn.Conv2d(6, 16, 5)
        self.fc1 = nn.Linear(16 * 5 * 5, 120)
        self.fc2 = nn.Linear(120, 84)
        self.fc3 = nn.Linear(84, 10)
```

```
    def forward(self, x):
        x = self.pool(F.relu(self.conv1(x)))
        x = self.pool(F.relu(self.conv2(x)))
        x = x.view(-1, 16 * 5 * 5)
        x = F.relu(self.fc1(x))
        x = F.relu(self.fc2(x))
        x = self.fc3(x)
        return x

net = Net()
```

它包含 2 个卷积层和 3 个全连接层，第一层卷积层接收大小为 32 × 32 的图像的数据，最后的全连接层产生 10 个类别的输出结果。

2. 模型训练

在目标函数上，选择多分类交叉熵损失函数和随机梯度下降法（Stochastic Gradient Descent，SGD）作为优化器，学习率 lr 大小为 0.001。

```
criterion = nn.CrossEntropyLoss()
optimizer = optim.SGD(net.parameters(), lr=0.001, momentum=0.9)
```

- SGD：梯度是一个矢量，它告诉模型如何改变权重，使损失变化最快。这个过程为梯度下降，因为它使用梯度使损失下降到最小值。随机使用某一批数据进行训练，那么这次训练就是随机的。这就是随机梯度下降法名字的由来。
- 学习率：模型每一次梯度下降的跨步大小。其决定着目标函数能否收敛到局部最小值以及何时收敛到最小值。合适的学习率能够使目标函数在合适的时间内收敛到局部最小值。

之后循环遍历数据集，将得到的数据输入模型进行训练：

```
# 迭代次数为2次
nums_epoch = 2
for epoch in range(nums_epoch):
    # 初始化损失大小为0.0
    _loss = 0.0
    # 从数据加载器中得到数据集和对应标签
    for i, (inputs, labels) in enumerate(trainloader, 0):
        # 将数据和标签指定到对应设备，如CPU或GPU，GPU需指定到CUDA
        inputs, labels = inputs.to(device), labels.to(device)
        # 清空已有的梯度
        optimizer.zero_grad()

        # 训练数据输入模型，做前向传播，得到模型输出
        outputs = net(inputs)
```

```
        # 通过模型输出和对应的标签计算损失函数
        loss = criterion(outputs, labels)
        # 梯度反向传播
        loss.backward()
        # 更新优化器参数
        optimizer.step()

        # 累计损失值并打印
        _loss += loss.item()
        # 每2000步打印一次损失值
        if i % 2000 == 1999:
            print('[%d, %5d] loss: %.3f' % (epoch + 1, i + 1, _loss / 2000))
            _loss = 0.0
```

其中，nums_epoch 表示迭代次数，inputs.to(device) 和 labels.to(device) 都表示将数据转换到 device 指示的硬件设备上，device 可以为 CPU 或者 GPU 设备。在获取模型的前向输出后计算损失函数的值，直接调用损失函数 backward() 完成后向传播，并用 optimizer.step() 更新优化器。下面是训练的日志：

```
[1, 2000] loss: 1.178
[1, 4000] loss: 1.200
[1, 6000] loss: 1.168
[1, 8000] loss: 1.175
[1, 10000] loss: 1.185
[1, 12000] loss: 1.165
[2, 2000] loss: 1.073
[2, 4000] loss: 1.066
[2, 6000] loss: 1.100
[2, 8000] loss: 1.107
[2, 10000] loss: 1.083
[2, 12000] loss: 1.103
```

3. 模型评估

最后对模型进行评估：

```
correct, total = 0, 0
with torch.no_grad():
    for images, labels in testloader:
        outputs = net(images)
        _, predicted = torch.max(outputs, 1)
        total += labels.size(0)
        correct += (labels == predicted).sum().item()

print('Accuracy: %d %%' % (100 * correct / total))
```

输出结果为：

```
Accuracy: 58 %
```

4.3.3 与 Serverless 架构结合：对姓氏进行分类

1. 本地开发

参考 PyTorch 官方案例 NLP FROM SCRATCH: CLASSIFYING NAMES WITH A CHARACTER-LEVEL RNN，通过 PyTorch 框架构建并训练基本的字符级 RNN 来对单词进行分类。训练完成之后，通过 Python Web 框架将该项目与 Flask 框架进行结合，并服务化。

首先根据姓氏进行分类的示例代码，在本地进行代码的编写以及项目的基本测试：

```
from __future__ import unicode_literals, print_function, division
from io import open
import glob
import unicodedata
import string
import torch
import torch.nn as nn
from torch.autograd import Variable
from flask import Flask, request
app = Flask(__name__)

all_letters = string.ascii_letters + " .,;'"
n_letters = len(all_letters)
category_lines = {}
all_categories = []
n_hidden = 128

findFiles = lambda path: glob.glob(path)
unicodeToAscii = lambda s: ''.join(c for c in unicodedata.normalize('NFD', s) if
    unicodedata.category(c) != 'Mn' and c in all_letters)
readLines = lambda filename: [unicodeToAscii(line) for line in open(filename,
    encoding='utf-8').read().strip().split()]
letterToIndex = lambda letter: all_letters.find(letter)
for filename in findFiles('data/names/*.txt'):
    category = filename.split('/')[-1].split('.')[0]
    all_categories.append(category)
    lines = readLines(filename)
    category_lines[category] = lines

n_categories = len(all_categories)

def letterToTensor(letter):
    tensor = torch.zeros(1, n_letters)
    tensor[0][letterToIndex(letter)] = 1
    return tensor
```

```
def lineToTensor(line):
    tensor = torch.zeros(len(line), 1, n_letters)
    for li, letter in enumerate(line):
        tensor[li][0][letterToIndex(letter)] = 1
    return tensor

class RNN(nn.Module):
    def __init__(self, input_size, hidden_size, output_size):
        super(RNN, self).__init__()
        self.hidden_size = hidden_size
        self.i2h = nn.Linear(input_size + hidden_size, hidden_size)
        self.i2o = nn.Linear(input_size + hidden_size, output_size)
        self.softmax = nn.LogSoftmax(dim=1)

    def forward(self, input, hidden):
        combined = torch.cat((input, hidden), 1)
        hidden = self.i2h(combined)
        output = self.i2o(combined)
        return output, hidden

    def initHidden(self):
        return Variable(torch.zeros(1, self.hidden_size))

rnn = RNN(n_letters, n_hidden, n_categories)

def evaluate(line_tensor):
    hidden = rnn.initHidden()
    for i in range(line_tensor.size()[0]):
        output, hidden = rnn(line_tensor[i], hidden)
    return output

def predict(input_line, n_predictions=3):
    with torch.no_grad():
        output = evaluate(lineToTensor(input_line))
        topv, topi = output.topk(n_predictions, 1, True)
        predictions = [[topv[0][i].item(), all_categories[topi[0][i].item()]] for i
            in range(n_predictions)]
    return predictions

@app.route('/invoke', methods=['POST'])
def invoke():
    return {'result': predict(request.get_data().decode("utf-8"))}

if __name__ == '__main__':
    app.run(debug=True, host='0.0.0.0', port=9000)
```

之后，通过 Python 命令启动该 Bottle 项目，并通过命令行工具进行相关的测试：

```
curl --location --request POST 'http://0.0.0.0:9000/invoke' \
```

```
--header 'Content-Type: text/plain' \
--data-raw 'bai'
```

输出的测试结果如下：


```
{
    "result": [
        [
            0.09027218818664551,
            "Russian"
        ],
        [
            0.07011377066373825,
            "Chinese"
        ],
        [
            0.053722310811281204,
            "Portuguese"
        ]
    ]
}
```


可以看到，当输入一个姓氏之后，系统已经可以按照预期进行相关返回，包括所属国家信息以及相关度信息。

2. 部署到 Serverless 架构

目前，各大云厂商的 FaaS 平台均支持容器镜像的部署。所以，我们可以将项目打包成镜像，并通过 Serverless Devs 开发者工具部署到阿里云函数计算。

若通过 Serverless Devs 开发者工具构建镜像并部署到阿里云函数计算，我们需要准备 Dockerfile 文件与 Serverless Devs 的资源描述文件。其中，Dockerfile 文件参考如下：

```
FROM python:3.7-slim
WORKDIR /usr/src/app
RUN pip install torch flask numpy
COPY . .
CMD [ "python", "-u", "/usr/src/app/index.py" ]
```

Serverless Devs 的资源描述文件是对部署到线上的资源进行预描述，包括服务相关配置、函数相关配置以及触发器、自定义域名等相关的配置：

```
edition: 1.0.0
name: container-pytorch
access: default
vars:
    region: cn-shanghai
```

```
services:
    pytorch-demo:
        component: devsapp/fc
        props:
            region: ${vars.region}
            service:
                name: pytorch-service
            function:
                name: pytorch-function
                timeout: 60
                caPort: 9000
                memorySize: 1536
                runtime: custom-container
                customContainerConfig:
                    image: 'registry.cn-shanghai.aliyuncs.com/custom-container/
                        pytorch-demo:0.0.1'
```

完成资源准备之后，通过 Serverless Devs 开发者工具中 FC 组件提供的 build 能力进行镜像的构建，例如执行 s build --use-docker 命令，即可看到预期的镜像构建效果，如图 4-16 所示。

```
Step 4/5 : COPY . .
 ---> 86daef42c540
Step 5/5 : CMD [ "python", "-u", "/usr/src/app/index.py" ]
 ---> Running in f4682e41a2b4
Removing intermediate container f4682e41a2b4
 ---> 4f5ff184ccac
Successfully built 4f5ff184ccac
Successfully tagged registry.cn-shanghai.aliyuncs.com/custom-container/pytorch-demo:0.0.1
Build image(registry.cn-shanghai.aliyuncs.com/custom-container/pytorch-demo:0.0.1) successfully
[2021-09-09T18:04:52.712] [INFO ] [FC-BUILD] - Build artifact successfully.

Tips for next step
======================
* Invoke Event Function: s local invoke
* Invoke Http Function: s local start
* Deploy Resources: s deploy
End of method: build
```

图 4-16　镜像构建效果示意图

镜像构建完成之后，可以通过 Serverless Devs 开发者工具执行 s deploy --push-registry acr-internet --use-local -y 进行部署。这里主要包括以下几个动作。

- 将构建完成的镜像推送到阿里云镜像服务。
- 基于函数计算创建服务。
- 基于函数计算创建函数，并指定代码源为指定的容器镜像。
- 进行触发器和自定义域名的创建。

部署完成后，可以看到系统返回的测试地址，如图 4-17 所示。

```
pytorch-demo:
  region: cn-shanghai
  service:
    name: pytorch-service
  function:
    name: pytorch-function
    runtime: custom-container
    handler: not-used
    memorySize: 1024
    timeout: 60
  url:
    system_url: >-
      https://1583208943291465.cn-shanghai.fc.aliyuncs.com/2016-08-15/proxy/pytorch-service/pytorch-function/
    custom_domain:
      - domain: >-
          http://pytorch-function.pytorch-service.1583208943291465.cn-shanghai.fc.devsapp.net
  triggers:
    - type: http
      name: httpTrigger
```

图 4-17　应用创建示意图

此时，可以通过该测试地址，利用 curl 命令行测试工具进行测试：

```
curl --location --request POST 'http://pytorch-function.pytorch-service.1583208943291465.
    cn-shanghai.fc.devsapp.net/invoke'\
--header 'Content-Type: text/plain' \
--data-raw 'bai'
```

之后，可以看到接口已经返回预测结果：

```
{
    "result": [
        [
            0.1394740492105484,
            "Arabic"
        ],
        [
            0.06561967730522156,
            "Dutch"
        ],
        [
            0.04731455445289612,
            "Portuguese"
        ]
    ]
}
```

至此，我们通过 PyTorch 完成了一个简单的文本分类功能，并通过部署到 Serverless 架构，暴露可以对外提供服务的 API。

3. 项目优化

Serverless 架构的发展非常迅速，面临的挑战也有目共睹。尽管本实例采用了更为传统和简单的容器镜像部署方案，即将应用部署到阿里云 Serverless 平台，但是由于目前 Serverless 架构发展受限制，仍然存在诸多不足。

- 基于自定义镜像的函数计算项目虽然更容易部署和迁移，但是冷启动问题非常严峻。至少目前来看，相对原生的运行时，容器镜像的冷启动问题要严峻不少。若想缓解镜像部署带来的冷启动问题，我们可以考虑使用镜像加速、预留实例等技术。
- PyTorch 可以基于 GPU 实现预测，而且 GPU 被广泛应用到各行业的人工智能项目中。但是就目前来看，大部分厂商的 Serverless 架构还不支持 GPU 实例，所以在 Serverless 架构下如何使用 GPU，以及是否能使用 GPU 将成为人工智能项目部署到 Serverless 架构的关键参考指标。目前，阿里云函数计算已经支持 GPU 实例。在本项目部署过程中，我们可以考虑 GPU 实例的技术选型，以提升预测性能。

4.4　PaddlePaddle 与 Serverless 架构结合

4.4.1　PaddlePaddle 介绍

PaddlePaddle（飞桨）以百度多年的深度学习技术研究和业务应用为基础，是中国首个自主研发、功能完备、开源的产业级深度学习平台，集深度学习核心训练和推理框架、基础模型库、端到端开发套件和丰富的工具组件于一体。PaddlePaddle 的标志如图 4-18 所示。

图 4-18　PaddlePaddle 标志

PaddlePaddle 深度学习框架采用基于编程逻辑的组网范式，对于普通开发者而言更容易上手，同时支持声明式和命令式编程，兼具开发的灵活性和高性能。另外，PaddlePaddle 不仅广泛兼容第三方开源框架训练的模型，并且为不同场景的生产环境提供了完备的推理引擎，包括适用于高性能服务器及云端推理的原生推理库 Paddle Inference，面向分布式、流水线生产环境的自动上云、A/B 测试等高阶功能的服务化推理框架 Paddle Serving，针对于移动端、物联网场景的轻量化推理引擎 Paddle Lite，以及在浏览器、小程序等环境下使用的前端推理引擎 Paddle.js。同时，透过与不同场景下主流硬件高度适配及异构计算的支持，PaddlePaddle 的推理性能领先绝大部分的主流实现。

PaddlePaddle 可以被认为是一个 Python 的依赖库，官方提供了 pip、conda、源码编译等多种安装方法。以 pip 安装方法为例，PaddlePaddle 提供了基于 CPU 和 GPU 两个版本的安装方法：

基于 CPU 版本的安装方法：

```
pip install paddlepaddle
```

基于 GPU 版本的安装方法：

```
pip install paddlepaddle-gpu
```

4.4.2 PaddlePaddle 实践：手写数字识别任务

MNIST 是非常有名的手写体数字识别数据集。无论 TensorFlow 还是 PaddlePaddle 的新手入门，都是通过它做实战讲解。它由手写体数字图像和相对应标签组成，如图 4-19 所示。

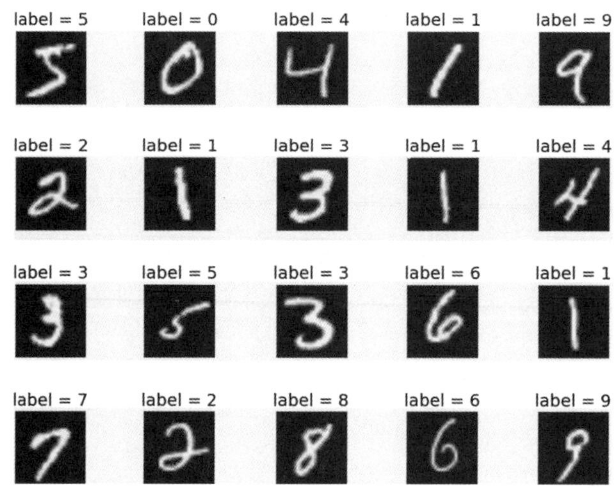

图 4-19 MNIST 手写体数字识别数据集

MNIST 数据集分为训练图像和测试图像。训练图像 60 000 张，测试图像 10 000 张，每一张图像代表 0～9 中的某一个数字，且图像大小均为 28 × 28 的矩阵。这一节将以 PaddlePaddle 官方提供的 MNIST 手写数字识别任务为例，进行 PaddlePaddle 框架的基本学习。与其他深度学习任务一样，PaddlePaddle 同样要通过以下 4 个步骤完成一个相对完整的深度学习任务。

- ❑ 数据集的准备和加载；
- ❑ 模型构建；
- ❑ 模型训练；
- ❑ 模型评估。

1. 数据集的准备和加载

PaddlePaddle 框架内置了一些常见的数据集。在这个示例中，开发者可以加载 PaddlePaddle 框架的内置数据集，例如本案例所涉及的 MNIST 数据集。这里加载两个数据集：一个用来训练模型，一个用来评估模型。

```
import paddle.vision.transforms as T
transform = T.Normalize(mean=[127.5], std=[127.5], data_format='CHW')

# 下载数据集
train_dataset = paddle.vision.datasets.MNIST(mode='train', transform=transform)
val_dataset =  paddle.vision.datasets.MNIST(mode='test', transform=transform)
```

2. 模型构建

通过 Sequential 将一层一层网络结构组建起来。注意，需要先对数据进行 Flatten 操作，将 [1, 28, 28] 形状的图像数据改变为 [1, 784] 形状。

```
mnist = paddle.nn.Sequential(
    paddle.nn.Flatten(),
    paddle.nn.Linear(784, 512),
    paddle.nn.ReLU(),
    paddle.nn.Dropout(0.2),
    paddle.nn.Linear(512, 10)
)
```

3. 模型训练

在训练模型前，需要配置训练模型时损失的计算方法与优化方法。开发者可以使用 PaddlePaddle 框架提供的 prepare 完成，之后使用 fit 接口开始训练模型：

```
model = paddle.Model(mnist)

# 模型训练相关配置，准备损失计算方法、优化器和精度计算方法
model.prepare(paddle.optimizer.Adam(parameters=model.parameters()),
              paddle.nn.CrossEntropyLoss(),
              paddle.metric.Accuracy())

# 开始模型训练
model.fit(train_dataset,
          epochs=5,
          batch_size=64,
          verbose=1)
```

训练结果：

```
The loss value printed in the log is the current step, and the metric is the
   average value of previous steps.
Epoch 1/5
```

```
step 938/938 [==============================] - loss: 0.1801 - acc: 0.9032 - 8ms/step
Epoch 2/5
step 938/938 [==============================] - loss: 0.0544 - acc: 0.9502 - 8ms/step
Epoch 3/5
step 938/938 [==============================] - loss: 0.0069 - acc: 0.9595 - 7ms/step
Epoch 4/5
step 938/938 [==============================] - loss: 0.0094 - acc: 0.9638 - 7ms/step
Epoch 5/5
step 938/938 [==============================] - loss: 0.1414 - acc: 0.9670 - 8ms/step
```

4. 模型评估

开发者可以使用预先定义的测试数据集评估前一步训练得到的模型的精度。

```
model.evaluate(val_dataset, verbose=0)
```

结果如下：

```
{'loss': [2.145765e-06], 'acc': 0.9751}
```

可以看出，初步训练得到的模型精度在 97.5% 附近。在逐渐了解 PaddlePaddle 后，开发者可以通过调整其中的训练参数来提升模型的精度。

4.4.3 与 Serverless 架构结合：PaddleOCR 项目开发与部署

PaddlePaddle 团队首次开源文字识别模型套件 PaddleOCR，目标是打造丰富、领先、实用的文本识别模型（或工具库）。该模型套件是一个实用的超轻量 OCR 系统，主要由文本检测、检测框矫正和文本识别 3 部分组成。该系统从骨干网络的选择和调整、预测头部的设计、数据增强、学习率变换策略、正则化参数选择、预训练模型使用以及模型自动裁剪量化几个方面，采用 19 个有效策略，对各个模块的模型进行效果调优和瘦身，最终得到整体大小为 3.5MB 的超轻量中英文字符识别和 2.8MB 的英文数字字符识别。

1. 本地开发

根据 PaddleOCR 的项目案例，采用轻量级 Python Web 框架 Bottle 框架进行项目开发：

```
# index.py
import base64
import bottle
import random
from paddleocr import PaddleOCR

ocr = PaddleOCR(use_gpu=False)

@bottle.route('/ocr', method='POST')
```

```
def ocr():
    filePath = './temp/' + (''.join(random.sample('zyxwvutsrqponmlkjihgfedcba', 5)))
    with open(filePath, 'wb') as f:
        f.write(base64.b64decode(bottle.request.body.read().decode("utf-8").split(',')
            [1]))
    ocrResult = ocr.ocr(filePath, cls=False)
    return {'result': [[line[1][0], float(line[1][1])] for line in ocrResult]}

bottle.run(host='0.0.0.0', port=8080)
```

开发完成之后，运行该项目：

```
python index.py
```

服务启动之后，日志如图 4-20 所示。

```
--- Running IR pass [runtime_context_cache_pass]
--- Running analysis [ir_params_sync_among_devices_pass]
--- Running analysis [adjust_cudnn_workspace_size_pass]
--- Running analysis [inference_op_replace_pass]
--- Running analysis [memory_optimize_pass]
I0909 13:16:37.899991 152645056 memory_optimize_pass.cc:199] Cluster name : fill_constant_batch_size_like_1.tmp_0  size: 1024
I0909 13:16:37.900034 152645056 memory_optimize_pass.cc:199] Cluster name : lstm_1.tmp_3  size: 1
I0909 13:16:37.900044 152645056 memory_optimize_pass.cc:199] Cluster name : lstm_1.tmp_1  size: 1024
I0909 13:16:37.900051 152645056 memory_optimize_pass.cc:199] Cluster name : x  size: 38400
I0909 13:16:37.900058 152645056 memory_optimize_pass.cc:199] Cluster name : lstm_1._generated_var_0  size: 1
I0909 13:16:37.900063 152645056 memory_optimize_pass.cc:199] Cluster name : hardsigmoid_1.tmp_0  size: 2048
I0909 13:16:37.900070 152645056 memory_optimize_pass.cc:199] Cluster name : depthwise_conv2d_12.tmp_0  size: 204800
I0909 13:16:37.900076 152645056 memory_optimize_pass.cc:199] Cluster name : student_ctc_head_2.tmp_1  size: 662500
I0909 13:16:37.900082 152645056 memory_optimize_pass.cc:199] Cluster name : softmax_0.tmp_0  size: 662500
--- Running analysis [ir_graph_to_program_pass]
I0909 13:16:37.955715 152645056 analysis_predictor.cc:636] ======= optimize end =======
I0909 13:16:37.955866 152645056 naive_executor.cc:98] ---  skip [feed], feed -> x
I0909 13:16:37.959389 152645056 naive_executor.cc:98] ---  skip [student_ctc_head_2.tmp_1], fetch -> fetch
Bottle v0.12.19 server starting up (using WSGIRefServer())...
Listening on http://0.0.0.0:8080/
Hit Ctrl-C to quit.
```

图 4-20 服务成功启动后的日志

然后通过 Postman 工具进行测试，首先准备一张图像，比如图 4-21，作为测试图片。

图 4-21 OCR 模型测试图像

通过将图像转换为 Base64 编码，并以 POST 方法请求刚刚启动的 Web 服务。可以看到 PaddleOCR 的执行结果如图 4-22 所示。

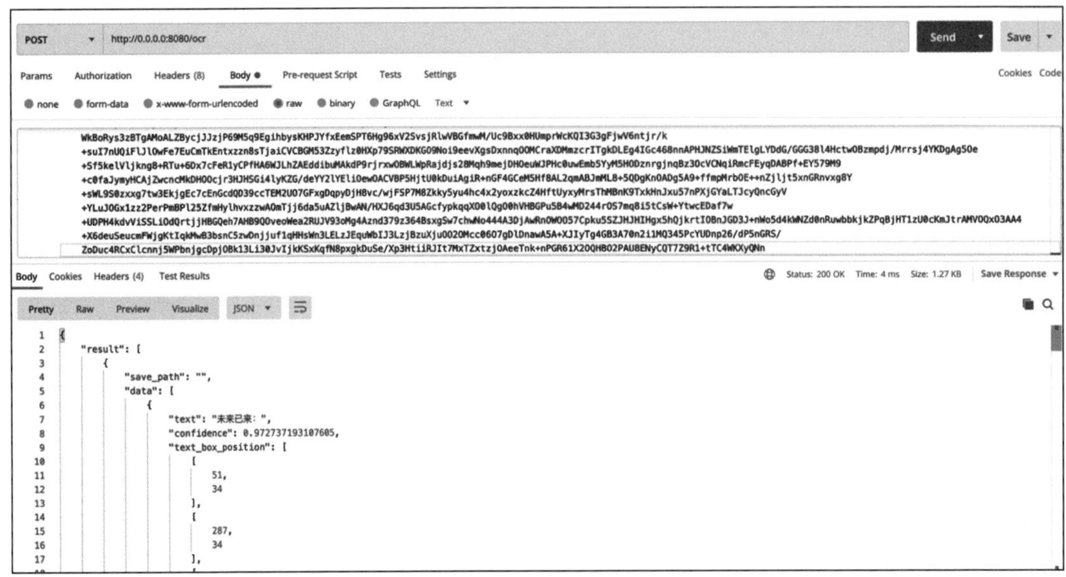

图 4-22 OCR 模型测试执行结果

2. 部署到 Serverless 架构

由于项目所依赖的库众多，且体积相对来说比较大，我们很难直接通过原生项目简单地部署，所以为了降低项目的部署难度，会通过 Serverless Devs 开发者工具，将项目打包成镜像，并通过镜像模式部署到 Serverless 架构。在开始部署之前，我们需要准备好 Dockerfile 文件以及符合 Serverless Devs 开发规范的资源描述文件。

参考 PaddleOCR 项目，可以对 Dockerfile 文件进行简单的定义和编写：

```
FROM python:3.7-slim
RUN apt update && apt install gcc libglib2.0-dev libgl1-mesa-glx libsm6 libxrender1
    -y && pip install paddlepaddle bottle scikit-build paddleocr
# Create app directory
WORKDIR /usr/src/app
# Bundle app source
COPY . .
```

接下来需要对部署项目进行预期的描述，即确定项目的地区、服务配置、函数配置、触发器配置以及自定义域名配置等：

```
edition: 1.0.0
name: paddle-ocr
access: default

services:
    paddle-ocr:
        component: fc
        props:
            region: cn-shanghai
            service:
                name: paddle-ocr
                description: paddle-ocr service
            function:
                name: paddle-ocr-function
                runtime: custom-container
                caPort: 8080
                codeUri: ./
                timeout: 60
                customContainerConfig:
                    image: 'registry.cn-shanghai.aliyuncs.com/custom-container/
                        paddle-ocr:0.0.1'
                    command: '["python"]'
                    args: '["index.py"]'
            triggers:
                - name: httpTrigger
                    type: http
                    config:
                        authType: anonymous
                        methods:
                            - GET
                            - POST
            customDomains:
                - domainName: auto
                    protocol: HTTP
                    routeConfigs:
                        - path: /*
```

完成相关准备工作之后，需要通过 Serverless Devs 开发者工具进行项目的构建，即将业务代码等打包成容器镜像（结果如图 4-23 所示）：

```
s build --use-docker
```

构建完成之后，可以通过 Serverless Devs 开发者工具直接进行部署：

```
s deploy --use-local -y
```

部署完成后，日志如图 4-24 所示。可以看到，系统返回测试地址。

此时，可以通过该测试地址进行测试，同样得到了预期效果，如图 4-25 所示。

```
Sending build context to Docker daemon  5.632kB
Step 1/4 : FROM python:3.7-slim
 ---> 959d1a6868be
Step 2/4 : RUN apt update && apt install gcc -y && pip install paddlepaddle bottle scikit-build paddleocr
 ---> Using cache
 ---> b9e5ebab6ee1
Step 3/4 : WORKDIR /usr/src/app
 ---> Using cache
 ---> 1d2f6ebed41a
Step 4/4 : COPY . .
 ---> bd8f1acd9784
Successfully built bd8f1acd9784
Successfully tagged registry.cn-shanghai.aliyuncs.com/custom-container/paddle-ocr:0.0.1
Build image(registry.cn-shanghai.aliyuncs.com/custom-container/paddle-ocr:0.0.1) successfully
[2021-09-09T13:28:07.339] [INFO ] [FC-BUILD] - Build artifact successfully.

Tips for next step
======================
* Invoke Event Function: s local invoke
* Invoke Http Function: s local start
* Deploy Resources: s deploy
End of method: build
```

图 4-23　镜像构建日志

```
paddle-ocr:
  region: cn-shanghai
  service:
    name: paddle-ocr
  function:
    name: paddle-ocr-function
    runtime: custom-container
    handler: not-used
    memorySize: 1024
    timeout: 60
  url:
    system_url: >-
      https://1583208943291465.cn-shanghai.fc.aliyuncs.com/2016-08-15/proxy/paddle-ocr/paddle-ocr-function/
    custom_domain:
      - domain: >-
          http://paddle-ocr-function.paddle-ocr.1583208943291465.cn-shanghai.fc.devsapp.net
  triggers:
    - type: http
      name: httpTrigger
```

图 4-24　部署完成后的日志

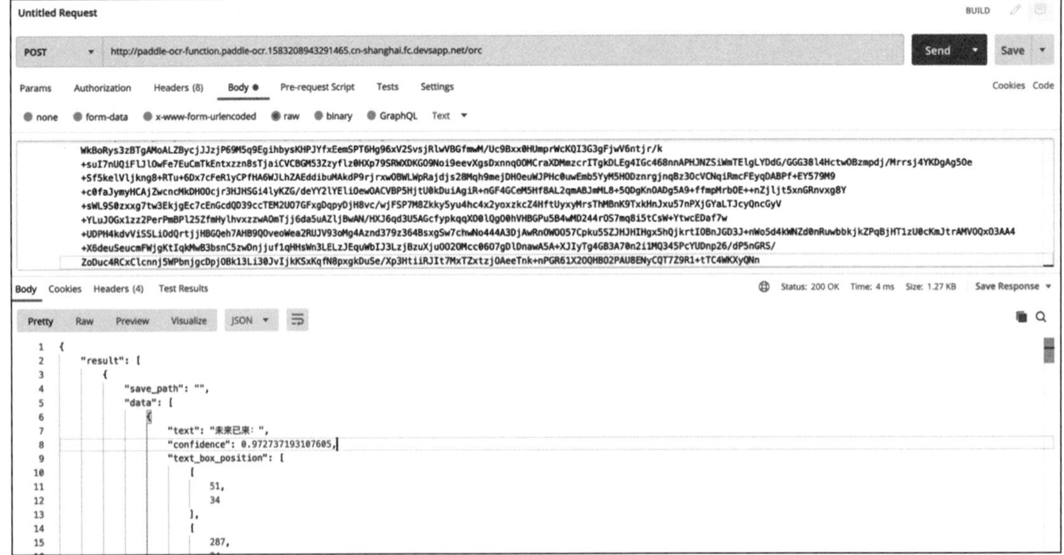

图 4-25　项目测试结果

3. 项目优化

通过对部署在 Serverless 架构上的项目进行请求，我们可以看到冷启动和热启动的时间消耗，如图 4-26 所示。

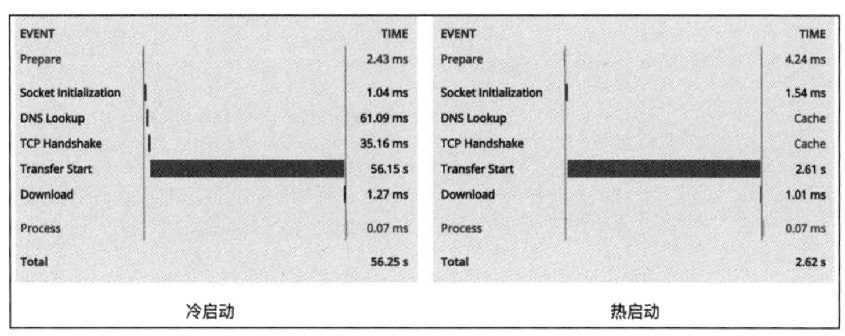

图 4-26　冷启动和热启动的时间消耗

通过冷启动与热启动的对比可以发现，在热启动时，整个系统的性能是相对高的。但是遇到冷启动时整个系统的响应时长是不可控的，此时可以考虑以下途径进行优化。

- 缩减容器镜像的体积，减少不必要的依赖、文件等，清理安装依赖时留下的缓存等，因为函数计算的冷启动时间包括镜像拉取时间。
- 部分流程优化，例如 PaddleOCR 项目中明确说明：" PaddleOCR 会自动下载 ppocr 轻量级模型作为默认模型"，这就意味着该项目在 Serverless 架构的冷启动相比热启动还增加了一个模型下载和解压的流程。这一部分在必要时可以拉入容器镜像，进而减少冷启动带来的影响。
- 开启镜像加速，可以有效降低容器镜像冷启动带来的影响。阿里云函数计算官方文档中有相关镜像加速的性能测试描述："开启函数计算的镜像加速后，可提速 2～5 倍，将分钟级的镜像拉取缩短至秒级"。
- 实例预留，可以最大限度降低冷启动率。通过实例预留，我们可以利用多种算法（策略）进行实例的预热和预启动，最大限度降低 Serverless 架构冷启动带来的影响。

上述项目优化点更多是在对抗冷启动，降低冷启动给项目带来的影响。而在真实的生产过程中，除上述优化方法外，我们还可以考虑将项目部署在 Serverless 架构的 GPU 实例上，以获得更高的预测性能。

Chapter 5 第 5 章

Serverless 架构下的 AI 项目实战

Serverless 架构下的 AI 项目实战主要分两部分：第一部分是在 Serverless 架构下进行 AI 应用开发部署需要注意的事项，包括冷启动优化方案、模型加载方案、GPU 实例 / 性能实例使用方案、成本优化方案等；第二部分则是通过模型升级、人脸识别以及文本情感分析案例，进行 Serverless 架构与 AI 应用实战，帮助读者快速将 AI 应用部署到 Serverless 架构。

5.1 Serverless 架构下的 AI 应用

近年来，Serverless 架构逐渐被更多的开发者所认识、接受，逐渐被应用到了更多领域，其中包括如今非常热门的机器学习领域。

与其他领域不同的是，在 Serverless 架构上进行人工智能相关项目的应用实践具有极大的特殊性。

- 人工智能领域的模型体积普遍较大，一般情况下模型加载需要比较长的时间，这就导致在 Serverless 架构上，机器学习项目的冷启动问题更为严重。
- 目前来看，普遍的 Serverless 架构或者说大部分公有云 FaaS 产品很少支持 GPU 实例（阿里云函数计算也是在 2021 年的云栖大会才发布相关的能力支持），这给在 Serverless 架构上部署人工智能项目造成不小阻碍。
- 人工智能项目通常会有比较多的依赖，而这些依赖等相关内容所占用的空间相对来说比较大。就目前来看，各个公有云 FaaS 产品所支持的代码包大小通常为 50MB～200MB，实例内所拥有的整体空间大小为 500MB，这就导致如果想要将一个稍具规模的人工智能项目部署到线上，就需要 NAS 等额外的产品进行配合，在一定程度上大大增加了项目的部署难度、调试难度等。

- 由于 Serverless 架构通常是无状态的，所以在 Serverless 架构上进行 AI 模型的更新迭代相比传统的云主机架构要复杂，更困难。

综上所述，若想在 Serverless 架构上更好地进行机器学习相关项目的实践，就需要从开发、部署、冷启动优化以及 GPU 实例的融入等多个维度进行研究与探索。

5.1.1 项目的开发与部署

在基于 Serverless 架构进行机器学习项目实战时，最基础的就是项目开发和部署阶段的相关工作，其中包括以下几个重要内容。

- 业务逻辑与模型拆离：由于机器学习算法通常需要比较多的资源，包括 GPU 资源、内存资源等，所以我们在 Serverless 架构上部署机器学习项目时，为了保证性能与成本的平衡，会将业务逻辑与模型的训练和推理部分分别部署。这可能会增加一个或多个函数，但可进一步实现降本提效。
- 模型加载与实例复用：由于 Serverless 架构是无状态的，因此每次请求时相对应的方法会被重复调用。这就导致方法内的模型加载逻辑会在每次请求时被触发，严重影响业务的整体性能。我们可以利用实例复用特性，在初始化实例时进行相关模型加载，以最大限度地降低模型频繁加载带来的性能瓶颈。
- 模型对象的释放与清理：尽管 Serverless 架构是无状态的，但是这并不等于前后两次执行毫无关联。在实例复用的前提下，前一次执行极有可能对后一次执行产生影响，尤其在人工智能项目中，某些对象、缓存资源复用时往往会受到前一次的干扰，进而影响本次推理的效果，所以某些对象或资源在使用过后需要被释放或清理。
- 开发者工具加持机器学习项目：由于在 Serverless 架构下，云厂商所提供的实例环境与开发者的开发环境往往存在着较大差异，很多项目在本地进行开发、调试并部署到 Serverless 架构后无法找到对应的依赖或者安装包等。这种情况在 Python 项目中，尤其是涉及科学计算、机器学习等相关领域时，极为常见。所以与 Serverless 开发者工具的紧密结合，对机器学习项目的开发和部署有巨大帮助。

5.1.2 冷启动优化

即使不针对机器学习项目，不针对人工智能领域，Serverless 架构下的冷启动问题依旧是值得关注和亟待解决的。这不仅需要云厂商侧的努力，还需要开发者侧的优化。

- 减小交付物的体积：在 Serverless 架构的整个冷启动过程中，代码包的拉取、解压等流程相对来说是不可控的部分，因为代码包和容器镜像的体积决定了代码包拉取的效率，而压缩包中的文件数量，则可能决定冷启动效率。所以，如何尽可能地减小代码包的大小，进一步提升性能就成为非常重要的事情，其中包括减少非必要依赖的引用，引入相对轻量化的打包工具等。
- 实例复用与单实例多并发：从实例角度出发，实例的复用以及处理好部分资源的初始化逻辑，在一定程度上可以有效地降低冷启动带来的影响；同时通过部分厂商提供的单实例多并发能力，在一定程度上可以有效地降低频繁加载模型而带来的冷启动影响。
- 预留实例与性能提升：即使从复用、单实例多并发以及减小代码包角度出发，开发者可以进行冷启动的优化，但是并不能真正消除冷启动。尤其在突然高并发条件下，冷启动带来的危害显而易见。云厂商提供的预留实例功能，在一定程度上可以降低冷启动带来的危害。
- 加载代码与挂载资源：很多时候，机器学习项目所需要依赖的资源非常多，所需要的模型文件也比较大，所以通过挂载硬盘等方式进行模型文件的加载、依赖的引入比单纯通过压缩包的下载、解压及装载效果好。但是，依赖与模型等文件通过硬盘挂载等手段引入项目在一定程度上会让项目丧失一些特性，例如版本控制与灰度等能力。

5.1.3 训练与推理性能优化

在 Serverless 架构上的机器学习项目包括两类：一类是在 Serverless 架构上进行机器学习项目的训练，另一类是在 Serverless 架构上进行机器学习项目的推理。无论训练还是推理，其所需要的资源相对来说是比较多的。此时，我们需要根据云厂商的实际情况进行资源选型。

- 在具备 GPU 资源的前提下，可以优先选择 Serverless 的 GPU 实例，通过 GPU 实例进行项目的训练和推理都是相对科学与常见的。
- 在不具备 GPU 资源的前提下，可以通过 CPU 模式进行项目的训练和推理，此时可以考虑选择性能实例进行相关的业务逻辑实现，以尽可能地保证整体性能和效率。
- 在函数计算平台不具备 GPU 资源与性能实例的前提下，可以通过其他 Serverless 化的服务进行相关的训练和推理，而不需要过于固执地依赖函数计算平台实现相对应的业务逻辑。

5.1.4　模型更新迭代方案

在 Serverless 架构上进行机器学习项目的部署和应用时，我们会遇到模型的更新迭代，需完成以下两个层面的操作。

1）手动更新迭代：当训练集有了比较大的完善和改进，反馈机制有了比较大规模的反馈后，手动对模型文件进行更新，并通过开发者工具将模型手动部署到对象存储或者挂载硬盘中，以便后续使用。

2）自动更新迭代：当训练集的规模增加或变更且反馈机制反馈多次之后，系统将会触发某些函数进行模型的更新迭代。此时值得注意的是：

- 如果触发模型更新迭代的阈值比较容易达到，可能会瞬时触发多个实例进行模型的更新迭代，极有可能造成模型时序错误。此时，我们可以考虑对模型更新迭代的函数资源进行使用量的配置，例如单个时间段内，实例的上限数量为 1，超过限制的部分需要按照时序排队等待等。
- 模型文件更新迭代时需要消除对模型读取和加载的影响。由于 Serverless 架构是无状态的，所以极有可能在模型文件更新迭代的过程中出现较为大规模的模型加载，这样极有可能出现模型文件系统错乱以及模型加载失败等问题。此时，我们可以借助一些云产品，例如对象存储等实现相对应的模型文件更新迭代。

尽管 Serverless 架构如今已经被应用到很多行业和领域，但是在人工智能领域，尤其是机器学习、深度学习领域，Serverless 架构由于其天然分布式、无状态等特点，依旧面临着很大的挑战。在机器学习场景下，由于模型文件相对庞大，依赖的资源相对较多，Serverless 架构上的机器学习困难重重。但是随着时间的推移，从开发技术升级的角度来看，Serverless 架构也在不断完善，包括云厂商提供的预留实例、资源池化、实例复用服务，以及引入的 GPU 实例、性能实例等。若想 Serverless 架构上的机器学习项目有更好的应用效果，我们还需要从多个维度进行分析和优化。

5.2　模型升级在 Serverless 架构下的实现与应用

5.2.1　模型升级迭代需求背景介绍

众所周知，在人工智能领域，一些训练好的模型会随着时间推移不断优化，数据集也在不断迭代。例如某公司的人脸识别系统因为新员工的入职，老员工的离职要进行模型的升级迭代；又或者某分类模型在上线之初由于训练集不完善，识别率并不高，但是在实际使用过程中不断有用户进行问题反馈，进而不断对模型进行完善，提高模型最终的准确率。

本节以 Kaggle 平台非常著名的项目 Dogs vs. Cats 为例，在本地进行模型训练，并将预测模型部署到 Serverless 架构，通过用户反馈进行模型的升级。

如图 5-1 所示，整个基本流程为：开发者在本地进行猫狗识别模型的构建与训练，之后将预测功能、训练功能以及用户反馈功能部署到线上。

- 预测功能：通过用户上传的图片，根据当前模型进行二次分类判断，确定图片是猫还是狗。
- 训练功能：建模后对模型进行训练，但是线上训练有一定特殊性，会加载当前模型，并在当前模型的基础上进行模型的训练和完善。
- 用户反馈功能：用户可以针对模型的预测结果告知系统这个预测是否正确，例如用户上传了一只狗的照片，系统预测为猫，那么用户可以反馈为狗，同时该功能模块将图片与用户的反馈记录到系统中，参与下次训练。

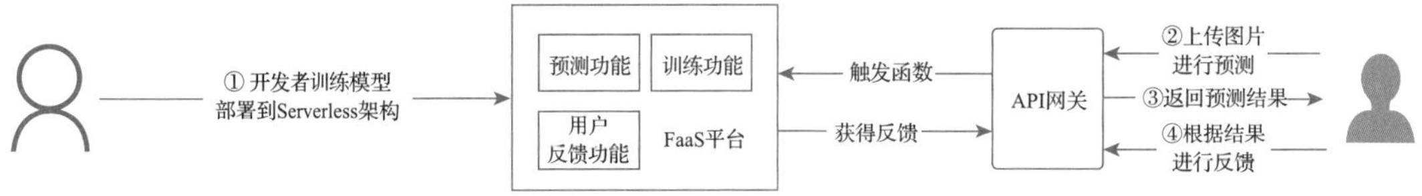

图 5-1 猫狗识别案例设计简图

5.2.2 猫狗识别项目训练

Kaggle 是由联合创始人、首席执行官安东尼·高德布卢姆（Anthony Goldbloom）于 2010 年在墨尔本创立的，为开发商和数据科学家提供了举办机器学习竞赛、托管数据库、编写和分享代码的平台。

如图 5-2 所示，多年前，Kaggle 平台上线了一个名为 Dogs vs. Cats 的比赛项目。时至今日，该项目成为人工智能学习过程中非常经典的案例之一。该项目使用的猫狗分类图像共 25000 张，猫、狗均有 12500 张。

如图 5-3 所示，可以发现猫狗的姿态不一，有的站着，有的眯着眼睛，有的和其他可识别物体比如桶、人混在一起。同时，图像尺寸也不一致。因此，数据预处理变得非常重要。

图 5-2　Kaggle 上的猫狗识别项目

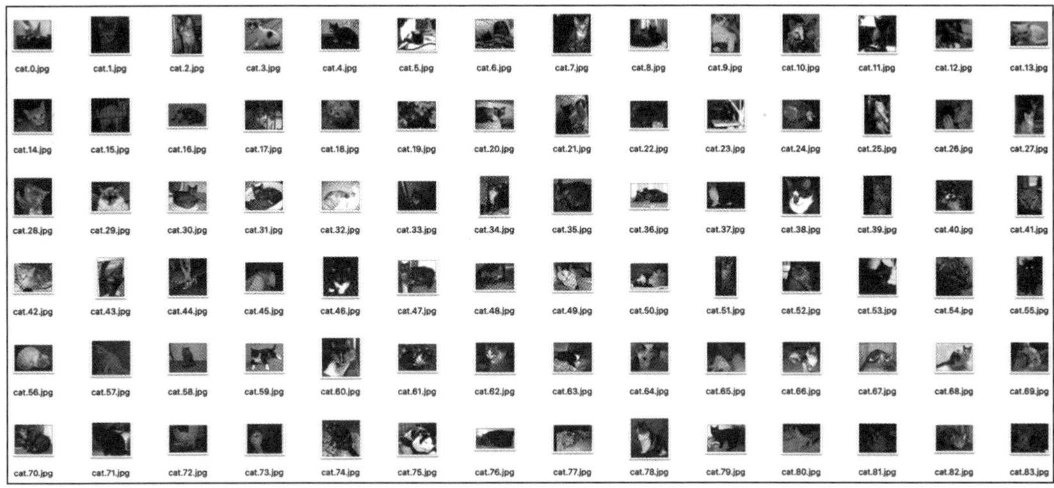

图 5-3　猫狗识别案例的数据集预览

1. 数据预处理

原数据的命名规则是“类别 . 编号 . 格式”，例如 cat.73.jpg。为了便于数据的后期处理，我们可以将猫与狗的图像进行归类：

```
import os
import shutil
import base

root_path = base.SOURCE_ROOT
train_path = base.SOURCE_ROOT + '/train'

def copyFile(srcfile, dstfile):
    if os.path.isfile(srcfile):
        path, name = os.path.split(dstfile)                        # 分离文件名和路径
        if not os.path.exists(path):
            os.makedirs(path)                                      # 创建路径
        shutil.copyfile(srcfile, dstfile)                          # 复制文件
        print("copy %s -> %s" % (srcfile, dstfile))
```

```
for root, dirs, files in os.walk(train_path, True, None, False): # 遍历目录
    for f in files:
        if os.path.isfile(os.path.join(root, f)):
            lable, label_id = os.path.splitext(f)[0].split('.')
            base_path = './strengthen' if int(label_id) > 5000 else './train'
            img_path = os.path.join(root, f)
            target_path = base_path + ("/cat" if lable == 'cat' else "/dog")
            if not os.path.exists(target_path):
                os.makedirs(target_path)                          # 创建路径
            copyFile(img_path, os.path.join(target_path, f))
```

由于猫和狗的图像数据均为 12500 份，而我们不仅要通过这些数据进行初始模型的训练，还要模拟测试后期进行模型的完善，所以在进行数据归类时，只把 id 小于 5000 的图像用于训练，id 大于 5000 的图像用于后期的模型完善，结果如图 5-4 所示。

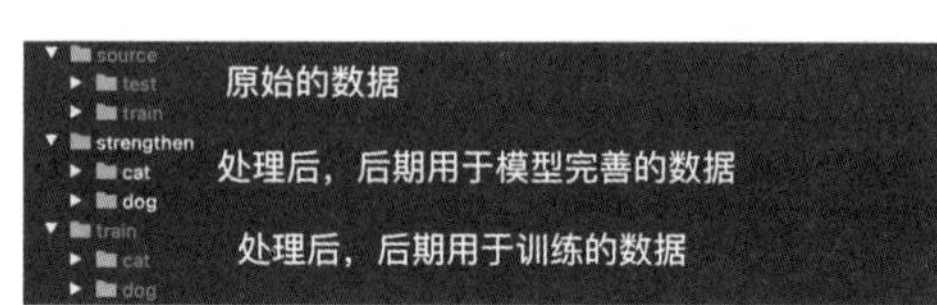

图 5-4　猫狗识别案例项目数据集目录结构

完成上述的简单归类之后，为了有效使用内存资源，我们使用 tfrecord 对图像进行存储：

```
_float_feature = lambda value: tf.train.Feature(float_list=tf.train.Float-
    List(value=[value] if not isinstance(value, list) else value))
_int_feature = lambda value: tf.train.Feature(int64_list=tf.train.Int64-
    List(value=[value] if not isinstance(value, list) else value))
_bytes_feature = lambda value: tf.train.Feature(bytes_list=tf.train.Bytes-
    List(value=[value] if not isinstance(value, list) else value))
getFolderName = lambda folder: sorted([x for x in os.listdir(folder) if os.path.isdir
    (os.path.join(folder, x))])
get_file_name = lambda folder: [x for x in map(lambda x: os.path.join(folder, x), os.listdir
    (folder)) if os.path.isfile(x)]

def convert2Tfrecord(mode, anno):
    assert mode in MODES, "Mode Error"
    filename = os.path.join(FLAGS.save_dir, mode + '.tfrecords')
    with tf.python_io.TFRecordWriter(filename) as writer:
        for fnm, cls in tqdm(anno):
            # 读取图像、转换
            img = transform.resize(color.rgb2gray(io.imread(fnm)), [224, 224])
            # 获取转换后的信息
            if 3 == img.ndim:
                rows, cols, depth = img.shape
            else:
                rows, cols = img.shape
                depth = 1
            example = tf.train.Example(
                features=tf.train.Features(
                    feature={
```

```
                    'image/height': _int_feature(rows),
                    'image/width': _int_feature(cols),
                    'image/depth': _int_feature(depth),
                    'image/class/label': _int_feature(cls),
                    'image/encoded': _bytes_feature(img.astype(np.float32).toby-
                        tes())
                }
            )
        )
        # 序列化并保存
        writer.write(example.SerializeToString())

def getAnnotations(directory, classes):
    files = []
    labels = []
    for ith, val in enumerate(classes):
        fi = get_file_name(os.path.join(directory, val))
        files.extend(fi)
        labels.extend([ith] * len(fi))
    assert len(files) == len(labels), "The number of pictures and labels varies"
    annotation = [x for x in zip(files, labels)]
    random.shuffle(annotation)
    return annotation

def main(_):
    annotation = getAnnotations(FLAGS.directory, getFolderName(FLAGS.directory))
    convert2Tfrecord(tf.estimator.ModeKeys.TRAIN, annotation[FLAGS.test_size:])
    convert2Tfrecord(tf.estimator.ModeKeys.EVAL, annotation[:FLAGS.test_size])
```

2. 模型构建

使用 tf.layer 进行模型构建，例如创建一个简单的 CNN 网络，首先声明结构：

```
def model(inputs, mode):
    net = tf.reshape(inputs, [-1, 224, 224, 1])
    net = tf.layers.conv2d(net, 32, [3, 3], padding='same', activation=tf.nn.relu)
    net = tf.layers.max_pooling2d(net, [2, 2], strides=2)
    net = tf.layers.conv2d(net, 32, [3, 3], padding='same', activation=tf.nn.relu)
    net = tf.layers.max_pooling2d(net, [2, 2], strides=2)
    net = tf.layers.conv2d(net, 64, [3, 3], padding='same', activation=tf.nn.relu)
    net = tf.layers.conv2d(net, 64, [3, 3], padding='same', activation=tf.nn.relu)
    net = tf.layers.max_pooling2d(net, [2, 2], strides=2)
    net = tf.reshape(net, [-1, 28 * 28 * 64])
    net = tf.layers.dense(net, 1024, activation=tf.nn.relu)
    net = tf.layers.dropout(net, 0.4, training=(mode == tf.estimator.ModeKeys.TRAIN))
    net = tf.layers.dense(net, FLAGS.classes)
    return net
```

然后对该网络进行操作，包括创建网络、创建 Loss 对象、获取训练准确度、可视化训练准确度等：

```
tf.summary.image('images', features)

    logits = model(features, mode)
    predictions = {
        'classes': tf.argmax(input=logits, axis=1),
        'probabilities': tf.nn.softmax(logits, name='softmax_tensor')
    }
    if mode == tf.estimator.ModeKeys.PREDICT:
        return tf.estimator.EstimatorSpec(mode=mode, predictions=predictions)
    loss = tf.losses.softmax_cross_entropy(onehot_labels=labels, logits=logits, scope=
        'loss')
    tf.summary.scalar('train_loss', loss)
    train_op = tf.train.AdamOptimizer(learning_rate=1e-3).minimize(loss, tf.train.
        get_or_create_global_step()) if mode == tf.estimator.ModeKeys.TRAIN else
        None
    accuracy = tf.metrics.accuracy(tf.argmax(labels, axis=1), predictions['classes'],
        name='accuracy')
    accuracy_topk  = tf.metrics.mean(tf.nn.in_top_k(predictions['probabilities'],
        tf.argmax(labels, axis=1), 2), name='accuracy_topk')
    tf.summary.scalar('train_accuracy', accuracy[1])
    tf.summary.scalar('train_accuracy_topk', accuracy_topk[1])
    return tf.estimator.EstimatorSpec(mode=mode,
                                      predictions=predictions,
                                      loss=loss,
                                      train_op=train_op,
                                      eval_metric_ops={'test_accuracy': accuracy,
                                          'test_accuracy_topk': accuracy_topk})
```

3. 模型训练

模型训练时，需要给定训练退出条件。在该模型中的训练退出条件是模型在之后连续 5 次训练没有准确率的提升，则认为该模型已经达到最优。当然在实际生产过程中，不同情况可能需要不同的模型训练退出条件，例如除了本次试验的训练退出条件之外，常见的退出条件还有如下几种。

- 模型训练指定的次数。
- 模型训练的准确度超过某预期数据。

```
# 创建状态
step = 0
status = 5
max_accuracy = 0
while status:
    step = step + 1
    model.train(input_fn=lambda: inputFn(tf.estimator.ModeKeys.TRAIN, FLAGS.
```

```
        batch_size), steps=FLAGS.steps)
    eval_results = model.evaluate(input_fn=lambda: inputFn(tf.estimator.ModeKeys.
        EVAL))
    status = status - 1
    if eval_results['test_accuracy'] > max_accuracy:
        status = 5
        max_accuracy = eval_results['test_accuracy']

    print("-" * 10, step, "-" * 10)
    print("max_accuracy: ", max_accuracy)
    print("status_count: ", status)
    print("-" * 23)
```

通过训练，可以看到结果如图 5-5 所示。

```
I0912 17:40:56.264416 4485635584 monitored_session.py:247] Graph was finalized.
INFO:tensorflow:Restoring parameters from ./model/model.ckpt-7000
I0912 17:40:56.264642 4485635584 saver.py:1298] Restoring parameters from ./model/model.ckpt-7000
INFO:tensorflow:Running local_init_op.
I0912 17:40:56.356843 4485635584 session_manager.py:531] Running local_init_op.
INFO:tensorflow:Done running local_init_op.
I0912 17:40:56.365939 4485635584 session_manager.py:534] Done running local_init_op.
INFO:tensorflow:Inference Time : 8.00299s
I0912 17:41:04.226177 4485635584 evaluation.py:273] Inference Time : 8.00299s
INFO:tensorflow:Finished evaluation at 2021-09-12-17:41:04
I0912 17:41:04.226330 4485635584 evaluation.py:275] Finished evaluation at 2021-09-12-17:41:04
INFO:tensorflow:Saving dict for global step 7000: global_step = 7000, loss = 1.0069036, test_accuracy = 0.70285714, test_accuracy_topk = 1.0
I0912 17:41:04.226433 4485635584 estimator.py:2073] Saving dict for global step 7000: global_step = 7000, loss = 1.0069036, test_accuracy = 0.70285714, test_accuracy_topk = 1.0
INFO:tensorflow:Saving 'checkpoint_path' summary for global step 7000: ./model/model.ckpt-7000
I0912 17:41:04.226720 4485635584 estimator.py:2133] Saving 'checkpoint_path' summary for global step 7000: ./model/model.ckpt-7000
---------- 7 ----------
max_accuracy:  0.7542857
status_count:  0
-----------------------
```

图 5-5　本地模型训练结果

从图 5-5 可以看到，模型在训练 7 轮后停止，且在第 2 轮时，准确度达到了一个短期内的最优值。

我们通过 TensorBoard 可以看到训练过程中的一些图像的信息，如图 5-6 所示。

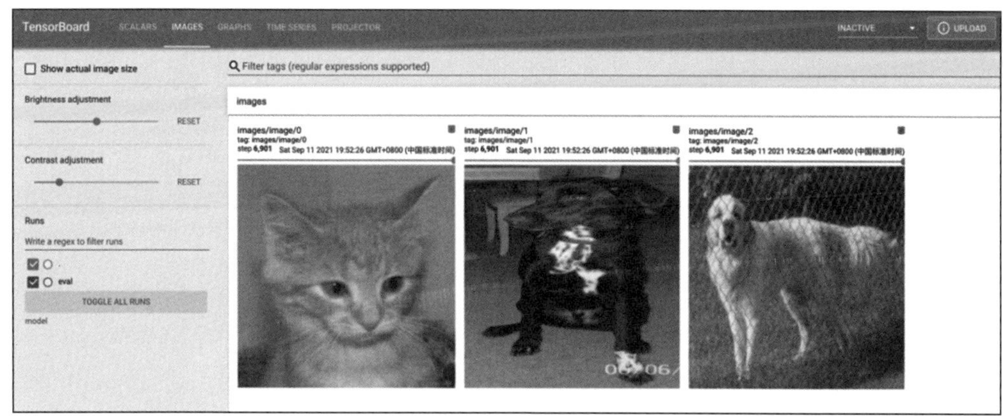

图 5-6　训练过程中 TensorBoard 的输出示意图

同时也可以看到 Loss 值、准确度等一些数据的可视化图形（折线图），例如准确度变化，如图 5-7 所示。

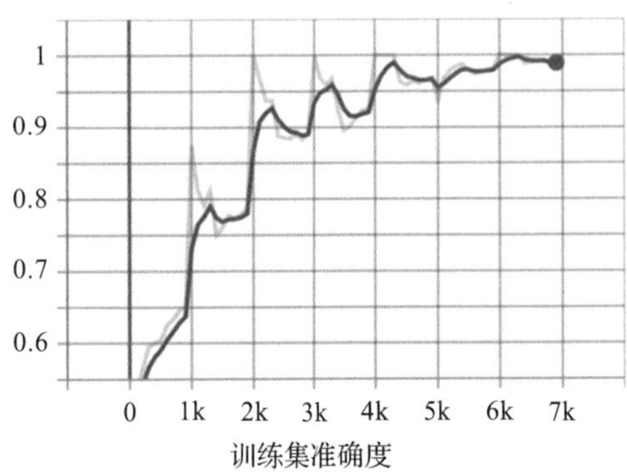

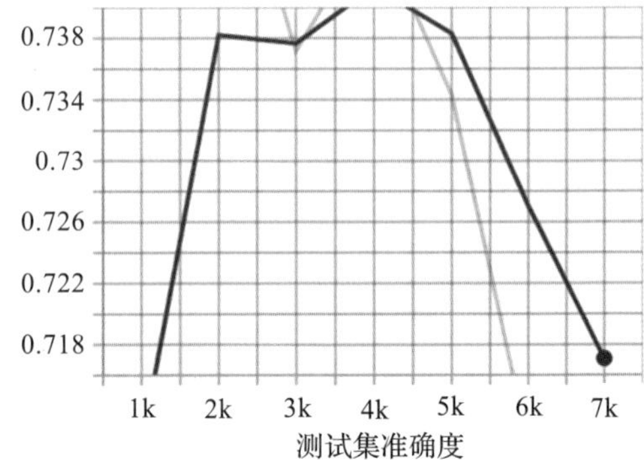

图 5-7　准确度随训练次数变化关系

整个模型的结构如图 5-8 所示。

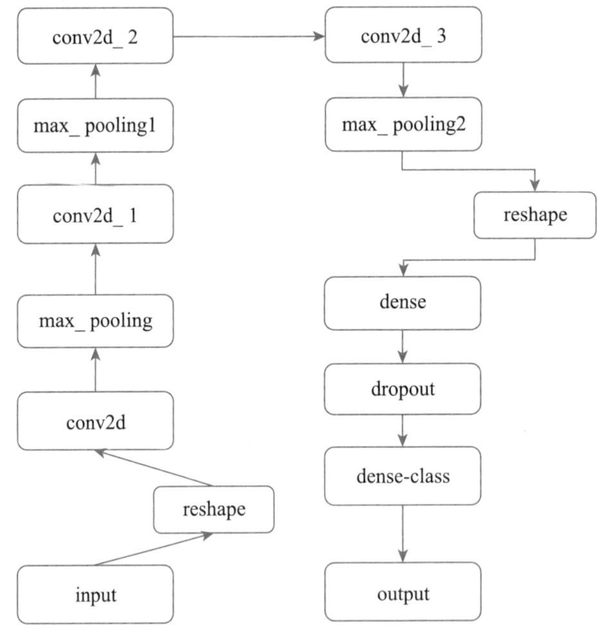

图 5-8　整个模型的结构

4. 模型测试

通过 predict() 方法进行预测功能的编写：

```
from __future__ import absolute_import
```

```
from __future__ import division
from __future__ import print_function
import os
import tensorflow.compat.v1 as tf
import train
from skimage import io, transform, color
import base

mode = tf.estimator.ModeKeys.PREDICT
_NUM_CLASSES = 2
image_size = [224, 224]
model_dir = base.MODEL_DIR
os.environ['TF_ENABLE_WINOGRAD_NONFUSED'] = '1'
model = tf.estimator.Estimator(model_fn=train.modelFn, model_dir=model_dir)

def predictInputFn(image_path):
    image = transform.resize(color.rgb2gray(io.imread(image_path)), [224, 224]) - 0.5
    images = tf.image.convert_image_dtype(image, dtype=tf.float32)
    dataset = tf.data.Dataset.from_tensors((images,))
    return dataset.batch(1).make_one_shot_iterator().get_next(), None

def predict(image_path):
    for r in model.predict(input_fn=lambda: predictInputFn(image_path)):
        return {"dog": r['probabilities'][1], "cat": r['probabilities'][0]}

if __name__ == '__main__':
    image_files = base.TEST_PIC
    print(predict(image_files))
```

完成之后，可以随机选择一张图像进行预测，如图 5-9 所示。

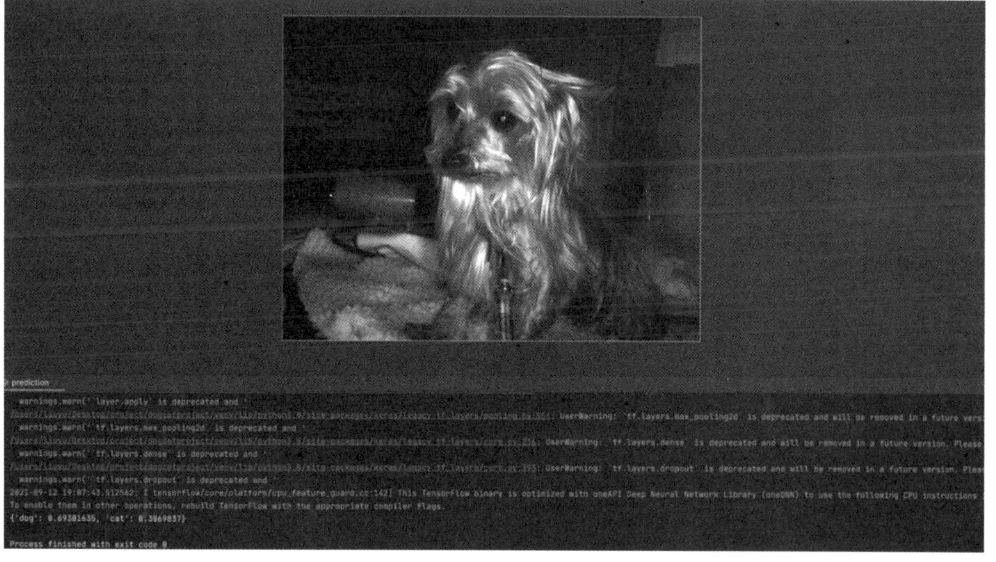

图 5-9　本地测试效果

可以看到得到的结果是：{'dog': 0.69301635, 'cat': 0.3069837}，即该图像有极大的概率是狗。

5.2.3 将模型部署到 Serverless 架构

将模型部署到 Serverless 架构涉及几个部分。

- 训练函数：该函数主要用于完成因模型迭代而所必需的训练，由对象存储触发器触发。
- 预测函数：该函数主要用于对用户上传的图像进行预测，由 HTTP 触发器触发。
- 用户反馈函数：该函数主要用于将用户反馈的数据上传到对象存储，核心功能是数据持久化。相对来说，这部分并不需要过多的计算资源，为了保证项目的整体成本，这一部分可以拆出。

由于训练函数和预测函数需要 TensorFlow 等较为复杂的依赖，所以此处为了简化流程，采用镜像部署方法，将应用构建成镜像并部署到 Serverless 架构。另外，这两部分可能涉及较多的计算资源，所以这里采用性能实例或 GPU 实例。（现在阶段，在 Serverless 架构中，GPU 实例并没有得到普及，所以在某些情况下也可以采用 CPU 版本的 TensorFlow 等。）

另外，由于该模型存在更新迭代，而函数本身不能进行“自更新”，所以更新迭代后的模型文件等就需要有额外的存储模块进行存储。此时，我们可以考虑图 5-10 所示的解决方案，即通过额外的硬盘挂载方式。

图 5-10 模型更新迭代方案简图

1. 传统项目改造

由于训练函数和预测函数是通过容器镜像部署的，所以在一定程度上并不需要太多的改造，只需要将原有的执行函数与一些 Web 框架进行结合即可。以预测函数为例，我们可以将其与 Bottle 框架进行结合：

```
@bottle.route('/predict', method='POST')
def http_invoke():
    if not os.path.exists('./temp/'):
        os.makedirs('./temp/')  # 创建路径
    filePath = './temp/' + (''.join(random.sample('zyxwvutsrqponmlkjihgfedcba', 5)))
    with open(filePath, 'wb') as f:
```

```
        f.write(base64.b64decode(bottle.request.body.read().decode("utf-8").split
            (',')[1]))
    return {'result': predict(filePath)}

if __name__ == '__main__':
    if os.environ.get("release", None):
        bottle.run(host='0.0.0.0', port=8080)
    else:
        image_files = base.TEST_PIC
        print(predict(image_files))
```

此时由于本地没有设置 release 环境变量，将会执行：

```
image_files = base.TEST_PIC
print(predict(image_files))
```

如果在 Serverless 架构下执行，可以增加环境变量：

```
release: true
```

此时将执行：

```
bottle.run(host='0.0.0.0', port=8080)
```

与此同时，我们还需要对 train.py 等进行同样的改造。尽管训练函数将会通过对象存储触发器触发，但是根据阿里云函数计算的文档可以看到：对于 Custom Container Runtime，可以根据 Headers 中的 x-fc-control-path 来判断是 HTTP 函数调用还是事件函数调用。

- /invoke：该请求为事件函数调用，表示是 Invoke 函数调用请求。
- /http-invoke：该请求为 HTTP 函数调用，表示是一个 HTTP Invoke 函数调用请求。函数计算会将请求（包括 Method、Path、Body、Query 及 Headers）加上 Common Headers 后转发给 Custom Container Runtime，Custom Container Runtime 返回的响应头和响应体则会被返回给客户端。

训练函数也可以与 Bottle 框架结合：

```
# 函数计算事件触发
@bottle.route('/invoke', method='POST')
def event_invoke():
    getKeys = lambda tempPrefix: [obj.key for obj in oss2.ObjectIteratorV2(bucket,
        prefix=prefix + tempPrefix)]
    cats_keys = getKeys('cats')
    dogs_keys = getKeys('dogs')
    if len(cats_keys) > threshold and len(dogs_keys) > threshold:
        for category in [cats_keys[0:999], dogs_keys[0:999]]:
            for key in category:
                bucket.get_object_to_file(key, base.TRAIN_PATH + key.replace(prefix,
```

```
                    ''))
                bucket.delete_object(key)
    tf.app.run()
    shutil.rmtree(base.TRAIN_PATH)

if __name__ == '__main__':
    if os.environ.get("release", None):
        bottle.run(host='0.0.0.0', port=8080)
    else:
        tf.app.run()
```

除此之外，还需要实现用户反馈函数：

```
import bottle
import random
import base64
import json
import oss2

bucket_name = 'serverless-cats-vs-dogs'
auth = oss2.Auth('用户的密钥信息', '用户的密钥信息')
bucket = oss2.Bucket(auth, 'http://oss-cn-hangzhou.aliyuncs.com', bucket_name)

# 函数计算事件触发
@bottle.route('/callback', method='POST')
def http_invoke():
    temp_json = json.loads(bottle.request.body.read().decode("utf-8"))
    temp_token = ''.join(random.sample('zyxwvutsrqponmlkjihgfedcba', 5))
    filePath = '/tmp/' + temp_token
    with open(filePath, 'wb') as f:
        f.write(base64.b64decode(temp_json['picture'].split(',')[1]))
    bucket.put_object_from_file('callback/' + temp_json['target'] + '/' + temp_
        token,  filePath)
    return {'result': True}

app = bottle.default_app()

if __name__ == '__main__':
    bottle.run(host='0.0.0.0', port=8080)
```

2. 部署到 Serverless 架构

当完成项目的基本改造之后，我们可以进行相关配置资源的编写。

1）Dockerfile 的编写：

```
FROM python:3.7-slim

WORKDIR /usr/src/app
```

```
COPY ./model_fc/base.py .
COPY ./model_fc/prediction.py .
COPY ./model_fc/train.py .

RUN pip install tensorflow bottle numpy oss2 scikit-image tqdm -i https://pypi.
    tuna.tsinghua.edu.cn/simple/
```

2）s.yaml 资源描述文档的配置主要包括两个部分。

- 全局变量的配置：

```
vars:
    region: cn-shanghai
    service:
        name: cats-vs-dogs-project
        description: cats vs dogs project
        nas: auto
        vpc: auto
        log: auto
    image: 'registry.cn-shanghai.aliyuncs.com/custom-container/cats-vs-dogs:0.0.1'
    httpTriggers:
        - name: httpTrigger
          type: http
          config:
              authType: anonymous
              methods:
                  - GET
                  - POST
    customDomains:
        - domainName: auto
          protocol: HTTP
          routeConfigs:
              - path: /*
    environmentVariables:
        release: true
```

- 函数详情的配置：

```
train:
    component: fc
    props:
        region: ${vars.region}
        service: ${vars.service}
        function:
            name: tarin
            runtime: custom-container
            memorySize: 32768
            caPort: 8080
            timeout: 7200
            instanceType: c1
```

```
            customContainerConfig:
                image: ${vars.image}
                command: '["python"]'
                args: '["train.py"]'
            environmentVariables: {vars.environmentVariables}
        triggers:
            - name: ossTrigger
                type: oss
                config:
                    bucketName: serverless-cats-vs-dogs
                    events:
                        - oss:ObjectCreated:*
                    filter:
                        Key:
                            Prefix: 'callback'
predict:
    component: fc
    props:
        region: ${vars.region}
        service: ${vars.service}
        function:
            name: predict
            runtime: custom-container
            memorySize: 2048
            caPort: 8080
            timeout: 60
            customContainerConfig:
                image: ${vars.image}
                command: '["python"]'
                args: '["prediction.py"]'
            environmentVariables: {vars.environmentVariables}
        triggers:  {vars.httpTriggers}
        customDomains: {vars.customDomains}
callback:
    component: fc
    props:
        region: ${vars.region}
        service: ${vars.service}
        function:
            name: callback
            runtime: python3
            memorySize: 256
            codeUri: ./callback_fc
            timeout: 60
            handler: callback.app
            environmentVariables: {vars.environmentVariables}
        triggers: {vars.httpTriggers}
        customDomains: {vars.customDomains}
```

完成相关配置的描述之后，我们可以通过 Serverless Devs 开发者工具进行项目的构建以及部署。

- 通过 build 方法进行构建，例如构建 train 函数时可以用 s train build --use-docker（见图 5-11）。

```
=> [1/7] FROM docker.io/library/python:3.7-slim@sha256:ebc447a481b94b3afe2587ccdcc0120c3175fcfeb89ee33461a562b41310d403    0.0s
=> [internal] load build context                                                                                          0.0s
=> => transferring context: 19.99kB                                                                                       0.0s
=> CACHED [2/7] WORKDIR /usr/src/app                                                                                      0.0s
=> [3/7] COPY ./model_fc/model ./model                                                                                    1.4s
=> [4/7] COPY ./model_fc/base.py .                                                                                        0.0s
=> [5/7] COPY ./model_fc/prediction.py .                                                                                  0.0s
=> [6/7] COPY ./model_fc/train.py .                                                                                       0.0s
=> [7/7] RUN pip install tensorflow bottle numpy oss2 scikit-image tqdm -i https://pypi.tuna.tsinghua.edu.cn/simple/     189.0s
=> exporting to image                                                                                                    12.9s
=> => exporting layers                                                                                                   12.9s
=> => writing image sha256:20eb26b9f88ffda4ba319f6f5f0ee90aaec71c26b8c1ad9904539ac4080a6d6d                               0.0s
=> => naming to registry.cn-shanghai.aliyuncs.com/custom-container/cats-vs-dogs:0.0.1                                     0.0s

Use 'docker scan' to run Snyk tests against images to find vulnerabilities and learn how to fix them
Build image(registry.cn-shanghai.aliyuncs.com/custom-container/cats-vs-dogs:0.0.1) successfully
[2021-09-12T23:54:10.789] [INFO ] [FC-BUILD] - Build artifact successfully.

Tips for next step
======================
* Invoke Event Function: s local invoke
* Invoke Http Function: s local start
* Deploy Resources: s deploy
End of method: build
```

图 5-11　项目构建示意图

- 构建完成之后，可以通过 deploy 方法进行部署，例如通过 s train deploy 部署 train 函数，通过 s deploy 可以同时部署所需要的 3 个函数（见图 5-12）。

```
    url:
      system_url: >-
        https://1583208943291465.cn-shanghai.fc.aliyuncs.com/2016-08-15/proxy/cats-vs-dogs-project/predict/
      custom_domain:
        - domain: >-
            http://predict.cats-vs-dogs-project.1583208943291465.cn-shanghai.fc.devsapp.net
    triggers:
      - type: http
        name: httpTrigger
  callback:
    region: cn-shanghai
    service:
      name: cats-vs-dogs-project
    function:
```

图 5-12　项目部署成功示意图

- 部署完成之后，可以将模型文件上传到 NAS，以便加载和使用，例如：

```
s nas upload -r -n ./fc_model/model /mnt/auto/model
```

3. 项目测试

以 predict 函数为例进行预测，此时可以选择一张图像，并将其转换为 Base64 编码，如图 5-13 所示。

通过系统返回的地址以及 Postman 工具进行测试，如图 5-14 所示。

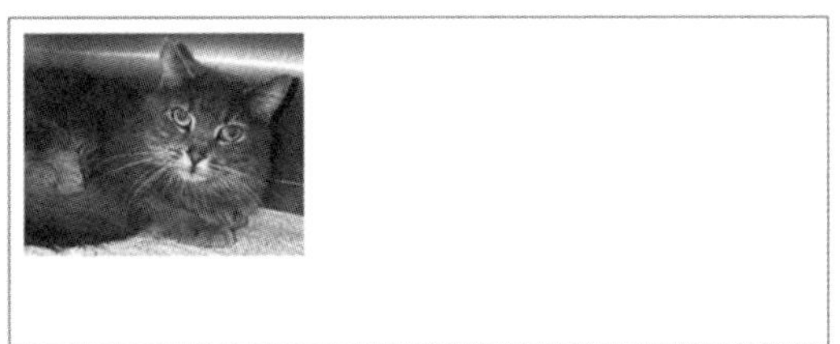

data:image/jpg;base64,/9j/4AAQSkZJRgABAQAAAQABAAD/2wBDAAoHBwgHBgoICAg
LCgoLDhgQDg0NDh0VFhEYIx8lJCIfIiEmKzcvJik0KSEiMEExNDk7Pj4+JS5ESUM8SDc9Pj
v/2wBDAQoLCw4NDhwQEBw7KCIoOzs7Ozs7Ozs7Ozs7Ozs7Ozs7Ozs7Ozs7Ozs7Ozs7Ozs7Oz
s7Ozs7Ozs7Ozs7Ozs7Ozs7Ozv/wAARCACUAMADASIAAhEBAxEB/8QAHwAAAQUBAQE
BAQEAAAAAAAAAAAECAwQFBgcICQoL/8QAtRAAAgEDAwIEAwUFBAQAAAF9AQIDAAQ
RBRIhMUEGE1FhByJxFDKBkaEII0KxwRVS0fAkM2JyggkKFhcYGRolJicoKSo0NTY3ODk6
Q0RFRkdISUpTVFVWV1hZWmNkZWZnaGlqc3R1dnd4eXqDhIWGh4iJipKTlJWWl5iZmqKjp
KWmp6ipqrKztLW2t7i5usLDxMXGx8jJytLT1NXW19jZ2uHi4+Tl5ufo6erx8vP09fb3+Pn6/8
QAHwEAAwEBAQEBAQEBAQAAAAAAAAECAwQFBgcICQoL/8QAtREAAgECBAQDBAcF
BAQAAQJ3AAECAxEEBSExBhJBUQdhcRMiMoEIFEKRobHBCSMzUvAVYnLRChYkNOEl8
RcYGRomJygpKjU2Nzg5OkNERUZHSElKU1RVVldYWVpjZGVmZ2hpanN0dXZ3eHl6goOE

图 5-13 图像转换为 Base64 编码示例

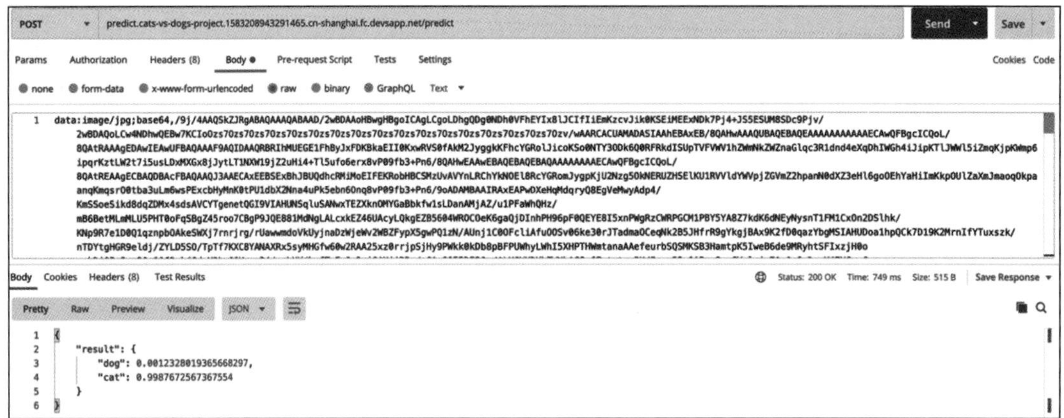

图 5-14 通过 Postman 进行测试

可以看到，系统最终返回结果如下：

```
{
    "result": {
        "dog": 0.0012328019365668297,
        "cat": 0.9987672567367554
    }
}
```

系统判定该图像为猫，符合预期。

5.2.4 用户反馈与模型迭代

用户反馈与模型迭代的核心流程如图 5-15 所示。

用户上传图像进行预测后，发现预测结果并不是自己想要的，或者有一批新的标注内容上传到系统时，可以触发用户反馈函数，将上传的图像和标注的内容发送给该函数：

```
{
    "picture": "图片Base64的结果",
```

```
        "target": "图片类别，可选cats/dogs"
    }
```

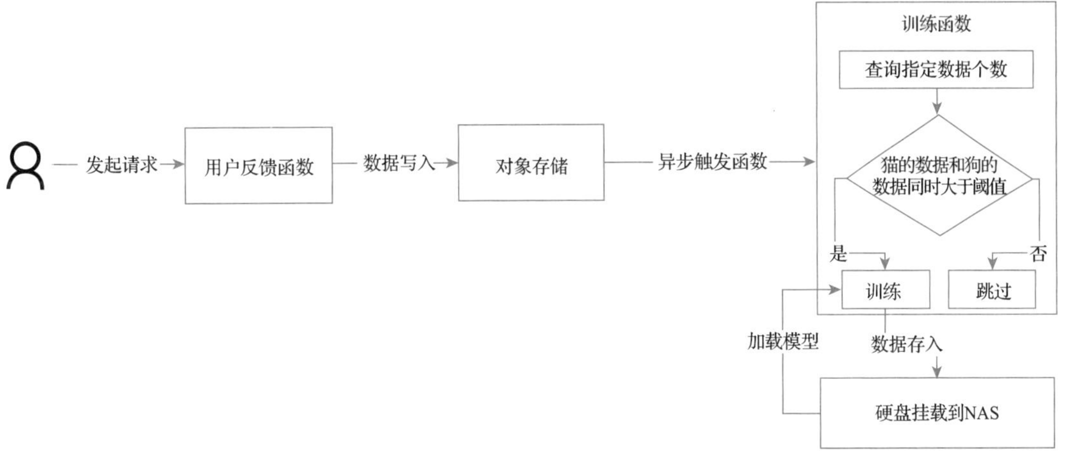

图 5-15　用户反馈与模型迭代流程简图

此时，函数将会进行一定的逻辑处理，按照 target 分类将 Base64 格式的图像转为文件，并存储到对象存储中，再由对象存储异步触发训练函数。为了保证训练效率以及训练时模型的安全与稳定，我们可以针对训练函数进行最小和最大实例数的确定，以保证实例预留带来启动性能提升，以及防止过多的训练任务同时出现，如图 5-16 所示。

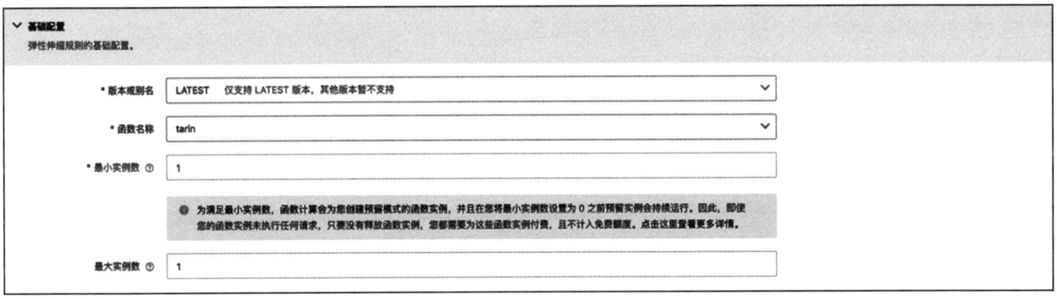

图 5-16　函数计算预留功能

在训练函数内部，我们将根据每次触发结果判断已存在的猫狗数据是否分别达到某个阈值。为了确保模型更新迭代的公平性，我们可以设定当猫的标注数据与狗的标注数据同时达到某个数值时进行模型训练，进而更新迭代，最后将数据写入 NAS，以确保新的预测函数可以读取到最新的数据。

此时，可以通过 Postman 对用户反馈函数进行功能验证，如图 5-17 所示。

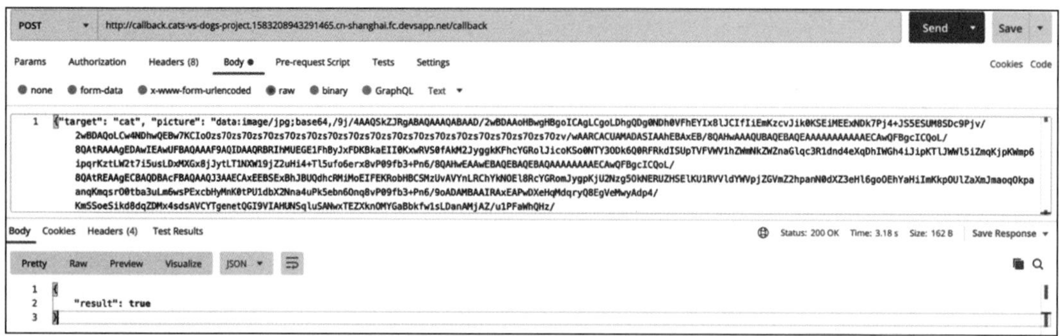

图 5-17 通过 Postman 进行测试示意图

之后可以看预期反馈，此时可以通过 Python 脚本将之前准备的 ./strengthen 目录下的内容批量提交：

```
import requests
import base64
import os

url = "http://callback.cats-vs-dogs-project.1583208943291465.cn-shanghai.fc.devsapp.net/
    callback"

for root, dirs, files in os.walk('./strengthen', True, None, False):  # 遍列目录
    for f in files:
        if os.path.isfile(os.path.join(root, f)):
            lable, label_id = os.path.splitext(f)[0].split('.')
            with open(os.path.join(root, f), 'rb') as f:
                base64_data = base64.b64encode(f.read())
                s = base64_data.decode()
            payload = "{\"target\": \"%s\", \"picture\": \"data:image/jpg;base64,
                %s\"}" % (lable, s)
            headers = {'Content-Type': 'text/plain'}
            response = requests.request("POST", url, headers=headers, data=payload)
            print(response.text)
```

批量反馈的脚本执行完成之后，可以通过日志服务查看模型训练结果：

```
---------- 6 ----------
max_accuracy:  0.8256281
status_count:  0
-----------------------
```

同时，通过 Serverless Devs 开发者工具查看 NAS 中对应的模型文件内容：

```
model_checkpoint_path: "model.ckpt-13000"
```

可见，模型的准确度已经从之前的 0.7542857 提升到了 0.8256281，同时 NAS 中的模

型文件也完成了更新，即通过用户的反馈或者新的标注数据已经成功实现原始模型的更新升级。

5.2.5　项目总结

1）冷启动优化：如图 5-18 所示，通过测试可以看到，该项目在热启动时完成一次请求的响应时间大约是 570 毫秒，而冷启动涉及镜像的拉取、进程的启动、初始资源的准备，整个时间大约为 1 分 26 秒。

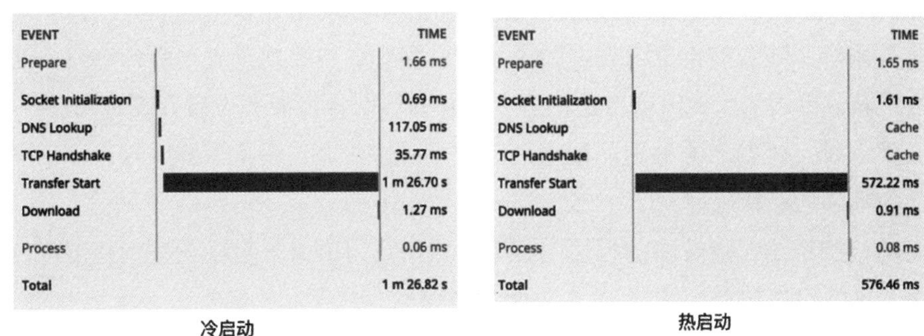

图 5-18　冷启动和热启动性能对比

为了降低冷启动带来的影响，我们可以通过以下几个方面进行优化。

- 预留实例。
- 减小构建的镜像的体积。
- 开启镜像加速功能。
- 减小模型体积。

2）模型迭代触发逻辑优化：Serverless 是天然分布式架构，天然具备弹性能力，所以在对象存储触发训练函数进行训练之后，可能会由于并发极高，瞬间出现多个训练任务，最终同时将训练结果更新到 NAS，这在一定程度上具有风险，所以模型迭代触发逻辑可以从以下几点考虑。

- 确保每次最多只有一个训练任务（可以通过设置实例上限实现该功能）。
- 确保所有数据都可以正常存入数据库，触发训练函数时，其自行决定本次触发是否需要执行。

3）模型的优化：由于本项目更多的是抛砖引玉，希望通过一个简单的案例帮助读者快速掌握通过函数计算进行预测和模型更新迭代的技巧，因此模型定义相对比较简单。在实际生产中，模型定义会直接决定模型效果。

4）数据集优化：针对模型训练，数据集的质量和数量在一定程度上直接决定模型的最终效果。该实验采用的是 Kaggle 开源数据集，一方面进行初始训练，另一方面又要进行测试，同时还需要进行模型的更新迭代，所以将原有的数据分成比较多的份数，这在一定程度上会影响模型的训练效果以及最终的预测结果。

本项目相对来说不是一个非常复杂的项目，尽管实现的是比较经典的猫狗识别任务，但是在这个项目基础之上增加了用户反馈机制以及模型优化迭代机制。在实际生产过程中，类似的流程非常常见，毕竟一个模型训练完成之后，通常情况下它是具有时效性的，即随着时间的推移，要在原来的模型之上进行升级迭代，具体如下。

- 推荐系统：随着被推荐内容不断增加，系统要尽可能地推荐最新的内容，必要时需要屏蔽老的内容，此时训练的内容和推荐的规则等都需要不断升级迭代。
- 分类系统：随着老的类别的剔除，新的类别的增加，模型需要升级，以确保分类结果的准确性和精确度。
- 目标检测系统：随着新的标注内容不断增加，为了保证目标识别的精准度，模型需要不断升级迭代。
- ……

在传统阶段，我们很可能要通过分布式架构，以及 GPU 服务器、CPU 服务器等进行混合以实现项目，并且开发者要关注极多的底层监控、资源等。而在 Serverless 架构下，我们仅需要通过对象存储、硬盘挂载以及函数即可实现项目，而开发者关注的更多是业务逻辑本身。

综上所述，我们通过简单的案例，意在实现一个生产环境中常见的人工智能模型的更新迭代，希望读者可以对以下技术点有进一步的了解。

- 如何通过 Serverless 架构实现人工智能模型的更新。
- 如何将容器镜像部署到 Serverless 架构。
- Custom Container 函数如何使用事件触发。
- 在人工智能场景下，如何进行 Serverless 应用的冷启动优化，提升系统性能。

5.3 人脸识别在 Serverless 架构下的应用

5.3.1 人脸识别技术介绍

早在 1965 年就有学者对人脸识别技术进行研究，并发表了相关的文章。但是由于计算机计算能力欠缺、人脸数据稀少等，人脸识别技术的研究没有很大的突破，也很少应用到现实生活中。1998 年之后，计算机计算能力增强、数据来源广且规模越来越大，往年的研究成果逐渐得到实践。一个公认的标准往往会成为研究兴起的源头，如包含 6000 个人脸的 LFW 数据集的公开成为人脸识别算法发展的开端，各大企业如 Facebook、face++、商汤科技等纷纷推出自己的方案，同时著名的算法如 DeepID、FaceNet、Deepface 等也流行开来。

在起初应用 LFW 数据集竞赛时期，Deepface、DeepID 等都是基于十几层卷积网络的模型。如今计算能力越来越强，网络结构越来越深。然而在逐渐叠加网络层结构时发现，训练集上的精度反而下降了，效果比浅层网络还差。

ResNet 在 2015 年图像分类竞赛得到了第一的成绩。常用的深层 ResNet 已经达到 152 层，它采用的抄近道的卷积网络连接方式缓解了神经网络叠加层数越多得到的结果越差的问题，并将计算机视觉算法带到了一个新的高度。从图像分类到物体检测，卷积模型几乎都使用了残差网络结构。

自 ResNet 提出后，Deepface 等的浅层人脸识别模型渐渐被取代，深层网络结构的人脸识别模型渐渐成为主流。如今常用的人脸识别模型的卷积层都是基于 ResNet 结构，例如 ResNet-101，即包含了 101 层卷积神经网络的残差网络结构。卷积神经网络从图像中提取部分到整体的特征，经过嵌入层（隐藏层数量较少的全连接神经网络）降维，再到分类层（隐藏层数量等于分类数量的全连接神经网络）得到分类结果。ResNet-101 整个人脸识别模型框架如图 5-19 所示。

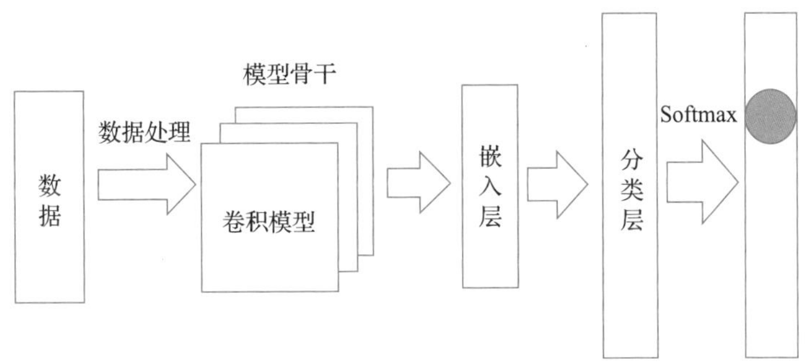

图 5-19 ResNet-101 人脸识别模型框架

显然与普通图像分类模型不同的是，人脸识别模型中加入了嵌入层。针对一批大小为 batch_size 的数据，假设嵌入层神经元数量为 E，嵌入层会产生（batch_size，E）形状的输出（可以看作每个样本对应 E 长度的特征），相当于对卷积特征进行了降维，而这个特征长度 E 越大，包含的信息就越多，分类层可以得到的用于分类计算的信息也就越多。

5.3.2 人脸识别模型训练

1. 数据准备

本节介绍人脸识别模型的训练。训练使用的数据集是“野外标记人脸”(见图 5-20)，是目前人脸识别的常用测试集，提供的人脸图像均来源于生活中的自然场景，因此识别难度大，尤其由于姿态、光照、表情、年龄、遮挡等的影响，即使同一人，照片差别也很大。有些照片中可能不止一个人脸，对这些多人脸图像处理方式是仅选择中心坐标的人脸作为目标，其他区域视为背景干扰。LFW 数据集共有 13233 张人脸图像，每张图像均给出对应的人名，共有 5749 人，且绝大部分人仅有一张图片。每张图像的尺寸均为 250×250，绝大部分图像为彩色，但也存在少许黑白色。本案例只选择同一个人的人脸数大于 10 的图像作为训练和验证。

图 5-20 LFW 数据集示例预览

数据集的下载地址为 http://vis-www.cs.umass.edu/lfw/lfw-funneled.tgz，下载后解压，可以看到它包含 5700 多个类别，先对它们进行过滤：

```
import os
import shutil
import random

num_classes = 0
```

```
num_samples = 0
data_path = "./lfw_funneled"
output_path = "./lfw_funneled_filtered"
if not os.path.exists(output_path):
    os.makedirs(output path)
for _label in os.listdir(data_path):
    label_path = os.path.join(data_path, _label)
    if os.path.isfile(label_path):
        continue
    label_data_number = len(os.listdir(label_path))
    # 过滤小于10张图的类
    if label_data_number < 10:
        continue
    num_classes += 1

    # 随机分配训练集和测试集
    all_file_list = os.listdir(label_path)
    num_samples += len(all_file_list)
    train_file_list = random.sample(all_file_list, int(0.8 * len(all_file_list)))
    test_file_list = [x for x in all_file_list if x not in train_file_list]

    # 复制图像
    def _copy(mode, _list):
        for _file in _list:
            # 随机选择图像来配置训练集和测试集
            new_label_path = os.path.join(output_path, mode, _label)
            if not os.path.exists(new_label_path):
                os.makedirs(new_label_path)
            shutil.copy(os.path.join(label_path, _file),
                        os.path.join(new_label_path, _file))
    _copy("train", train_file_list)
    _copy("test", test_file_list)

print("总的数据量为: ", num_samples)
print("类别数为: ", num_classes)
```

上述代码运行完成后，可以看到如下输出：

```
总的数据量为: 4324
类别数为: 158
```

可见，本次训练的数据集包含 4324 张图像，共 158 个类别。准备好数据集之后，可以开始创建数据加载器。在第 3 章介绍过，PyTorch 自带数据加载器，方便开发者进行数据遍历和数据处理：

```
import os

import torch
```

```
import torchvision
import torch.nn as nn
from torch.utils.data import DataLoader
from torchvision import datasets, transforms
from torchvision.datasets import ImageFolder
from torch.utils.tensorboard import SummaryWriter

data_path = "./lfw_funneled_filtered"
tfs = transforms.Compose([
    transforms.Resize(256),
    transforms.CenterCrop(224),
    transforms.ToTensor(),
    transforms.Normalize(
        mean=[0.485, 0.456, 0.406],
        std=[0.229, 0.224, 0.225]
    )])

batch_size = 16
train_data = ImageFolder(os.path.join(data_path, "train"), transform=tfs)
test_data = ImageFolder(os.path.join(data_path, "test"), transform=tfs)
train_loader = DataLoader(dataset=train_data, batch_size=batch_size, shuffle=
    True, num_workers=4)
test_loader = DataLoader(dataset=test_data, batch_size=batch_size, shuffle=False,
    num_workers=4)
```

这里定义的数据预处理方法是：先调整图像大小到 256×256，再以中心裁剪到 224×224，之后做归一化处理，最终生成训练和测试的数据加载器。其中每个数据加载器的 batch_size 等于 6，只有训练集做随机洗牌。

2. 模型定义

本节使用的人脸识别模型是基于上一节介绍的常用人脸识别模型实现的，包含有 ResNet 卷积模型、嵌入层、全连接层等，并且使用了 PyTorch 框架。模型骨干上使用了 resnet50，但由于 PyTorch 的上层算法库 torchvision 中已经包含 resnet50 模型，我们只需在此基础上进行改造。

从 torchvision 里加载 resnet50 作为人脸识别模型的骨干网络，该 resnet50 已经包含一个全连接层，且它的全连接是用于分类的，所以本案例中可以先忽略这一部分。根据前面介绍的常用人脸识别模型，定义一个嵌入层和分类层，其中嵌入层的输入为原本模型中分类层的输入，输出固定为 512；分类层的输入为 512，输出为人脸类别数：

```
class FaceNet(nn.Module):
    def __init__(self, num_classes=10):
        super(FaceNet, self).__init__()
        self.resnet = torchvision.models.resnet50(pretrained=True)
        self.embedding = nn.Linear(self.resnet.fc.in_features, 512)
```

```
        self.fc = nn.Linear(512, num_classes)

    def forward(self, x):
        x = self.resnet.conv1(x)
        x = self.resnet.bn1(x)
        x = self.resnet.relu(x)
        x = self.resnet.maxpool(x)

        x = self.resnet.layer1(x)
        x = self.resnet.layer2(x)
        x = self.resnet.layer3(x)
        x = self.resnet.layer4(x)

        x = self.resnet.avgpool(x)
        x = torch.flatten(x, 1)
        x = self.embedding(x)
        x = self.fc(x)
        return x
```

之后定义 FaceNet 对象，其中的 num_classes 来自上节得到的类别数，device 指定使用什么设备进行训练。这里指定 CPU 也可以，因为数据量很小，且只需要 2 个 Epoch 就可以达到很高的精度：

```
# 定义TensorBoard
writer = SummaryWriter("run/face-cls")
# 定义模型对象
face_model = FaceNet(num_classes)
# 绑定模型训练、推理的设备
device = torch.device('cpu')
model = face_model.to(device)
# 将模型加入TensorBoard
writer.add_graph(model, input_to_model=torch.ones(size=(1, 3, 224, 224)))
```

3. 模型训练

在训练之前，需要先定义优化器和损失函数。对于优化器，可以选择常用的随机梯度下降法（SGD），学习率为 0.001（因为是在预训练模型的基础上进行微调，所以不需要很大的学习率）；对于损失函数，选择常规的交叉熵损失函数：

```
# 定义训练优化器为SGD，学习率为0.01
optimizer = optim.SGD(face_model.parameters(), lr=0.001, momentum=0.9, nesterov=True)
# 交叉熵损失函数
celoss = nn.CrossEntropyLoss().to(device)
```

现在开始构建训练的代码，在 PyTorch 中常规的训练模型流程如下。

- 遍历地从训练数据加载器中拿到训练样本和对应的标签。
- 将训练样本输入模型，得到前向传播的输出。

- ❑ 将模型输出和样本标签输入损失函数计算损失。
- ❑ 损失函数调用 backward 方法进行反向传播。
- ❑ 更新优化器参数。

依照上述流程进行训练代码的构造：

```
# 定义模型训练次数
num_epochs = 5
steps = 0
for epoch in range(num_epochs):
    model.train()
    # 获取训练样本和对应的标签
    for x, label in train_loader:
        steps += 1
        x, label = x.to(device), label.to(device)

        # 前向输出
        logits = model(x)
        # 计算损失
        loss = celoss(logits, label)

        # 反向传播
        optimizer.zero_grad()
        loss.backward()
        # 更新优化器参数
        writer.add_scalar("train_loss", loss.item(), global_step=steps)
        optimizer.step()
```

此时，可以启动训练。值得一提的是，在训练过程中可以根据损失值判断模型是否训练完成，但是怎么判断模型的好坏呢？我们可在每个 Epoch 之后，进行模型的验证。同样，模型验证也有相应的流程。

- ❑ 调用 eval() 方法固定模型参数，同时用 torch.no_grad() 方法关闭梯度计算。
- ❑ 遍历地从测试数据加载器中拿到测试样本和对应的标签。
- ❑ 将测试样本输入模型，得到前向传播的输出。
- ❑ 处理模型输入结果，计算评价指标（这里以准确度为例，选择输出置信度最高的类，与标签进行对比，如果是一样则为正确，不一样则为错误，统计正确结果再除以总的样本数，可得到最终的准确度）。
- ❑ 保存模型到本地。

依照上面流程进行模型验证代码的构造：

```
# 在每个Epoch之后进行模型验证
model.eval()
```

```
with torch.no_grad():
    total_correct = 0
    total_num = 0
    for x, label in test_loader:
        x, label = x.to(device), label.to(device)
        # 前向传播
        logits = model(x)
        # 处理前向输出结果
        pred = logits.argmax(dim=1)
        correct = torch.eq(pred, label).float().sum().item()
        total_correct += correct
        total_num += x.size(0)

        acc = total_correct / total_num
    print("Epoch: {}, Loss: {}, Acc: {}".format(epoch, loss.item(), acc))
    torch.save(model, "./lfw_funneled_{}.pth".format(epoch))
```

启动训练，可以看到如下训练日志，最终模型在测试集上的准确度为 99.6%：

```
总的数据量为: 1288
类别数为: 7
开始训练...
Epoch: 0, Loss: 1.7181710004806519, Acc: 0.6398467432950191
Epoch: 1, Loss: 0.1985243707895279, Acc: 0.9770114942528736
Epoch: 2, Loss: 0.1355658620595932, Acc: 0.9770114942528736
Epoch: 3, Loss: 0.14260172843933105, Acc: 0.9846743295019157
Epoch: 4, Loss: 0.03598347306251526, Acc: 0.9961685823754789
```

我们通过 TensorBoard 可以看到训练过程中的 Loss 信息。如图 5-21 所示，它是在逐渐收敛的，整体符合预期。

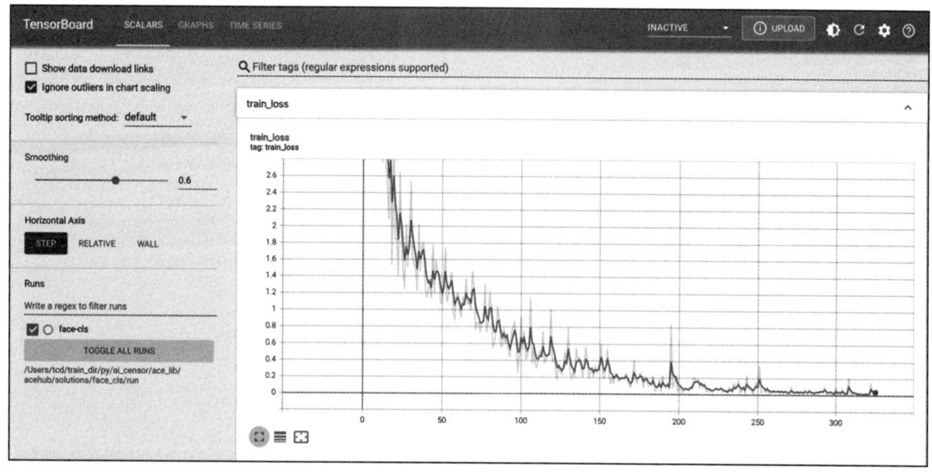

图 5-21　训练过程与 Loss 变化曲线

图 5-22 是整个人脸识别模型结构。

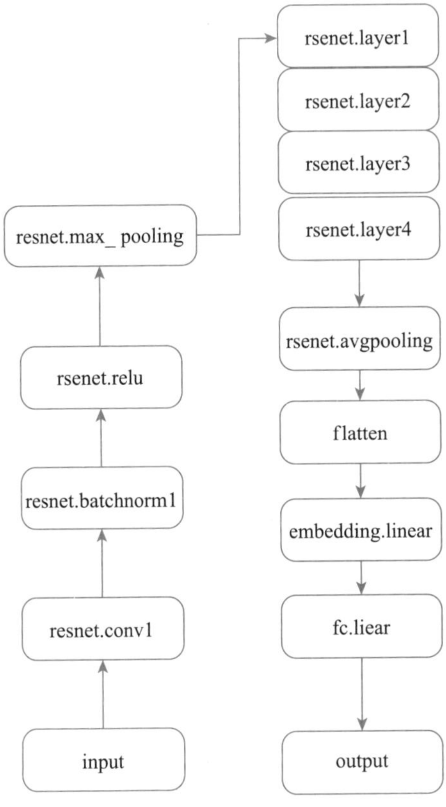

图 5-22　人脸识别模型结构

5.3.3　人脸识别模型的应用

在介绍完人脸识别模型训练后，我们可以对模型进行测试，先构建一个模型推理模块，以便对现有模型做前向推理。推理流程如下。

- 推理模块接收模型路径，并初始化模型。
- 推理模块接收推理数据，进行数据预处理。
- 将处理完的数据送入模型，进行前向推理。
- 获取推理结果进行后处理，如类别处理等，并返回最终结果。

根据上述流程编写推理代码，代码中的 tfs 为训练时使用的数据预处理方法（推理的数据预处理方法必须和模型验证时的方法一致）：

```
train_loader = DataLoader(dataset=train_data, batch_size=batch_size, shuffle=
```

```
    True)
class_list = train_data.classes
# 保存标签
class_index = {"classes": class_list}
with open("./model/classes_index.json", "w") as f:
    f.write(json.dumps(class_index))


class FaceModelPredictor(object):
    def __init__(self, model_math=None):
        self.model = torch.load(model_math)
        self.model.eval()
        self.device = torch.device('cpu')
        self.model.to(self.device)
        self.class_list = json.load(open("./model/classes_index.json", "r"))["clas-
            ses"]

    def predict(self, image_path):
        img = pimg.open(image_path)
        img = torch.unsqueeze(tfs(img).to(self.device), 0)
        result = self.class_list[self.model(img).argmax(dim=1).numpy()[0]]
        return result
```

构造一个推理脚本进行测试：

```
def predict(model_path, data):
    model = FaceModelPredictor(model_path)
    print(model.predict(data))

if __name__ == "__main__":
    predict("./lfw_funneled_4.pth",
            "./lfw_funneled_filtered/test/Donald_Rumsfeld/Donald_Rumsfeld_0005.jpg")
```

最终得到的结果为 Donald_Rumsfeld，和图片的类别一致。

为了更加清晰地进行测试和可视化操作，整合上述推理代码，通过 Python Web 框架（Bottle 框架）将模型包装为服务，并通过网页上传图片，单击“人脸预测”按钮即可实现人脸识别功能，如图 5-23 和图 5-24 所示。

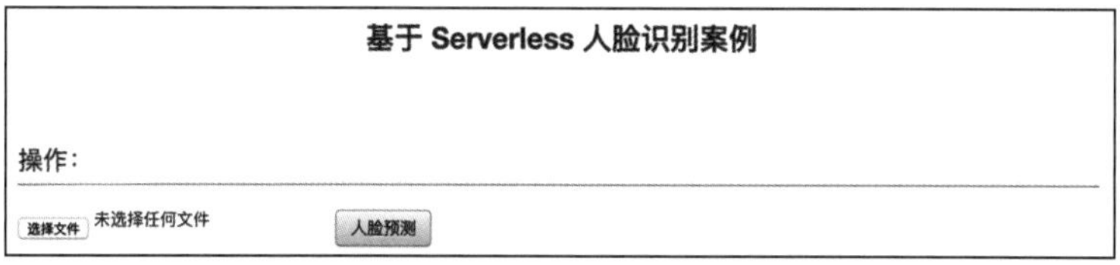

基于 Serverless 人脸识别案例

操作：

[选择文件] 未选择任何文件　[人脸预测]

图 5-23　项目测试

图 5-24 测试结果

5.3.4 项目 Serverless 化

1. 部署前准备

由于目前阿里云 Serverless 产品已经支持容器镜像部署，因此通过容器镜像的方法将业务功能部署到 Serverless 架构，相对来说是比较容易的。首先编写相关的 Dockerfile 文件：

```
FROM python:3.7-slim
RUN pip install -r requirements.txt
# Create app directory
WORKDIR /usr/src/app
# Bundle app source
COPY . .
```

编写符合 Serverless Devs 规范的 Yaml 文件。对比前面的案例，在该项目的资源描述文档中新增了 GPU 的相关描述：

```
gpuMemorySize: 8192
instanceType: g1
```

这两个字段分别表示选择 GPU 实例、GPU 实例的内存大小。通过 GPU 实例的引入，我们将人工智能模型训练与推理的工作下沉到 GPU 硬件，大大提高了效率。完整的资源描述如下：

```
# s.yaml
edition: 1.0.0
name: face-recognition
access: default

services:
    face-recognition
        component: fc
        props:
            region: cn-shanghai
```

```
service:
    name: face-recognition
    description: face-recognition service
function:
    name: face-recognition function
    runtime: custom-container
    caPort: 8080
    codeUri: ./
    timeout: 60
    gpuMemorySize: 8192
    instanceType: g1
    customContainerConfig:
        image: 'registry.cn-shanghai.aliyuncs.com/custom-container/
            face-recognition:0.0.1'
        command: '["python"]'
        args: '["index.py"]'
triggers:
    - name: httpTrigger
        type: http
        config:
            authType: anonymous
            methods:
                - GET
                - POST
customDomains:
    - domainName: auto
        protocol: HTTP
        routeConfigs:
            - path: /*
```

2. 项目部署

首先构建镜像，此处可以通过 Serverless Devs 进行构建：

```
s build --use-docker
```

构建完成之后，可以通过 Serverless Devs 工具直接进行部署：

```
s deploy --push-registry acr-internet --use-local -y
```

部署完成后还可以进一步进行预留相关操作，以最小化冷启动影响：

```
# 配置预留实例
$ s provision put --target 1 --qualifier LATEST
# 查询预留实例是否就绪
$ s provision get --qualifier LATEST
```

完成上述操作后，可以通过 invoke 命令进行函数的调用与测试，也可以通过返回的地址进行函数的可视化测试。

5.3.5 项目总结

图像处理技术被广泛地应用在各行各业，从传统的摄像、印刷、医学图像处理到新近的遥感卫星、汽车障碍标识，从简单的几何变换、图像融合到复杂的边缘检测、图像压缩。在海量数据的计算需求背景下，传统 CPU 渐渐不能胜任，衍生出异构计算需求。2007 年，英伟达推出第一个可编程通用计算平台 CUDA，不计其数的科研人员和开发者对大量算法进行改写，从而实现几十甚至几千倍的加速效果。传统的图形图像处理软件开发者更是充分利用 GPU 硬件进行加速，从而获得数倍的加速收益。本项目与之前部署的项目不同的是，在进行资源描述时，首次引入了 GPU 实例的概念，即部署到 Serverless 架构的 GPU 实例，以更快获得结果。在 2021 年云栖大会上，函数计算正式推出基于 Turning 架构的 GPU 实例。基于该架构的 GPU 实例，Serverless 开发者可以将图形图像处理的工作下沉到 GPU 硬件，从而大大加快图形图像处理速度。基于 GPU 与 CPU 图形图像处理速度对比如图 5-25 所示（数据源引自 OpenCV 官网）。

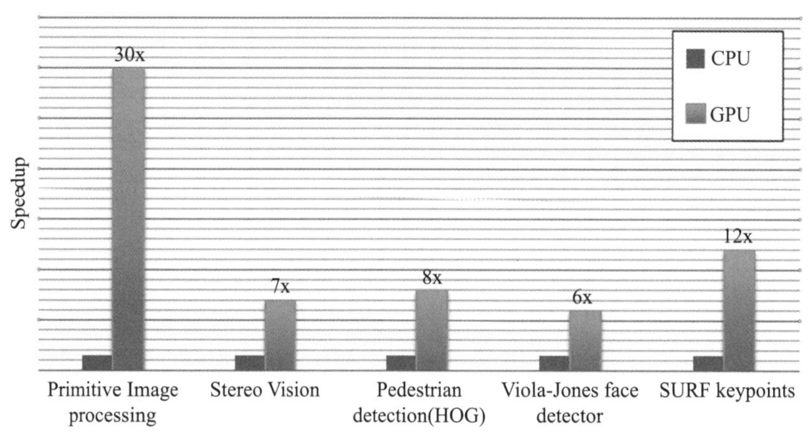

图 5-25 基于 GPU 与 CPU 图形图像处理速度对比简图

基于阿里云预留实例与 Serverless GPU 模式的共同作用，图形图像处理类项目的性能提升速度高达 10x～50x。该项目引入了很多冷启动优化方法，以及模型性能提升方法。但是，该项目仍然存在诸多值得优化的部分。

- 静态资源与推理业务分离。尽管项目使用了 Bottle 框架作为测试，但是依旧对外暴露了相关页面，而这些页面又依赖某些静态资源，这就导致通过页面进行一次完整的测试需要多次触发实例。这种模式不仅更容易造成比较多的实例并发，进而加重冷启动影响，而且因实例每次触发都会涉及比较大的资源损耗，但是某些请求（例如请求某些 JS 文件、CSS 文件）又不需要过多的资源支持，在一定程度上增加了成本。所以，合理地将静态资源与推理业务进行分离可以有效降低成本，降低冷启动带来的影响。

- 容器镜像进一步精简。单纯就该项目而言，容器镜像的体积还是比较大的。镜像体积越大，冷启动时镜像拉取时间损耗越多，所以合理地对容器镜像进行精简有助于降低冷启动带来的影响。

5.4　文本情感分析在 Serverless 架构下的应用

5.4.1　文本情感分析介绍

文本情感分析是指对包含人们观点、喜好、情感等的主观性文本进行检测。该领域的发展和快速起步得益于社交媒体。越来越多的用户从单纯地获取互联网信息向创造互联网信息转变，例如产品评论、论坛讨论、博客等由用户发布的主观性文本。自 2000 年初以来，情感分析已经成长为自然语言处理中最活跃的研究领域之一。事实上，它已经从计算机科学蔓延到管理科学和社会科学，如市场营销、金融、政治学、通信、医疗科学，甚至是历史。由于其重要的商业价值引发整个社会的关注。

时至今日，文本情感分析算法已经相当成熟，其本质是对文本的分类。常用的算法模型有离散贝叶斯、RNN、LSTM、BERT 等。本节以目前非常流行的 BERT 作为分类网络，介绍文本情感分析案例。

5.4.2　情感分析模型的训练

1. 数据准备

本案例使用的数据集是 IMDB 电影评论（下载地址为 https://ai.stanford.edu/~amaas/data/sentiment/）。这是一个用于二元情感分类的数据集，它提供了 25000 个电影评论用于模型训练，25000 个电影评论用于测试，以及其他未标记的数据。下面是其中的一个电影评论片段：

Story of a man who has unnatural feelings for a pig. Starts out with a opening scene that is a terrific example of absurd comedy. A formal orchestra audience is turned into an insane, violent mob by the crazy chantings of it's singers. Unfortunately it stays absurd the WHOLE time with no general narrative eventually making it just too off putting. Even those from the era should be turned off. The cryptic dialogue would make Shakespeare seem easy to a third grader.

On a technical level it’s better than you might think with some good cinematography by future great Vilmos Zsig mond. Future stars Sally Kirkland and Frederic Forrest can be seen briefly.

下载完数据集后，发现训练集和测试集已经分好。我们只需简单操作即可分离出训练需要的数据集：

```
import os
import re

data_root = "./data/aclImdb"

# 简单的文本处理
def text_preprocessing(text):
    # 去掉以"@"开头的词
    text = re.sub(r'(@.*?)[\s]', ' ', text)
    # 用'&'替换'&amp;'
    text = re.sub(r'&amp;', '&', text)
    # 去掉文本尾部的空格
    text = re.sub(r'\s+', ' ', text).strip()
    return text

def data_read(mode="train"):
    data_list = []
    data_root_mode = os.path.join(data_root, mode)
    for _label in ["neg", "pos"]:
        data_label_root = os.path.join(data_root_mode, _label)
        for _file in os.listdir(data_label_root):
            with open(os.path.join(data_label_root, _file), "r", encoding="utf-8")
                as f:
                data_list.append((text_preprocessing(f.read()), int(_label == "pos")))
    return data_list

train_x, train_y = [list(x) for x in zip(*data_read("train"))]
test_x, test_y = [list(x) for x in zip(*data_read("test"))]
```

其中，train_x 和 test_x 格式类似图 5-26 的形式。

train_y 和 test_y 格式类似图 5-27 的形式。

01 000 = {str} 'Story of a man who has unnatural feelings for a pig. Starts out with
01 001 = {str} 'Airport \'77 starts as a brand new luxury 747 plane is loaded up wit
01 002 = {str} 'This film lacked something I couldn\'t put my finger on at first: char
01 003 = {str} 'Sorry everyone,,, I know this is supposed to be an "art" film,, but w
01 004 = {str} 'When I was little my parents took me along to the theater to see In
01 005 = {str} '"It appears that many critics find the idea of a Woody Allen drama

图 5-26 训练集和测试集相关数据 1

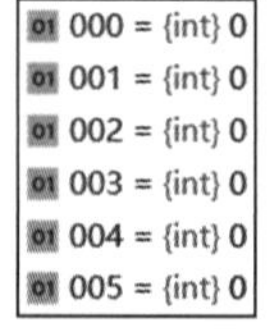

图 5-27 训练集和测试集相关数据 2

这样的数据集是不能直接用于训练的。模型是计算机语言，文本是人类语言，需要将文本转换为计算机编码。这里以 Bert 的编码转换工具 BertTokenizer 为例进行介绍。BertTokenizer 可以执行一些基础的大小写、标点符号分割、小写转换、中文字符分割、去除重音符号等操作，最后返回的是关于词的数组。

将训练集的第一个样本进行编码：

```
from transformers import BertTokenizer

# 加载 BERT tokenizer
tokenizer = BertTokenizer.from_pretrained('bert-base-uncased', do_lower_
    case=True)

MAX_LEN = 16

encoded_sent = tokenizer.encode_plus(
    text=text_preprocessing("Story of a man who has unnatural feelings for a pig."),
    add_special_tokens=True,
    max_length=MAX_LEN,
    padding='max_length',
    return_attention_mask=True,
    truncation=True
)
print(encoded_sent)
print([tokenizer.ids_to_tokens[x] for x in encoded_sent['input_ids']])
```

MAX_LEN 简单设置为 16，后续训练时需设置为更大的值。

上述代码执行后，可以得到编码后的样本：

```
{'input_ids': [101, 2466, 1997, 1037, 2158, 2040, 2038, 21242, 5346, 2005, 1037,
    10369, 1012, 102, 0, 0], 'token_type_ids': [0, 0, 0, 0, 0, 0, 0, 0, 0, 0, 0, 0,
    0, 0, 0, 0], 'attention_mask': [1, 1, 1, 1, 1, 1, 1, 1, 1, 1, 1, 1, 1, 1, 0, 0]}
```

BertTokenizer 的每个模型都自带一个词库。编码后的 input_ids 表示每个样本在词库中 id 集成的序列，input_ids 对应的句子如下：

```
['[CLS]', 'story', 'of', 'a', 'man', 'who', 'has', 'unnatural', 'feelings',
    'for', 'a', 'pig', '.', '[SEP]', '[PAD]', '[PAD]']
```

可以看到，句子的首尾增加了“[CLS]”“[SEP]”和“[PAD]”特殊编码。[CLS] 表示用于分类场景，表示整句话的语义；[SEP] 表示分隔符，放在句尾也可以表示句子结束；[PAD] 针对有长度要求的场景，填充文本长度（Padding），使得文本长度达到要求，对应编码是 0。

在编码后的样本中还有两个字段 token_type_ids 和 attention_mask。token_type_ids 表示编码的类型；attention_mask 表示是否对该字符进行了文本长度填充，即该字符是否是文本填充字符 [PAD]。

之后创建一个方法 preprocessing_for_bert() 来对所有的数据进行编码，并返回编码后的 input_ids 和 attention_mask：

```
MAX_LEN = 256

# 创建一个方法来切分一串文本
def preprocessing_for_bert(data):
    input_ids = []
    attention_masks = []

    for sent in data:
        encoded_sent = tokenizer.encode_plus(
            text=text_preprocessing(sent),
            add_special_tokens=True,
            max_length=MAX_LEN,
            padding='max_length',
            return_attention_mask=True,
            truncation=True
        )

        input_ids.append(encoded_sent.get('input_ids'))
        attention_masks.append(encoded_sent.get('attention_mask'))

    # 转化成张量（Tensor）格式
    input_ids = torch.tensor(input_ids)
    attention_masks = torch.tensor(attention_masks)
    return input_ids, attention_masks

# 用preprocessing_for_bert来处理训练集和验证集
print('Tokenizing data...')
train_inputs, train_masks = preprocessing_for_bert(train_x)
test_inputs, test_masks = preprocessing_for_bert(test_x)
train_labels = torch.tensor(train_y)
test_labels = torch.tensor(test_y)
```

和之前的案例一样，对文本数据集也需要创建数据加载器。这里需要注意的是，训练集和验证集都需要转换成张量（Tensor）形式，因为后面的数据加载器 TensorDataset 只适配张量。

```
import torch
from torch.utils.data import TensorDataset, DataLoader, RandomSampler, Sequentia-
    lSampler

batch_size = 8

# 为训练集创建数据加载器
train_data = TensorDataset(train_inputs, train_masks, train_labels)
```

```
train_sampler = RandomSampler(train_data)
train_dataloader = DataLoader(train_data, sampler=train_sampler, batch_size=batch_size)

# 为验证集创建数据加载器
test_data = TensorDataset(test_inputs, test_masks, test_labels)
test_sampler = SequentialSampler(test_data)
test_dataloader = DataLoader(test_data, sampler=test_sampler, batch_size=batch_size)
```

这里只将 batch_size 定义为 8，是因为 IMDB 数据集的 MAX_LEN 已经定义为 256。这是一个很长的句子，会导致模型训练占用过大的空间，若是有资源则最好设置为 16 或 32。至此，对数据集的处理已经完成。下面介绍模型的定义和训练。

2. 模型定义

基础的模型采用 BERT 算法，这里只将 BERT 作为 Embedding 形式调用，实际上只需要几行代码即可实现：

```
from transformers import BertForSequenceClassification

if torch.cuda.is_available():
    device = torch.device("cuda")
else:
    device = torch.device("cpu")


bert_classifier = BertForSequenceClassification.from_pretrained('bert-base-
    uncased', num_labels=2)

# 告诉这个实例化的分类器，使用GPU还是CPU
bert_classifier.to(device)
```

整个模型可以直接用 transformers 库自带的 BertForSequenceClassification 分类模型。这个分类模型可以简化为如下形式。

1）定义基础骨架 Bert 模型。

2）定义 Dropout 层和分类层，包含 1 个全连接层，神经元数量为分类数。

3）定义前向传播方法，将 input_ids 和 attention_mask 传入 BERT。

4）将从 Bert 输出中的 CLS 最后一个隐藏层参数传入分类层，得到最终输出。

```
class BertForSequenceClassification(nn.Module):
    def __init__(self, config):
        super().__init__(config)
        self.num_labels = config.num_labels

        self.bert = BertModel(config)
        self.dropout = nn.Dropout(config.hidden_dropout_prob)
```

```
        self.classifier = nn.Linear(config.hidden_size, config.num_labels)

        self.init_weights()

    def forward(self, input_ids, attention_mask, ...):
        outputs = self.bert(input_ids, attention_mask=attention_mask)

        pooled_output = outputs[1]

        pooled_output = self.dropout(pooled_output)
        logits = self.classifier(pooled_output)

        loss = None
        loss_fct = CrossEntropyLoss()
        loss = loss_fct(logits.view(-1, self.num_labels), labels.view(-1))

        return loss, output
```

3. 模型训练

和之前的案例一样，每个模型训练前都需要定义优化器、损失函数等。这里优化器选择 AdamW，初始学习率为 0.00005，损失函数在模型中已经定义，默认为交叉熵损失函数。

```
optimizer = AdamW(bert_classifier.parameters(), lr=5e-5, eps=1e-8)
```

下面开始模型训练和验证，具体流程如下。

1）初始化各个计数器，如整体损失、训练步数等。

2）遍历地从训练数据加载器中获取处理过的训练样本和对应的标签。

3）将训练样本输入模型，得到前向传播的输出和损失函数结果。

4）损失函数调用 backward 方法进行反向传播，并使用梯度裁剪防止梯度爆炸。

5）更新优化器参数。

6）打印各个计数器的值。

7）在每个 Epoch 中重复步骤 2～6 进行训练。

8）对所有 Epoch 执行步骤 1～7。

最后一个 Epoch 训练结束后，进行模型验证并保存：

模型训练：

```
def train(epochs=4):
    print("Start training...")
    for epoch_i in range(epochs):
        # 每个epoch开始前将各个计数器归零
        total_loss, batch_loss, batch_counts = 0, 0, 0
```

```
    bert_classifier.train()

    # 从数据加载器中读取数据
    for step, batch in enumerate(train_dataloader):
        batch_counts += 1
        b_input_ids, b_attn_mask, b_labels = tuple(t.to(device) for t in batch)

        # 将累计梯度清零
        bert_classifier.zero_grad()

        # 往模型中传入得到的input_id和mask，模型进行前向传播，进而得到logits值
        loss, logits = bert_classifier(b_input_ids, token_type_ids=None,
                                       attention_mask=b_attn_mask, labels=b_
                                           labels)
        batch_loss += loss.item()
        total_loss += loss.item()

        # 执行后向传播算法，计算梯度
        loss.backward()

        # 修剪梯度进行归一化，防止梯度爆炸
        torch.nn.utils.clip_grad_norm_(bert_classifier.parameters(), 1.0)

        # 更新模型参数，更新学习率
        optimizer.step()

        # 每训练100个Batch打印一次损失值和时间消耗
        if (step % 100 == 0 and step != 0) or (step == len(train_dataloader) - 1):
            print("Epoch: {}, Steps: {},  Loss: {}".format(epoch_i, step, loss.
                item()))

        # 将计数器清零
        batch_loss, batch_counts = 0, 0

    # 计算整个训练数据集的平均损失
    avg_train_loss = total_loss / len(train_dataloader)
    # 在最后一个epoch训练结束后，用验证集来测试模型的表现
    if epoch_i == epochs - 1 or epoch_i % 5 == 0:
        print("Epoch: {}, Avg_loss: {}, Acc: {}".format(epoch_i, avg_train_
            loss, evaluate()))
        torch.save(bert_classifier, "./aclImdb_bert_cls_new_{}.pth".format(epoch_i))
print("Training complete!")
```

之后介绍验证方法的构造。前向传播流程和训练过程是一样的，在获取模型输出后，将其处理为预测值。由于模型的最后一层是分类层，所以获取的模型输出是当前样本属于每个类别的置信度，选择最大置信度对应的类别即可：

```
preds = torch.argmax(logits, dim=1).flatten()
```

再进行准确率计算，直接调用 sklearn 中的 accuracy_score 方法：

```
from sklearn.metrics import accuracy_score
accuracy_score(test_y, y_pred)
```

最终构造完成的代码如下：

```
def evaluate():
    bert_classifier.eval()
    # 创建空集，记录每一个Batch的准确率
    all_logits = []
    for batch in test_dataloader:
        # 加载 Batch 数据到 GPU或CPU
        b_input_ids, b_attn_mask, b_labels = tuple(t.to(device) for t in batch)
        # 计算 logits
        with torch.no_grad():
            loss, logits = bert_classifier(b_input_ids, token_type_ids=None,
                                           attention_mask=b_attn_mask, labels=b_
                                               labels)
        all_logits.append(logits)
    all_logits = torch.cat(all_logits, dim=0)

    # Get accuracy over the test set
    y_pred = torch.argmax(all_logits, dim=1).flatten().cpu().numpy()
    return accuracy_score(test_y, y_pred)
```

现在可以开始训练了。给 train 方法传入 epochs 参数，这里定义 epochs=1，即迭代 4 轮训练：

```
train(epochs=1)
```

由于日志很多，这里只选择最后几个步骤的日志。可以看到，1 个 Epoch 之后，准确率就已经达到 89.8%。

```
Epoch: 0, Steps: 2800, Loss: 0.12946712970733643
Epoch: 0, Steps: 2900, Loss: 0.17792001366615295
Epoch: 0, Steps: 3000, Loss: 0.003091663122177124
Epoch: 0, Steps: 3100, Loss: 0.004699620418250561
Epoch: 0, Steps: 3124, Loss: 0.0766051858663559
Epoch: 0, Avg_loss: 0.09662641194868833, Acc: 0.89816
```

在 TensorBoard 中可以看到，模型训练时 Loss 的变化。它的波动非常大，但整体来讲是在逐渐变小，越来越收敛，符合预期效果，如图 5-28 所示。

整个情感分析的网络结构如图 5-29 所示。

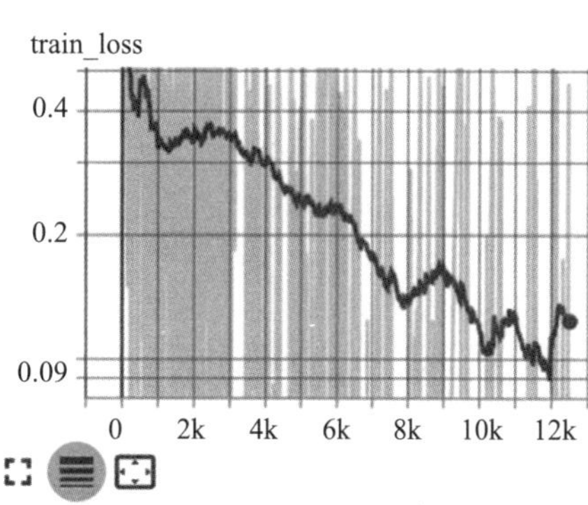

图 5-28　模型训练时 Loss 变化曲线

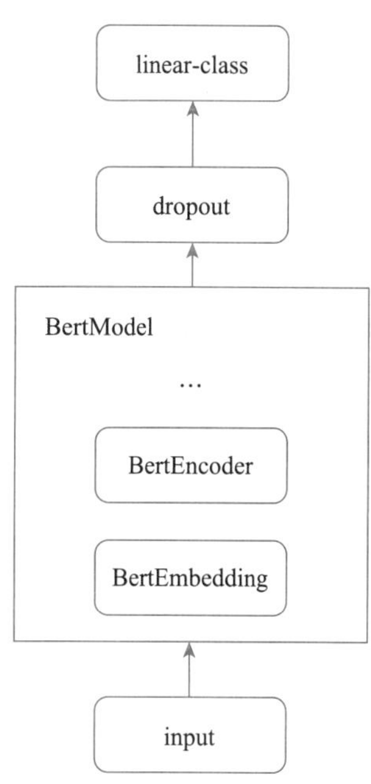

图 5-29　情感分析的网络结构

5.4.3　部署到 Serverless 架构

1. 本地推理代码开发

导入推理需要的模块，并定义类别：

```
import re
import torch
from transformers import BertTokenizer
class_list = ["neg", "pos"]
MAX_LEN = 256
```

定义推理模块：

```
class SegModelPredictor(object):
    def __init__(self, model_math=None):
        self.tokenizer = BertTokenizer.from_pretrained('bert-base-uncased', do_lower_
            case=True)
        self.model = torch.load(model_math)
        self.model.eval()
        self.device = torch.device('cpu')
        self.model.to(self.device)

    def predict(self, content):
        encoded_sent = self.tokenizer.encode_plus(
```

```
            text=text_preprocessing(content),
            add_special_tokens=True,
            max_length=MAX_LEN,
            padding='max_length',
            return_attention_mask=True,
            truncation=True
        )
        input_ids = torch.tensor([encoded_sent.get('input_ids')])
        attention_mask = torch.tensor([encoded_sent.get('attention_mask')])
        logits = self.model(input_ids, attention_mask=attention_mask)
        logits = torch.argmax(logits[0], dim=1).flatten().cpu().numpy()
        result = class_list[int(logits)]
        return result
```

在测试集中找两个数据进行测试，其中的路径代表了所标注样本的分类（neg 和 pos）：

```
if __name__ == "__main__":
    model = SegModelPredictor("./aclImdb_bert_cls_new_0.pth")
    print(model.predict(open("./aclImdb/test/neg/0_2.txt", "r").read()))
    print(model.predict(open("./aclImdb/test/pos/0_10.txt", "r").read()))
    print(model.predict("I am too sad to go to work"))
```

可以看到，模型预测效果还是不错的：

```
neg
pos
neg
```

2. 本地推理服务开发

将上述推理代码简化、整合成推理服务：

```
import re
from flask import Flask, request

import torch
from transformers import BertTokenizer

app = Flask(__name__)
class_list = ["neg", "pos"]
MAX_LEN = 256

def text_preprocessing(text):
    # 删除 '@name'
    text = re.sub(r'(@.*?)[\s]', ' ', text)
    text = re.sub(r'&amp;', '&', text)
    # 删除空格
    text = re.sub(r'\s+', ' ', text).strip()
    return text
```

```
if torch.cuda.is_available():
    device = torch.device("cuda")
else:
    device = torch.device("cpu")

class SegModelPredictor(object):
    def __init__(self, model_math=None):
        self.tokenizer = BertTokenizer.from_pretrained('bert-base-uncased', do_lower_case=
            True)
        self.model = torch.load(model_math, map_location="cpu")
        self.model.eval()
        self.device = device
        self.model.to(self.device)

    def predict(self, content):
        encoded_sent = self.tokenizer.encode_plus(
            text=text_preprocessing(content),
            add_special_tokens=True,
            max_length=MAX_LEN,
            padding='max_length',
            return_attention_mask=True,
            truncation=True
        )
        input_ids = torch.tensor([encoded_sent.get('input_ids')])
        attention_mask = torch.tensor([encoded_sent.get('attention_mask')])
        logits = self.model(input_ids, attention_mask=attention_mask)
        logits = torch.argmax(logits[0], dim=1).flatten().cpu().numpy()
        result = class_list[int(logits)]
        return result

model_path = "./model/aclImdb_bert_cls.pth"
model = SegModelPredictor(model_path)

@app.route('/invoke', methods=['POST'])
def invoke():
    return {'result': model.predict(request.get_data().decode("utf-8"))}

if __name__ == '__main__':
    app.run(debug=True, host='0.0.0.0', port=9000)
```

然后在本地启动推理服务，可以看到如下日志：

```
* Serving Flask app 'index' (lazy loading)
* Environment: production
   WARNING: This is a development server. Do not use it in a production deployment.
   Use a production WSGI server instead.
* Debug mode: on
* Running on all addresses.
   WARNING: This is a development server. Do not use it in a production deployment.
```

```
* Running on http://192.168.1.4:9000/ (Press CTRL+C to quit)
* Restarting with stat
* Debugger is active!
* Debugger PIN: 124-955-177
```

新启动一个终端，然后输入：

```
curl --location --request POST 'http://0.0.0.0:9000/invoke' \
--header 'Content-Type: text/plain' \
--data-raw 'I am too sad to go to work'
```

可以看到输出结果为：

```
{
    "result": "neg"
}
```

5.4.4 项目 Serverless 化

1. 部署前准备

通过容器镜像将业务部署到 Serverless 架构，首先编写相关的 Dockerfile 文件：

```
FROM python:3.7-slim
# Create app directory
WORKDIR /usr/src/app

# Bundle app source
COPY . .

RUN pip install torch==1.7.0 torchvision==0.8.0 transformers==3.5.0 flask numpy
    -i https://pypi.tuna.tsinghua.edu.cn/simple
```

编写符合 Serverless Devs 规范的 Yaml 文件：

```
# s.yaml
edition: 1.0.0
name: emotional
access: default

services:
    emotional
        component: fc
        props:
            region: cn-shanghai
            service:
                name: emotional
```

```
    description: emotional  service
function:
    name: emotional -function
    runtime: custom-container
    caPort: 8080
    codeUri: ./
    timeout: 60
    gpuMemorySize: 8192
    instanceType: g1
    customContainerConfig:
        image: 'registry.cn-shanghai.aliyuncs.com/custom-container/
            emotional:0.0.1'
        command: '["python"]'
        args: '["index.py"]'
triggers:
    - name: httpTrigger
        type: http
        config:
            authType: anonymous
            methods:
                - GET
                - POST
customDomains:
    - domainName: auto
        protocol: HTTP
        routeConfigs:
            - path: /*
```

2. 项目部署

首先构建镜像，此处可以通过 Serverless Devs 开发者工具进行构建：

```
s build --use-docker
```

构建完成之后，可以通过工具直接进行部署：

```
s deploy --use-local -y
```

部署完成后，还可以进一步执行相关预留实例操作，以最小化冷启动影响：

```
# 配置预留实例
$ s provision put --target 1 --qualifier LATEST
# 查询预留实例是否就绪
$ s provision get --qualifier LATEST
```

完成上述操作后，可以通过 invoke 命令进行函数的调用与测试，也可以通过返回的地址进行函数的可视化测试。

5.4.5 项目总结

与之前项目类似，为了降低冷启动带来的影响、部署难度，以及提升计算性能，本项目通过 Serverless Devs 开发者工具将业务部署到阿里云 Serverless 架构的 GPU 实例，并执行了预留操作，在一定程度上大大降低了冷启动对项目的影响。

针对人工智能应用的 GPU 基础设施，我们通常会面临设计周期长、运维复杂度高、集群利用率低、成本较高等问题。Serverless 将这些问题从用户侧转移至云厂商侧，使得用户无须关心底层 GPU 基础设施的方方面面，全身心聚焦于业务本身，大大简化了业务达成路径。Serverless 架构具备以下优点。

1）在成本优先的人工智能应用场景，其优点如下。

- 提供弹性预留模式，从而按需为用户保留 GPU 工作实例，比自建 GPU 集群成本优势低。
- 提供 GPU 共享虚拟化，支持以 1/2、独占方式使用 GPU，允许业务以更精细的方式配置 GPU 实例。

2）在效率优先的人工智能应用场景：摆脱运维 GPU 集群的繁重负担（驱动 /CUDA 版本管理、机器运行管理、GPU 坏卡管理），使得开发者专注于代码开发、聚焦于业务目标。

本项目基于 Serverless 架构的情感分析，通过 GPU 实例与预留模式的加持，在性能上有了质的飞跃。相信随着时间的推移，人工智能项目会在 Serverless 架构上有更深入的应用、更为完善的最佳实践。

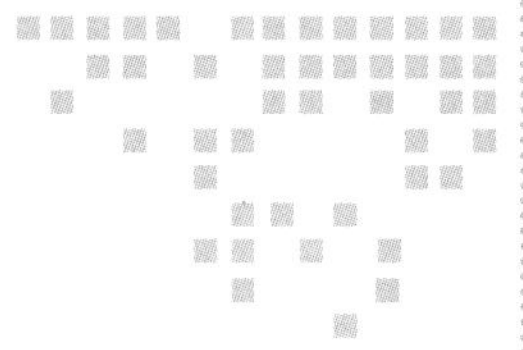

第6章 Chapter 6

基于 Serverless 架构的智能问答系统

智能问答系统以一问一答的形式精确定位网站用户的提问和所需要的知识，通过与网站用户进行交互，提供个性化的信息服务。在机器学习领域，智能问答系统属于自然语言处理的一部分，是将积累的无序语料信息进行有序和科学的整理，并建立基于知识的分类模型。这些分类模型可以处理语料咨询和服务信息，节约人力资源，提高信息处理自动化水平，降低网站运行成本。本章基于 Serverless 架构开发一个简单的智能问答系统。

6.1 需求分析

在开始系统开发之前，我们需要先明确基于 Serverless 架构的智能问答系统的需求来源。Serverless Devs 是阿里云开源的 Serverless 开发者工具。通过该工具，开发者可以快速地对 Serverless 应用进行构建、打包、部署以及运维，但是实际上在使用过程中，可能会由于自身的环境问题、工具本身的 Bug 以及其他影响因素等，无法得到预期的结果。图 6-1 是某用户在使用工具时遇到问题在 GitHub 平台进行求助的示意图。

实际生活中，很多用户遇到报错后不清楚要做什么或者如何去解决这个问题。所以，在用户遇到工具问题之时，提供足够的解决方案是非常有必要的，这其实就是一个简单的问答系统雏形。

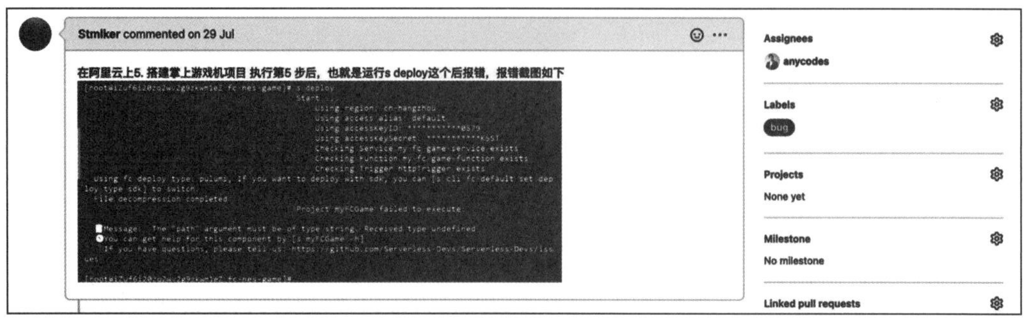

图 6-1 用户在 GitHub 平台对工具问题进行求助的示意图

- 问：用户遇到的问题详情（例如某些错误的信息，即 Error.Message）。
- 答：这个问题的解决方案。

由于情况复杂多样，我们没办法进行枚举所有错误，所以只能根据已知的错误信息，通过自然语言处理技术，将新的错误信息作为输入并获取相对应的关联问题和解决方案，就显得尤为重要，且极具业务价值。除此之外，在使用工具时，用户也可以将遇到的问题录入到该系统，通过可视化的 UI 页面，对外提供相对应的功能，以实现用户的主动问题检索以及被动的问题排查。

上述提及的内容主要包括两个核心能力。

- 针对工具侧出现的问题，用户被动感知问答系统的 API 服务。
- 针对用户侧主动进行问题提出以及答案展示的 Web UI 服务。

若干技术实现细节如下。

- 错误信息和用户常见问题的搜集，以及相关解决方案的定制。
- 根据新的错误信息找寻最佳答案以及相关联 / 相似的问题。

这里所涉及的技术难点如下。

- 一般情况下，机器学习所涉及的模型、依赖等比较多。在进行依赖安装、项目构建之后，所交付的产物大小极有可能超出主流计算平台所支持的上限值，甚至超过实例本身的空间大小。以阿里云函数计算为例，交付的最终产物大小上限为 100MB，实例空间上限为 500MB，此时就会面临以下重要问题。
    - 如何将项目部署到 Serverless 架构上。
    - 如果对部分业务逻辑进行了变更，部分代码进行了升级，如何只对变化的部分进行更新和部署，而不是整个项目重新打包上传。
- 项目的开放 API 会与开发者工具进行结合，这在一定程度上对系统性能有一定影响，那么如何尽可能地降低冷启动带来的影响，就显得尤为重要。

- 为了更简单地增加问题、补充答案，以及管理内容，我们将不会通过原生的 Serverless 模式进行项目开发，而是采用 Django 框架进行功能的开发，通过 Django-Admin 进行内容管理，此时也将会面临诸多问题。
  - 开发态的时候，如何进行代码调试。
  - 项目可能涉及 NAS、VPC 等产品的结合，如何在本地与线上资源联动进行调试（端云联调）。
  - 如何将传统框架部署到 Serverless。

6.2 整体设计

根据对需求的分析，可以针对即将要实现的功能制作简单的用例图。

6.2.1 数据库设计

由于本项目不存在复杂的交互逻辑，也不存在细致的用户权限相关问题，仅仅是涉及问题和答案，因此我们需要关注的业务逻辑部分的数据库非常简单，如表 6-1 所示。

表 6-1　问答（QA）详情

字　段	类　型	描　述
id	int	主键，问题 ID
question	text	问题详情
answer	text	回答详情
date	date	创建时间
remark	text	备注（可选）
uniString	char	唯一标记（md5(question)）

6.2.2 原型图设计

智能问答系统 UI 原型如图 6-2 所示。

6.2.3 接口设计

1. 问题上报接口

接口描述：工具侧遇到错误之后，对错误信息脱敏处理并录入系统。

请求路径：/apis/v1/question。

请求方法：POST。

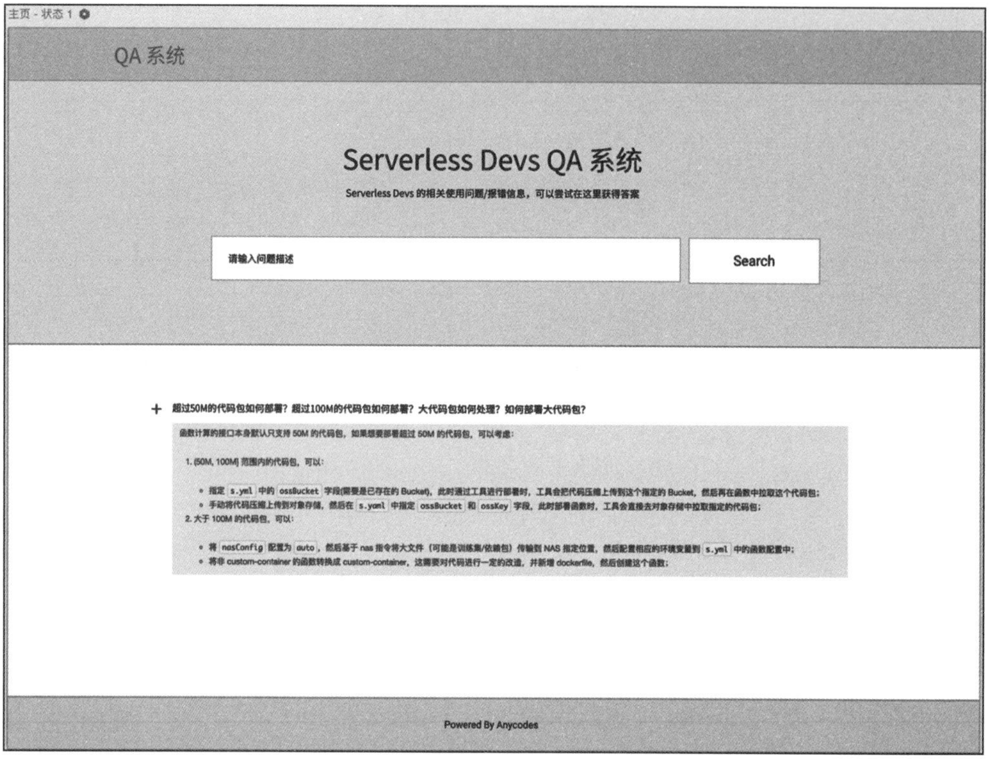

图 6-2　智能问答系统 UI 原型

入参如表 6-2 所示。

表 6-2　入参

参数名	参数类型	参数位置	参数含义
token	string	body	身份的 Token 信息
content	string	body	错误详情

出参如表 6-3 所示。

表 6-3　出参

参数名	参数类型	参数含义
result	boolean	上报结果

示例代码如下（以 Python 语言为例）：

```
import requests
```

```
url = "<base_url> /apis/v1/question"
payload='token=this-is-user-token&content=error.message'
headers = {
    'Content-Type': 'application/x-www-form-urlencoded'
}
response = requests.request("POST", url, headers=headers, data=payload)
print(response.text)
```

注：通过本地进行错误信息上报时，特别要注意接口的安全性，因为恶意用户可能会对接口进行攻击。所以，在本地提供一套可靠的签名算法，或者对客户端上报数据频率进行限制是非常必要的，具体如下。

- 为了获得更好的错误处理方案，以及相似答案的搜索与推荐内容，用户可注册 Serverless Devs 账号，并授权数据上报服务，以使用错误上报功能。当用户登录之后，服务端为用户生成鉴权所需的 Token，利用该 Token 进行错误上报、处理等。
- 针对 IP 进行频率限制，例如每天每个 IP 可以上报一定的错误信息等。

2. 答案检索接口

接口描述：通过问题获得答案以及相对应的关联问题。

请求路径：/apis/v1/search。

请求方法：GET。

入参如表 6-4 所示。

表 6-4　入参

参数名	参数类型	参数位置	参数含义
s	string	Query Params	要搜索的问题内容

出参具体内容如下。

1）情况 1：在没有传递参数 s 时，出参如表 6-5 所示。

表 6-5　出参（无 s 参数）

参数名	参数类型	参数含义
result	array	结果

其中，result 的数据结构如下：

```
[
    {
        "question": "问题详情",
        "answer_zh": "关联答案",
    }
]
```

2）情况 2：传递了参数 s 时，即操作被认为是搜索行为，出参如表 6-6 所示。

表 6-6　出参（有 s 参数）

参数名	参数类型	参数含义
best	struct	结果
result	array	其他相似结果

其中，result 的数据结构如下：

```
[
    {
        "question": "问题详情",
        "answer_zh": "关联答案",
        "accuracy":  关联度
    }
]
```

best 的数据结构如下：

```
{
    "question": "问题详情",
    "answer_zh": "关联答案"
}
```

示例代码如下（以 Python 语言为例）：

```
import requests

url = "<base_url> /apis/v1/search?s=大代码包"
payload={}
headers = {}
response = requests.request("GET", url, headers=headers, data=payload)
print(response.text)
```

6.2.4 架构设计

整个项目将会基于 Serverless 架构进行开发，整体结构如图 6-3 所示。

整个项目包括如下两个角色。

- ❑ 系统维护成员：对系统进行维护，包括问题和答案录入的工作人员。
- ❑ 用户：通过网页或工具获取相关问题答案、关联问题的工作人员。

不同角色与系统之间的用例如图 6-4 所示。

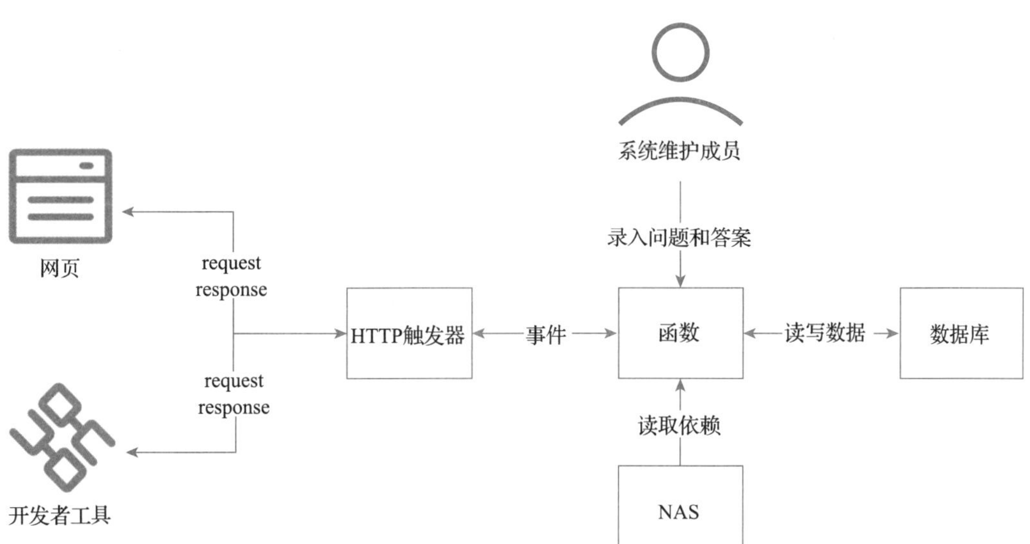

图 6-3　项目架构简图

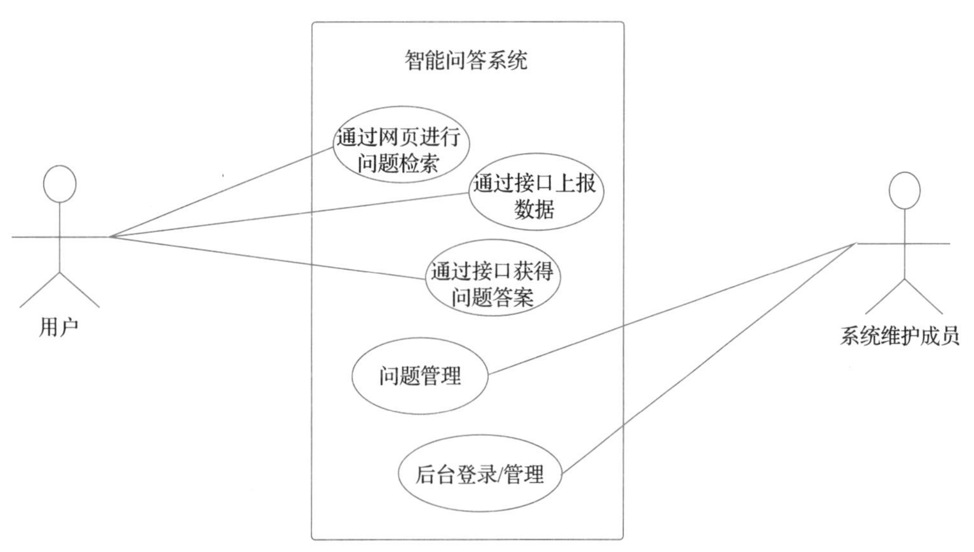

图 6-4　不同角色与系统之间的用例

整个项目包括如下多个产品。

- HTTP 网关：主要是以触发器的角色存在，对标 ServerFul 架构的网关服务，类似于 Nginx 等。
- 函数计算：用于进行计算的计算平台，包括用户的核心业务逻辑等。

- 对象存储：主要用于存储部分静态文件，以便更好地为客户端提供 Web 页面支持。
- NAS：在 Serverless 架构下，由于函数计算代码包大小、实例空间大小、实例读写权限等受限制，所以单纯的函数计算没办法满足全部的诉求，要通过 NAS 进行依赖的安装、项目的部署等。
- 数据库：Serverless 架构下数据没办法在 FaaS 平台长久存储，所以数据存储相关服务需要对应的数据库产品支持。

6.3 项目开发

本项目将采用 Django 框架进行开发。Django 是一个开放源代码的 Web 应用框架，由 Python 写成，采用了 MTV 框架模式，MTV 即模型（Model）、模板（Template）和视图（View）。它最初被用于管理劳伦斯出版集团旗下的一些以新闻内容为主的网站，即 CMS（内容管理系统）软件。

Django 框架作为一款非常受欢迎的 Python Web 框架，使用非常简单、便捷。其应用原理也是清晰、明确的。如图 6-5 所示，在 Django 框架中，我们可以通过 manage.py runserver 启动 Django 服务器，并载入同一目录下的 settings.py。该文件包含项目中的配置信息，如 URLConf 等，其中最重要的配置就是 ROOT_URLCONF。当访问 URL 的时候，Django 会根据 ROOT_URLCONF 的设置来装载 URLConf，然后按顺序逐个匹配 URLConf 里的 URLpatterns。如果匹配到，其会调用相关联的视图函数，并把 HttpRequest 对象作为第一个参数（通常是 request）。最后，View 函数负责返回一个 HttpResponse 对象。

6.3.1 项目初始化

通过 Django 框架进行项目初始化，并进行相关的 App 创建。

创建项目：

```
$ django-admin startproject ServerlessDevsQA
```

进入项目，并创建 App：

```
$ cd ServerlessDevsQA
$ python3 manage.py startapp qa
```

完成之后，可以通过命令 find . -print | sed -e 's;[^/]*/;|____;g;s;____|; |;g' 获取文件树，结果如图 6-6 所示。

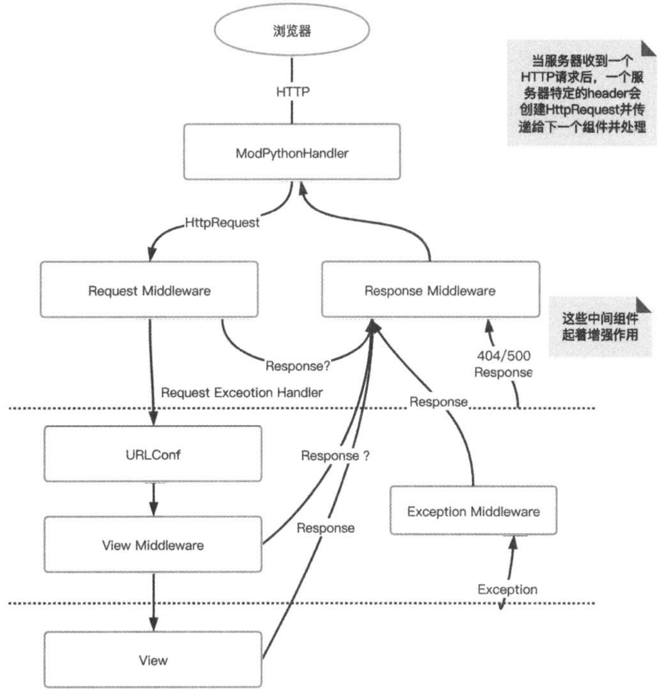

图 6-5　Django 框架工作机制简图

```
|____ServerlessDevsQA
| |____asgi.py
| |______init__.py
| |______pycache__
| | |______init__.cpython-39.pyc
| | |____settings.cpython-39.pyc
| |____settings.py
| |____urls.py
| |____wsgi.py
|____qa
| |____migrations
| | |______init__.py
| |____models.py
| |______init__.py
| |____apps.py
| |____admin.py
| |____tests.py
| |____views.py
|____manage.py
```

图 6-6　Django 项目初始化后的文件树

6.3.2　数据库与表的建设

Django 的 ORM 操作本质是根据对接的数据库引擎翻译成对应的 SQL 语句。对于所有使用 Django 开发的项目，开发者无须关心程序底层使用的是 MySQL、Oracle、SQLite 还是其他，如果数据库迁移，只需要更换 Django 的数据库引擎即可。

如图 6-7 所示，在 Django 中模型（model）是单一、明确的信息来源。它包含存储的数据的重要字段和行为。通常，一个模型映射到一个数据库表。每个模型都是一个 Python 类，它是 django.db.models.Model 的子类。模型的每个属性都代表一个数据库字段。基于此，Django 提供了一个自动生成的数据库访问 API。

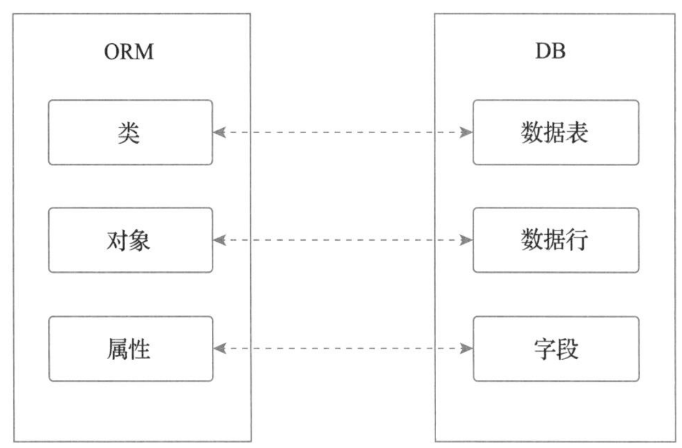

图 6-7　ORM 与 DB 的关系简图

通过上面的基础介绍，我们对 Django 框架的 ORM 模型有所认识，之后可以在 QA 应用下的 models.py 文件中进行相关的数据表定义以及相关字段的设置：

```
from django.db import models
from mdeditor.fields import MDTextField
# Create your models here.

class QAModel(models.Model):
    id = models.AutoField(primary_key=True)
    question = models.TextField(verbose_name="问题")
    answer = MDTextField(verbose_name="答案", null=True, blank=True)
    date = models.DateTimeField(auto_now_add=True, verbose_name="时间")
    unistring = models.CharField(unique=True, max_length=255)
    remark = models.TextField(null=True, blank=True, verbose_name="备注说明")

    def __unicode__(self):
        return self.question

    def __str__(self):
        return self.question

    class Meta:
        verbose_name = '问答'
        verbose_name_plural = '问答'
```

完成之后，还需要在配置中增加数据库配置，例如：

```
DATABASES = {
    'default': {
        'ENGINE': 'django.db.backends.mysql',
        'NAME': 'serverless-qa',
        'USER': 'serverless_qa',
        'PASSWORD': '',
        'HOST': '',
        'PORT': 3306,
    }
}
```

此时，我们就可以在项目下通过如下语句实现 ORM 语法到数据库语法的翻译，以及数据库的同步操作等：

```
python3 manage.py makemigrations
python3 manage.py migrate
```

6.3.3　管理后台相关能力的配置

Django 产生于公众页面和内容发布者页面完全分离的新闻类站点开发过程中。站点管理人员使用管理系统添加新闻、事件和体育时讯等。这些添加的内容显示在公众页面。Django 通过为站点管理人员创建统一的内容编辑界面来应对上述工作。Django 的管理界面不是为网站的访问者准备的，而是为管理者准备的。从另一个角度看，我们也可以认为 Django 所提供的 admin 功能是 Django 框架的核心特性之一。

在完成数据库创建和同步操作之后，可以通过以下命令进行超级管理员的创建：

```
python manage.py createsuperuser
```

按照引导输入管理员用户名、密码以及邮箱等。创建完成之后，可以启动 Django 项目服务，进行相关能力的测试：

```
python manage.py runserver
```

此时，打开浏览器，转到本地域名的“/admin/”目录，例如 http://127.0.0.1:8000/admin/，就会看见图 6-8 所示的管理员登录界面。

此时，输入管理员账号、密码，即可登录 Django 管理后台，如图 6-9 所示。

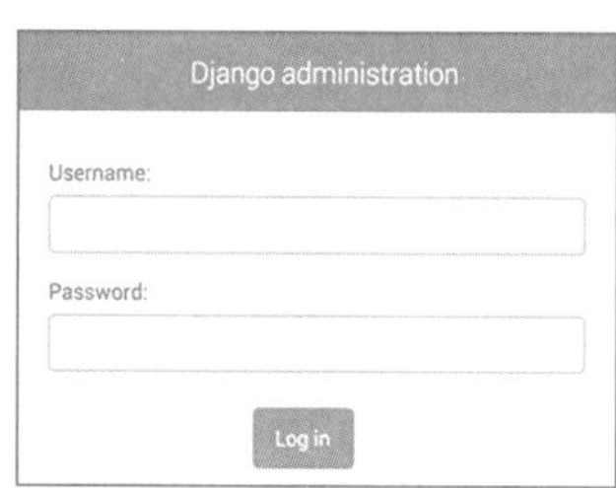

图 6-8　Django 登录页面

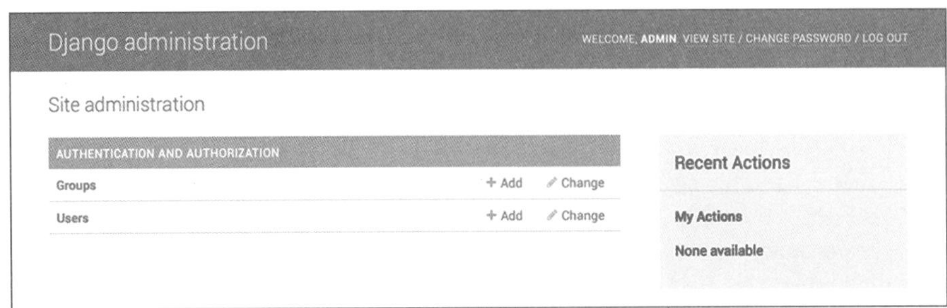

图 6-9　Django 管理后台

为了对刚创建的 QA 应用相关模型进行呈现（即在 admin.py 中注册 QA 模型），我们可以在 admin.py 中注册相关的页面和功能：

```
from django.contrib import admin
from qa.models import *
# Register your models here.

admin.site.site_header = 'Serverless QA'
admin.site.site_title = 'Serverless QA'

class QAModelAdmin(admin.ModelAdmin):
    ordering = ('-id',)
    list_display = ('question', 'date')
    list_display_links = ('question',)

admin.site.register(QAModel, QAModelAdmin)
```

保存文件，刷新页面，即可看到 QA 应用已经完成注册，如图 6-10 所示。

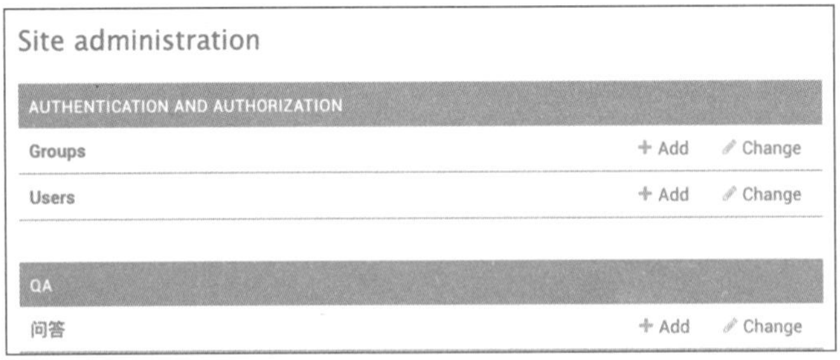

图 6-10　注册 QA 应用后的管理页面

为了便于之后的使用和测试，此时可以增加部分问答案例，例如图 6-11 所示，增加部分问答内容用于测试。

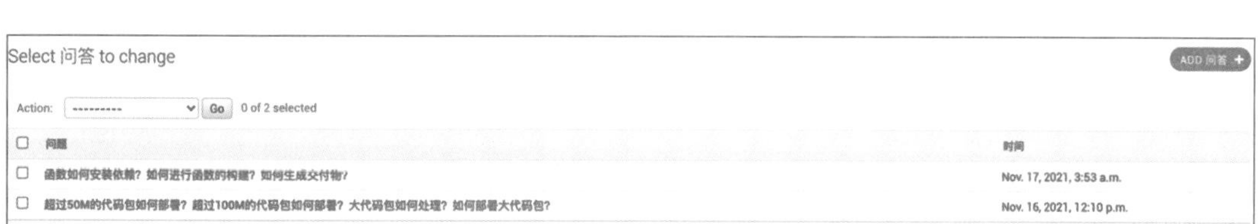

图 6-11　增加部分问答内容用于测试

6.3.4　业务逻辑开发

业务逻辑开发包括两个核心内容。

1）训练模型：通过一些已有的开源项目，快速进行相关的训练操作。

2）获取结果：通过用户的输入获取相对应的结果。在此层面有两个链路，具体如下。

- 获取最为可靠的结果：根据模型进行相关预测，找到最终可能性最大的答案。
- 获取相似问题和答案：通过文本相似度进行文本之间的关系确定，以寻找最为类似的若干问题和答案。

关于获取问答结果部分，我们可以采用常见的机器人框架，例如图 6-12 所示的 ChatterBot。

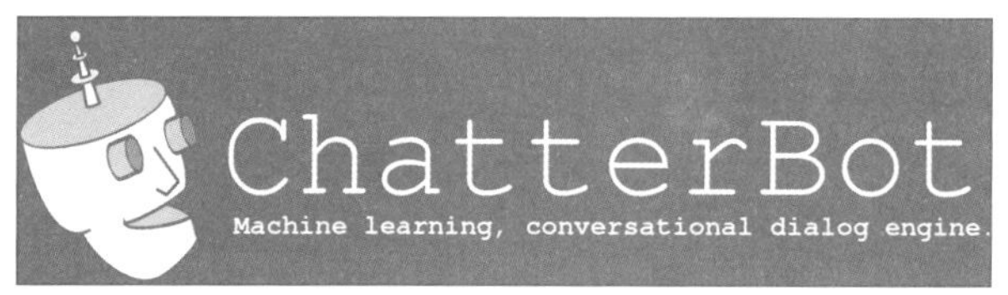

图 6-12　ChatterBot 项目标志

ChatterBot 是一个 Python 库，旨在使对话软件的开发变得容易。一个未经训练的 ChatterBot 实例一开始不知道如何交流，每次用户输入语句时，都会保存输入的文本以及语句响应的文本。随着 ChatterBot 接收到更多的输入，它的响应数量会增加，与输入语句相关的响应准确率会提高。

如图 6-13 所示，ChatterBot 包含有助于简化训练聊天机器人实例过程的工具。ChatterBot 的训练过程包括将实例对话框加载到聊天机器人的数据库中。这将创建或建立在表示已知语句和响应集的知识图结构上。当聊天机器人训练器获得数据集时，它会在聊天机器人的知识图中创建必要的条目，以便正确表示语句输入和响应。所以，通过不断增加问答内容以及不断进行训练，聊天机器人将会变得更加智能、响应准确率更高。

但是在实际生产过程中，没有过于理想的场景，所以我们还需要设定备选方案，即通过 Gensim 进行资源关系的抽取，判断文本相似度。Gensim 是一个相当专业的主题模型

Python 工具包。在文本处理中，比如商品评论挖掘，我们有时需要了解每个评论和各商品描述之间的相似度，以此衡量评论的客观性。评论和商品描述的相似度越高，说明评论的用语比较官方，不带太多感情色彩，比较注重描述商品的属性和特性。Gensim 就是基于 Python 计算文本相似度的程序包。

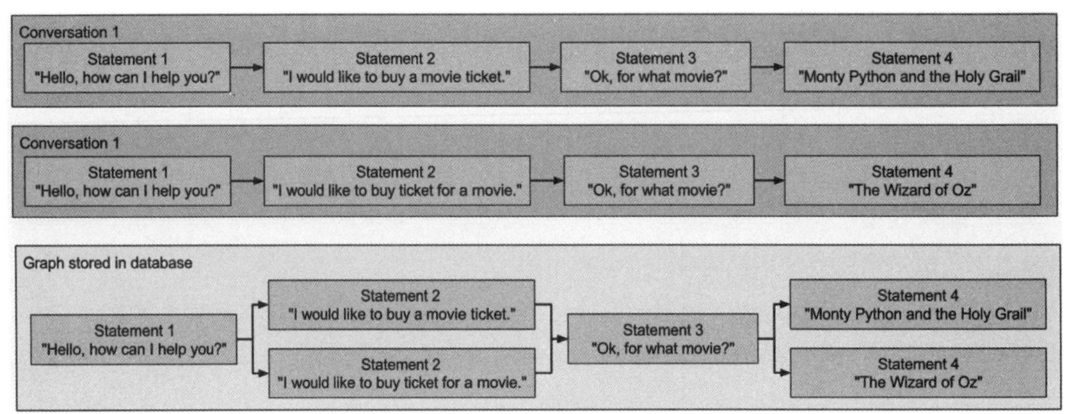

图 6-13　ChatterBot 训练流程简图

1. 基于 ChatterBot 的模型训练

ChatterBot 作为问答系统的一部分，需要进行模型训练才能对外提供相对应的预测能力，因此每完成一个问题和相关答案录入之后，系统就需要调用一次 ChatterBot 的训练方法。这时在模型的 save() 方法中进行数据的训练是更为恰当的，即在 QAModel 中增加：

```
def save(self):
    # 推送信息
    if self.answer:
        trainer.train([self.question, self.answer])
    super(QAModel, self).save()
```

完整的 model.py 文件可以是：

```
from django.db import models
from mdeditor.fields import MDTextField
from chatterbot import ChatBot
from chatterbot.trainers import ListTrainer
from ServerlessDevsQA.settings import DATABASES
# Create your models here.

db_uri = 'mysql+pymysql://{}:{}@{}:{}/{}'.format(
    DATABASES['default']['USER'],
    DATABASES['default']['PASSWORD'],
```

```
    DATABASES['default']['HOST'],
    DATABASES['default']['PORT'],
    DATABASES['default']['NAME'], )

qaBot = ChatBot('serverless-devs', database_uri=db_uri)
trainer = ListTrainer(qaBot)

class QAModel(models.Model):
    id = models.AutoField(primary_key=True)
    question = models.TextField(verbose_name="问题")
    answer = MDTextField(verbose_name="中文答案")
    date = models.DateTimeField(auto_now_add=True, verbose_name="时间")
    remark = models.TextField(null=True, blank=True, verbose_name="备注说明")

    def __unicode__(self):
        return self.question

    def __str__(self):
        return self.question

    class Meta:
        verbose_name = '问答'
        verbose_name_plural = '问答'


    def save(self):
        # 推送信息
        if self.answer:
            trainer.train([self.question, self.answer])
        super(QAModel, self).save()
```

至此，在模型保存时，系统会对问题数据进行答案内容有无的判断，如果存在已经录入的答案信息，则会进行相关的 train() 方法的调用，以确保模型的准确与可用。

2. 基于 Gensim 的文本相似度检测

正如上文所说，除了通过 ChatterBot 进行最佳答案的获取，我们还可以通过文本相似度进行相似文本信息的查询，主要流程如下。

1）建立数据索引。

2）通过 TF-IDF 等算法进行文本相似度计算。

3）通过计算结果，进行相似度评分从高到低的排序。

4）获取靠前指定个数的数据信息。

这一部分的完整参考代码如下：

```
def getResult(serchContent, sourceList, count=5):
```

```
    try:
        # 存放文章id和index的关系，格式为：docTempList[index] = 文章id
        docTempList = []
        # 分词之后的结果
        allDocList = []
        for question in sourceList:
            docTempList.append(question[0])
            allDocList.append([word for word in jieba.cut(question[1])])

        # 通过TF-IDF等算法进行文本相似度计算
        dictionary = corpora.Dictionary(allDocList)
        corpus = [dictionary.doc2bow(doc) for doc in allDocList]
        doc_test_vec = dictionary.doc2bow([word for word in jieba.cut(serchCon-
            tent)])
        tfidf = models.TfidfModel(corpus)
        index = similarities.SparseMatrixSimilarity(tfidf[corpus], num_features=len(dic-
            tionary.keys()))

        # 对结果进行排序
        resultTempList = sorted(enumerate(index[tfidf[doc_test_vec]]), key=lambda
            item: -item[1])

        # 根据排序结果将index转为aid
        resultList = [(docTempList[eveTempIndex[0]], eveTempIndex[1]) for eveTemp-
            Index in resultTempList]

        # 返回初始化个数
        return resultList[0:count] if len(resultList) > count else resultList
    except Exception as e:
        print("Error: ", e)
        return []
```

3. 数据上报接口的核心逻辑

数据上报接口的逻辑相对来说比较简单。为了更安全地接收用户的上报信息，推荐开发者增加相关的鉴权操作。例如客户端上报数据时需要携带某些身份信息（例如 Token 信息等），接口根据这些信息进行身份验证，通过验证之后再进行数据入库，否则默认该请求存在攻击行为，不进行入库操作。相关的代码逻辑如下：

```
def addQuestion(request):
    token = request.POST.get("token", None)
    question = request.POST.get("content", None)
    if not checkToken(token):
        return JsonResponse({'result': False})
    try:
        QAModel.objects.create(
            question = question,
```

```
            unistring= hashlib.md5(question.encode("utf-8")).hexdigest()
        )
    except:
        pass
    return JsonResponse({'result': False})
```

在代码中不难发现，针对 Token 的处理方法为 checkToken(token)。checkToken() 方法可以被认为是对身份信息进行校验的过程，如果返回为校验失败（False)，则终止本次入库逻辑；如果校验成功（True)，则对问题信息进行入库处理。

4. 答案获取接口的核心逻辑

答案获取主要包括两个部分：通过 ChatterBot 尝试获取结果；通过 Gensim 进行文本相似度检测，以获取最为匹配的若干结果。整体的处理逻辑如下：

```
def getAnswer(request):
    search = request.GET.get("s", None)

    if not search:
        response = lambda objects: [{
            "question": object.question,
            "answer_zh": markdown.markdown(object.answer, extensions=extensions)
        } for object in objects]
        return JsonResponse({'result': response(QAModel.objects.all().order_by("?")
            [0:5])})

    questions = QAModel.objects.all()
    # questions = questions if component.name == 'serverless-devs' else questions.
        filter(component=component)
    question = questions.filter(answer=qaBot.get_response(search))
    bestAnswer = {
        'question': None,
        'answer_zh': None
    } if question.count() == 0 else {
        'question': question[0].question,
        'answer_zh': markdown.markdown(question[0].answer, extensions=extensions),
    }
    answers = []
    questionsIndex = [(eve_question.id, eve_question.question) for eve_question
        in questions]
    for eve_result in getResult(search, questionsIndex, 6):
        answer = {
            "obj": questions.get(id=eve_result[0]),
            "acc": eve_result[1]
        }
        if answer['obj'].answer != bestAnswer['answer_zh']:
            answers.append(answer)
        if len(answers) == 5:
```

```
            break
    response = lambda objects: [{
        "question": object['obj'].question,
        "answer_zh": markdown.markdown(object['obj'].answer, extensions=extensions),
        "accuracy": np.float(object['acc'])
    } for object in objects]
    return JsonResponse({'result': response(answers), 'best': bestAnswer})
```

6.4 项目部署与运维

1. 部署前准备

为了将项目快速部署到 Serverless 架构，我们可以考虑使用 Serverless Devs 开发者工具，而且在进行项目真正意义上的部署之前，需要做两个重要工作。

- 根据不同云厂商的 Serverless 规范，对项目进行改造。
- 增加资源描述文件。

首先是对项目改造，以阿里云函数计算为例，明确 Python 3 运行时所需要的函数入口，然后创建文件，提取出 Django 项目的 application：

```
# index.py
from ServerlessDevsQA.wsgi import application
```

此时，在函数计算的函数入口处声明 index.application，即可顺利地通过事件启动 Django 的 WSGI Application。

然后，针对该项目所依赖的依赖包进行相关声明，例如在项目下创建 requirements.txt：

```
jieba==0.42.1
oss2==2.14.0
numpy==1.17.0
chatterbot
requests==2.24.0
PyMySQL==1.0.2
gensim==4.1.2
django
markdown
```

最后，可以通过 Serverless Devs 规范，进行线上资源和部署行为的描述，具体如下。

- 由于本地环境与函数计算的运行环境存在较大差异，当前环境安装的依赖可能没办法直接在函数计算的环境中使用，因此在部署前我们需要通过 Serverless Devs 开发者工具提供的容器环境，在与线上运行环境类似的容器中进行项目的构建、依赖的安装。

- 由于函数计算的代码包大小被限制在 100MB 以下，实例的空间被限制在 500MB 以下，想要直接部署项目和运行项目相对来说比较困难，此时我们可以考虑将核心业务逻辑部署到函数计算，而将构建项目、安装依赖时产生的额外文件统统放在 NAS 中。

上述两个流程的 Yaml 文件内容如下：

```
actions:                                               # 自定义执行逻辑
    pre-deploy:                                        # 在部署之前运行
        - run: s build --use-docker                    # 要运行的命令行
            path: ./                                   # 命令行运行的路径
    post-deploy:                                       # 在部署之后运行
        - run: s nas command mkdir  /mnt/auto/.s/python
            path: ./                                   # 命令行运行的路径
        - run: s nas upload -r -n ./.s/build/artifacts/serverless-devs-qa/
            server/.s/python /mnt/auto/.s/python       # 要运行的命令行
            path: ./                                   # 命令行运行的路径
```

由于安装的依赖、构建的部分产物等会被部署到 NAS，因此我们还需要进行相关文件的忽略，以确保不会在部署时将它们部署到函数计算：

```
# .fcignore
./.s
```

接下来，需要对项目的资源进行描述，包括项目部署到函数计算时，服务名和函数名是什么、相关的配置是什么等：

```
qa:         # 服务名称
    component: devsapp/fc
    props: # 组件的属性值
        region: cn-hangzhou
        service:
            name: serverless-devs-qa
            description: Serverless Devs QA系统
            nasConfig: auto
            vpcConfig: auto
        function:
            name: server
            runtime: python3
            codeUri: ./
            handler: index.application
            memorySize: 3072
            timeout: 60
            environmentVariables:
                PYTHONUSERBASE: /mnt/auto/.s/python/python
        triggers:
            - name: httpTrigger
```

```
              type: http
              config:
                  authType: anonymous
                  methods:
                      - GET
                      - POST
                      - PUT
      customDomains:
          - domainName: qa.devsapp.cn
            protocol: HTTP
            routeConfigs:
                - path: /*
```

2. 本地调试

Django 项目的本地调试方法很简单，运行服务即可：

```
python manage.py runserver
```

但是想要模拟函数计算的环境，并进行相关的调试，相对来说比较困难，此时我们依旧可以通过 Serverless Devs 开发者工具实现，只需要在本地执行以下语句：

```
s local start -domain qa.devsapp.cn
```

执行之后可以看到，系统启动了 Docker 实例，并对外暴露了相关端口号，如图 6-14 所示。

```
[2021-11-16 16:30:14] [INFO] [FC-LOCAL-INVOKE] - CustomDomain qa.devsapp.cn of serverless-devs-qa/server was registered
        url: http://localhost:7672/
        methods: GET,POST,PUT
        authType: anonymous

Tips for next step
======================
* Deploy Resources: s deploy
imageAi:
  status: succeed
function compute app listening on port 7672!
```

图 6-14　本地调试示意图

在浏览器中打开对应的测试地址即可看到最终效果，如图 6-15 所示。

图 6-15　本地调试最终效果

3. 项目部署

在当前阶段，执行 s deploy 命令可直接将项目部署到线上。项目部署整体过程分为 3 个阶段。

1）部署前的项目构建，如图 6-16 所示。

```
[2021-11-16 15:40:09] [INFO] [S-CLI] - Start ...
[2021-11-16 15:40:09] [INFO] [S-CLI] - Start the pre-action
[2021-11-16 15:40:09] [INFO] [S-CLI] - Action: s build --use-docker
[2021-11-16 15:40:10] [INFO] [S-CLI] - Start ...
[2021-11-16 15:40:11] [INFO] [FC-BUILD] - Build artifact start...
[2021-11-16 15:40:11] [INFO] [FC-BUILD] - Use docker for building.
[2021-11-16 15:40:13] [INFO] [FC-BUILD] - Build function using image: registry.cn-beijing.aliyuncs.com/aliyunfc/runtime-python3.6:build-1.9.21
[2021-11-16 15:40:13] [INFO] [FC-BUILD] - skip pulling image registry.cn-beijing.aliyuncs.com/aliyunfc/runtime-python3.6:build-1.9.21...
[2021-11-16 15:47:10] [INFO] [FC-BUILD] - Build artifact successfully.

Tips for next step
======================
* Invoke Event Function: s local invoke
* Invoke Http Function: s local start
* Deploy Resources: s deploy
```

图 6-16 项目构建示意图

2）项目的部署，如图 6-17 所示。

```
[2021-11-16 16:02:31] [INFO] [S-CLI] - End the after-action
imageAi:
  region:   cn-hangzhou
  service:
    name: serverless-devs-qa
  function:
    name:       server
    runtime:    python3
    handler:    index.application
    memorySize: 3072
    timeout:    60
  url:
    system_url:    https://1767215449378635.cn-hangzhou.fc.aliyuncs.com/2016-08-15/proxy/serverless-devs-qa/server/
    custom_domain:
      -
        domain: http://qa.devsapp.cn
  triggers:
    -
      type: http
      name: httpTrigger
```

图 6-17 项目部署示意图

3）项目部署完成后的依赖上传，如图 6-18 所示。

```
[2021-11-16 15:55:01] [INFO] [S-CLI] - Start the after-action
[2021-11-16 15:55:01] [INFO] [S-CLI] - Action: s nas upload -r -n ./.s/build/artifacts/serverless-devs-qa/server/.s/python /mnt/auto/.s/python
[2021-11-16 15:55:02] [INFO] [S-CLI] - Start ...
Packing ...
Package complete.
✓ Upload done

Tips for next step
======================
* Invoke remote function: s invoke
```

图 6-18 依赖上传示意图

至此，我们完成了项目的构建、部署，以及依赖的上传。

4. 端云联调

在 Serverless 架构中，由于本地环境和线上环境存在较为明显的差异，即使通过 Docker 实例模拟线上环境在本地进行调试，也可能因为一些网络问题，不能完整地模拟线上环境。例如在本案例中，线上是通过 NAS 等进行硬盘挂载，中间使用了私有网络，那么如何在本地进行调试并通过工具与线上资源互通就成为一个非常重要的事情。Serverless Devs 开发者工具拥有端云联调能力。当部署项目到线上之后，我们可以通过端云联调或者端云联调所带的断点调试能力，对函数进行进一步调试，以确保函数出错时快速排障。

以本项目为例，我们只需要在当前项目下通过 s proxied setup 命令开启端云联调功能，就可以通过 HTTP 触发器对函数进行触发，以实现端云联调能力。如果是在 VSCode 等 IDE 环境下，我们可以在开启端云联调时增加参数 --config vscode --debug-port 3000，然后 Serverless Devs 开发者工具自动在工程目录下生成 .vscode/launch.json 文件，此时可以通过对 VSCode 进行基础配置，实现断点调试，如图 6-19 所示。

图 6-19 对 VSCode 开启端云联调断点调试流程 1

打开一个新的终端，通过 proxied invoke 命令进行函数触发（例如 s proxied invoke，如果是事件函数也可以通过线上触发器进行触发，此时要注意将触发器临时指向辅助函数，详情参考 proxied invoke 命令操作过程），之后回到 VSCode 界面就可以进行断点调试了，如图 6-20 所示。

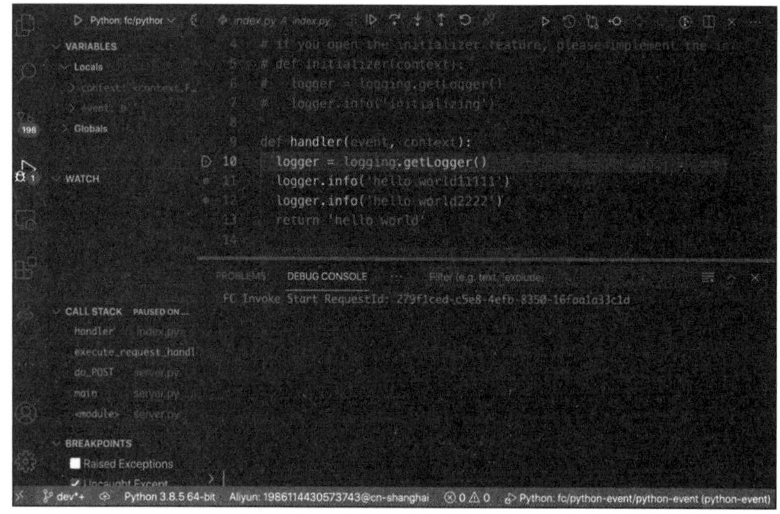

图 6-20 对 VSCode 开启端云联调断点调试流程 2

6.5 项目预览

当完成项目部署之后，我们可以进行项目的预览。项目的预览主要从 3 个角度进行。

1）用户主动查询问题角度，即针对系统 UI 页面如图 6-21 所示。

图 6-21 系统 UI 页面

2）用户通过工具接口被动感知角度，即针对系统接口如图 6-22 所示。

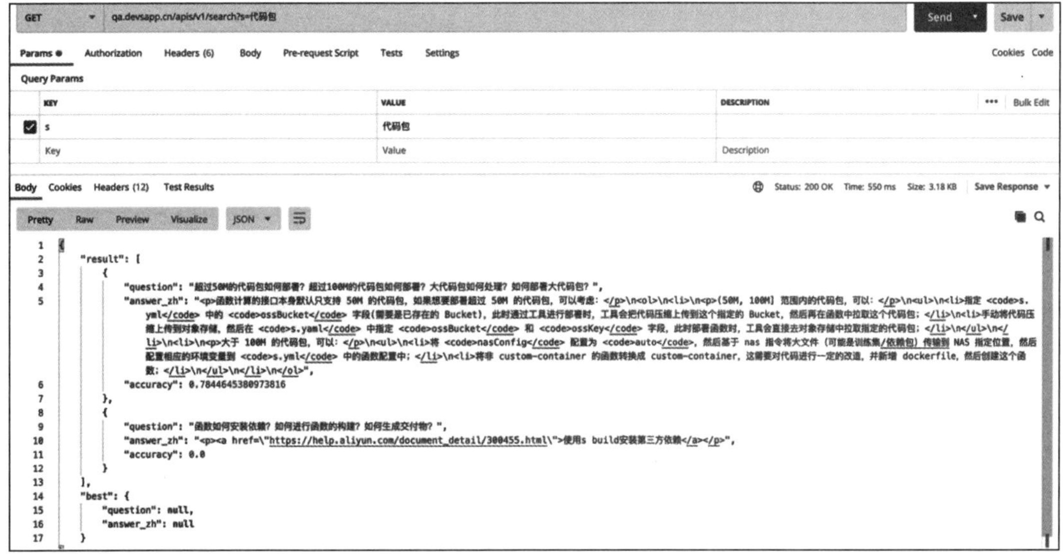

图 6-22 系统接口表现

3）管理员管理角度。

①后台管理问题列表页面，如图 6-23 所示。

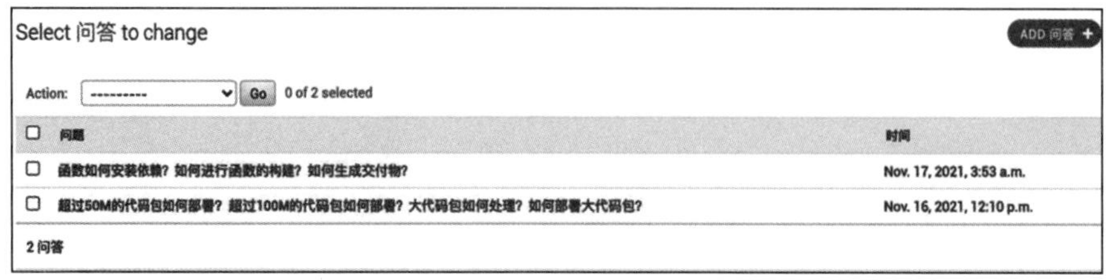

图 6-23　后台管理问题列表页面

②后台管理问题编辑页面，如图 6-24 所示。

Change 问答

函数如何安装依赖？如何进行函数的构建？如何生成交付物？

HISTORY

问题：

函数如何安装依赖？如何进行函数的构建？如何生成交付物？

中文答案：

[使用s build安装第三方依赖](https://help.aliyun.com/document_detail/300455.

使用s build安装第三方依赖

图 6-24　后台管理问题编辑页面

6.6　项目总结

随着业务的不断发展，问题的出现是不可避免的，传统意义上我们会有相对应的人力去解决，但是重复性问题反复回答，会让人变得疲惫不堪。所以近年来，人工智能客服逐渐兴起。本章采用 Serverless 架构，通过 Django 框架进行智能问答系统的开发：采用 ChatterBot 作为智能问答模型的核心模块，将 Gensim 作为智能问答的备用方案。当用户输入一个问题时，通过 ChatterBot 给用户提供一个最佳答案，同时通过 Gensim 推荐若干关联问题和答案，以便用户可以在遇到问题时，通过自助手段快速解决。

本项目采用 Serverless 架构进行部署，部署过程中有很多值得总结的方法。例如如何通过多种途径进行业务代码的调试（本地调试、端云调试）；如何将传统的 Django 框架部署到 Python 的运行时；如何进行项目的构建、依赖的安装，以保证在线上环境可用；大代码包如何部署到 Serverless 架构等。

尽管这是一个抛砖引玉的例子，但其一方面说明了 Serverless 架构可以很好地与传统框架进行结合，以进行人工智能项目、Restful API 服务的开发；另一方面也充分说明尽管目前 Serverless 架构仍存在一定问题，但是无论云厂商还是工具提供商都在努力解决问题。

Chapter 7 第 7 章

基于 Serverless 架构的人工智能相册小程序

小程序是一个非常有趣且繁荣的生态。Serverless 架构与小程序结合可以让开发效率极高的小程序工程变得“效率更高，性能更强，系统更稳，维护成本更低”。本章基于 Serverless 架构，开发一个人工智能相册小程序。

7.1 需求分析

在开始本案例之前，先明确一下基于 Serverless 架构的人工智能相册小程序的需求来源：我是一个比较喜欢旅行的人，经常会和朋友们去一些地方，毕竟读万卷书不如行万里路。在每次旅行的时候，我喜欢用手机拍照片，每次旅行结束之后会遇到两个比较有趣的事情。

- 我和朋友手机中都有一些照片，需要把这些照片合并到一起。通常的做法是我把我拍的照片传给他们，他们把他们拍的照片再传给我。
- 过了很久，我想找某张照片，需要不断翻相册，先确定大致拍摄时间，再逐步确定具体的照片。

所以，我想能不能开发一个人工智能小程序，以实现图 7-1 几个功能。

1）创建相册、上传图片：这是一个相册工具的基础能力，比较容易理解。

2）共享相册、共建相册：这个部分比较有趣，就是说使用者在创建相册时，可以决定相册权限，有以下几种。

- 私有相册：只能自己查看上传相片。
- 共享相册：自己可以查看和上传相片，别人只可以查看，不可以上传相片。
- 共建相册：自己可以查看和上传相片，别人也可以查看和上传。

3）可以通过搜索找到目标图片：通过人工智能领域的图像描述（Image Caption）技术，即上传图像之后，计算机会自动将其转换为文本并存储，在搜索的时候通过文本进行搜索，进而找到所对应的图像，如图 7-2 所示。

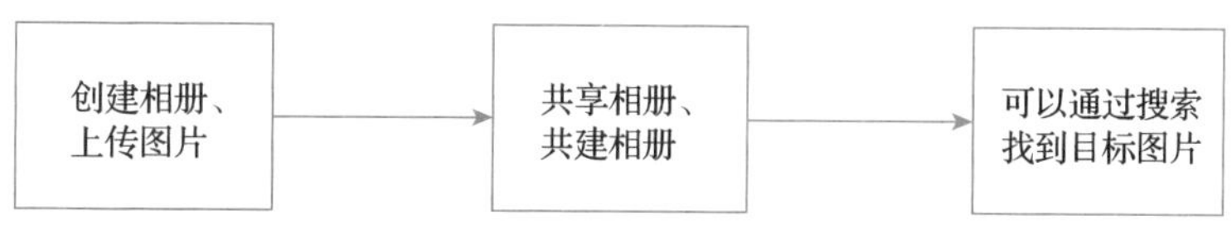

图 7-1　人工智能相册小程序功能流程简图

The man at bat readies to swing at the pitch while the umpire looks on.

A large bus sitting next to a very tall building.

图 7-2　图像描述效果

所存难点如下。

- 该小程序相对来说是一个低频工具，但需要购买服务器、租用云主机，以及购买数据库等产品，可能需要持续支出费用，如何更加节约地让其在用户需要的时候高性能运作起来，这是一个难点。
- 如果该小程序使用了 Serverless 架构，那么如何在函数计算上使用一个体积非常大的模型是一个难点，因为一般云厂商所提供的运行时的空间只有 500MB 左右。
- 如果使用 Serverless 架构，如何在本地调试，并且如何将传统框架部署到线上是一个问题。
- 在 Serverless 架构下如何上传图像，因为 Serverless 中的计算平台（即 FaaS 平台）通常是由事件驱动，而一般情况下云厂商对传输事件的体积进行了限制，通常是 6MB 左右，如果直接上传图像，显然会出现大量的事件体积超限问题。那么在 Serverless 架构下，如何安全、高性能且优雅地上传图像就显得尤为重要了。

7.2 整体设计

根据对需求的分析，我们对即将要实现的功能制作简单的用例图，如图 7-3 所示。

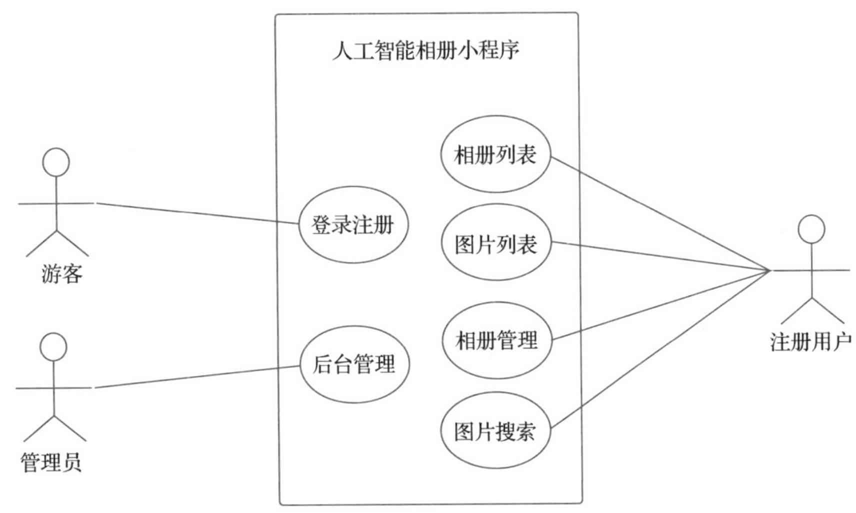

图 7-3 人工智能相册小程序用例图

该案例中存在 3 种角色。

- 游客：只能访问注册页面和登录页面。
- 管理：可通过电脑端访问后台管理系统。
- 注册用户：可以进行相册管理（包括增、删、改、查等操作）、图片管理（包括增、删、查等操作）。

对上述需求进一步细化，我们可以明确项目会分为 3 个主要部分。

- 小程序端：即客户端；
- 服务端：即小程序交互所需要的 API 系统。
- 管理系统：方便管理员对全局进行一些观测等。

整个系统基础功能简图如图 7-4 所示。

7.2.1 数据库设计

针对图 7-4 中的功能，我们可以对数据库进行设计，如图 7-5 所示。

表详情如表 7-1 ～表 7-7 所示。

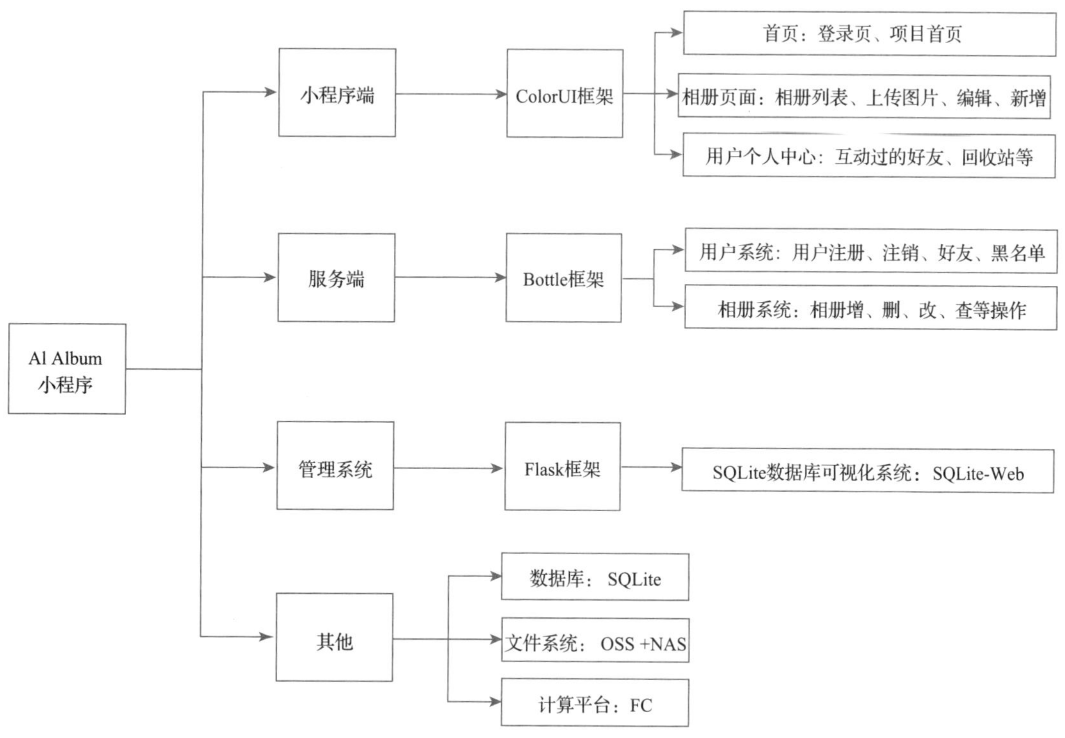

图 7-4　系统基础功能简图

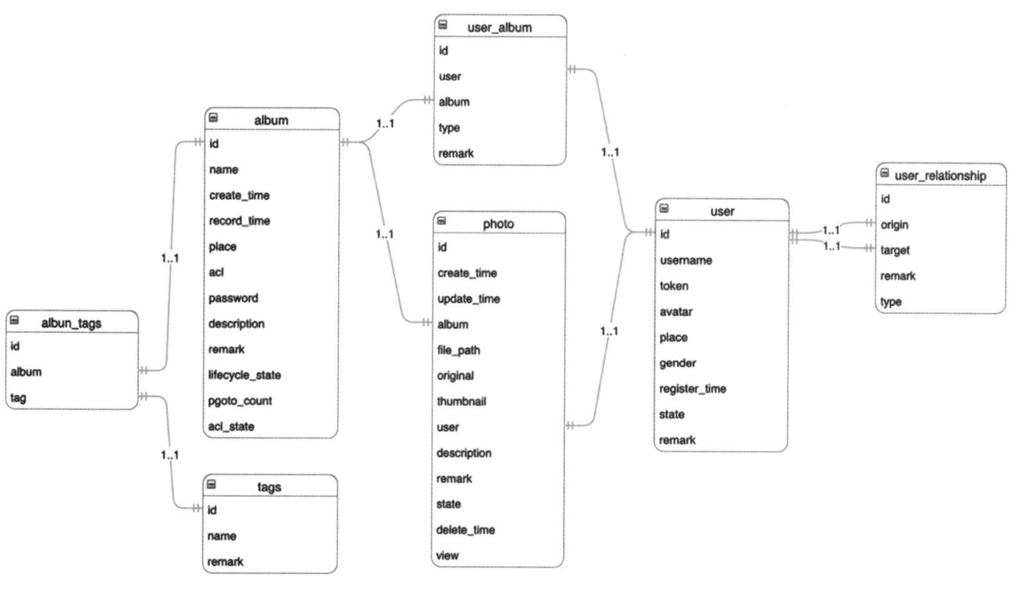

图 7-5　人工智能相册小程序数据库设计

表 7-1 相册（Album）详情表

字 段	类 型	描 述
id	int	主键，相册 ID
name	varchar	相册名
create_time	date	创建时间
record_time	date	记录时间
place	varchar	地点
acl	int	权限（0 表示私密，1 表示共享，2 表示共建）
password	varchar	密码
description	text	描述
remark	text	备注（可选）
lifecycle_state	int	生命状态（1 表示正常，0 表示删除）
photo_count	int	图片数量（默认 0）
acl_state	int	权限状态

表 7-2 标签（Tags）详情表

字 段	类 型	描 述
id	int	主键，标签 ID
name	varchar	相册名
remark	text	备注（可选）

表 7-3 相册标签关系（Album_Tags）详情表

字 段	类 型	描 述
id	int	主键，相册标签关系 ID
album	外键	相册
tag	外键	标签

表 7-4 用户（User）详情表

字 段	类 型	描 述
id	int	主键，用户 ID
username	varchar	用户名
token	varchar	用户 Token 信息
avatar	varchar	头像地址
place	varchar	地区
gender	int	性别
register_time	date	注册时间
state	int	用户状态（1 表示可用，2 表示注销）
remark	text	备注（可选）

表 7-5　用户相册关系（User_Album）详情表

字　段	类　型	描　述
id	int	主键，用户相册关系 ID
user	外键	用户
album	外键	相册
type	int	关系类型
remark	text	备注（可选）

表 7-6　图片（Photo）详情表

字　段	类　型	描　述
id	int	主键，图片 ID
create_time	date	创建时间
update_time	date	升级时间
album	外键	相册
file_path	varchar	图片地址
original	varchar	图片原图
thumbnail	varchar	图片压缩图
user	外键	用户
description	text	描述
remark	text	备注（可选）
state	int	图片状态（1 表示可用，-1 表示删除，-2 表示永久删除）
delete_time	date	删除时间
views	int	查看次数

表 7-7　用户关系（User_Relationship）详情表

字　段	类　型	描　述
id	int	主键，用户关系 ID
origin	外键	用户关系源
target	外键	用户关系目标
remark	text	备注（可选）
type	int	用户关系状态（1 表示好友，-1 表示黑名单）

7.2.2　原型图设计

人工智能相册小程序原型图如图 7-6 所示。

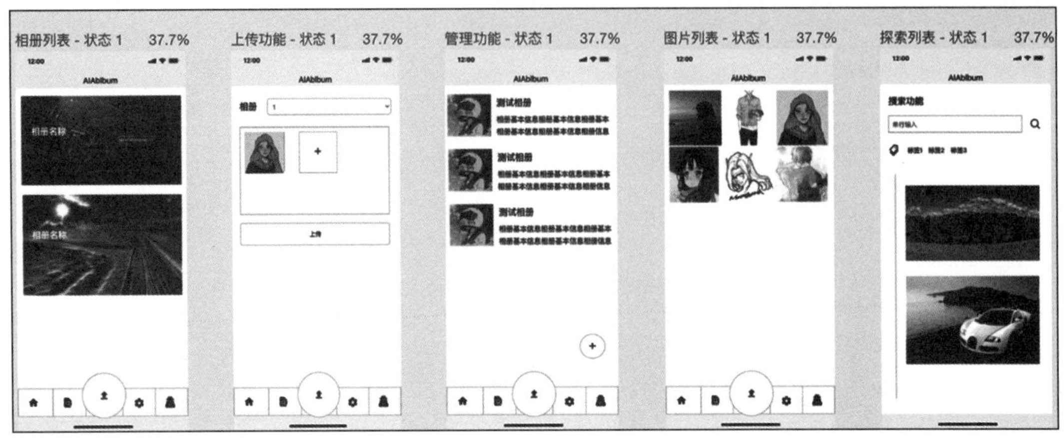

图 7-6　人工智能相册小程序原型图

7.2.3　细节设计

1. 图像压缩：更快速、更省流量

根据需求分析可知，要做的项目实际上是一个相册小程序。该相册小程序实际上包括图片列表和图片详情两个部分。

整体都加载原图一方面对用户流量、网络质量是一个考验，对用户的小程序客户端性能也是一个考验；另一方面对于服务端的流量费用支出，也是一个严峻的考验，所以我们可以使用图像压缩与图像原图组合的方法进行优化。例如，所有的列表页加载的图像均是压缩图，单击“查看详情”加载的是原图。这样不仅可以保证系统性能、成本，也进一步提高了整体效率和用户体验。

2. 状态设定：让复杂的权限变得清晰

为了更好地管理用户和相册、用户和用户的关系，我们额外引入用户相册表和用户表进行相关权限的控制。

- 用户和用户的关系可能包括自我关系、好友关系、黑名单关系、无关系。
- 用户和相册关系可能包括自己的相册、别人分享的相册（有查看权限、无查看权限）、别人共建的相册（有查看权限、无查看权限）。
- 相册自身的状态可能包括私密相册、共享相册、共建相册。
- 增量用户设置为私密状态。

这些复杂的根权和状态设计是构成用户关系、用户相册关系的重要部分。

3. 资源评估：让资源分配更加合理

资源分配实际上是一个老生常谈的问题。在云主机时代，开发一个项目必然离不开资源的评估。例如在购买服务器时，相关人员需要关注核心数量、带宽大小等信息。影响资源配置的因素可能包括对业务体积的评估、对用户体积的评估。如果整个业务采用 Serverless 架构，那么是否要对所使用的实例规格进行评估，如何评估才能更合理，所有接口是否都要放在一起，都是需要考虑的。

此处的做法是：拆分资源消耗比较大的接口；按照业务、场景进行接口分类。

相对简单的接口可能只包括对数据库增、删、改、查以及部分简单的逻辑，可以按照业务、场景进行划分。这类接口所使用的函数基本一致。还有一部分接口，如对图片进行描述（基于 Image Caption 的相关逻辑）等，它们所需要的资源相对来说是巨大的，所以要单独放在某些函数中。通过对资源的评估，我们可以让实例规格细化，进一步节约成本。

7.2.4　架构设计

相对于 ServerFul 而言，Serverless 架构的维护成本极低，且采用按量付费的模式，可以节约成本。所以，为了提高开发效率，并且降低整体成本，本项目基于 Serverless 架构进行开发。

如图 7-7 所示，整个项目会使用到 HTTP 触发器、函数计算、对象存储、NAS 等。

- HTTP 触发器实现了传统服务器中 Nginx 相关的设置。
- 函数计算为项目提供足够的算力。
- 对象存储存放用户上传的相片等资源。
- NAS 承载两部分工作，具体如下。
  - 存放一些代码包或者模型比较大的项目的依赖等文件。
  - 存放 SQLite 等数据库。

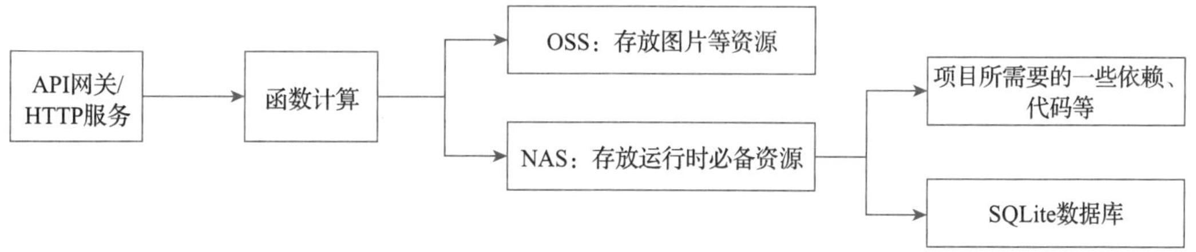

图 7-7　人工智能相册小程序架构设计简图

为了更符合传统的开发习惯和提高开发效率，也为了在开发期间在本地有一个更好的调试环境、方案，该项目将采用一些传统 Web 框架直接进行开发，最后通过工具推到线上环境，流程简图如图 7-8 所示。

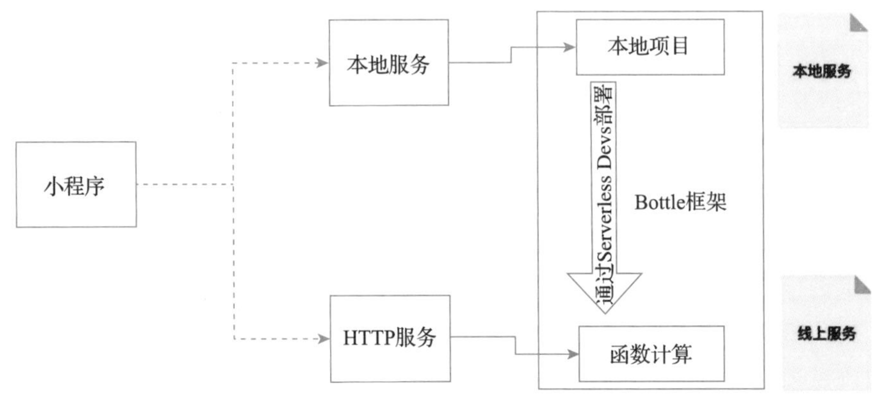

图 7-8 人工智能相册小程序部署流程简图

该项目的技术选型具体如下。

- 客户端：微信小程序框架使用 ColorUI，如图 7-9 所示。

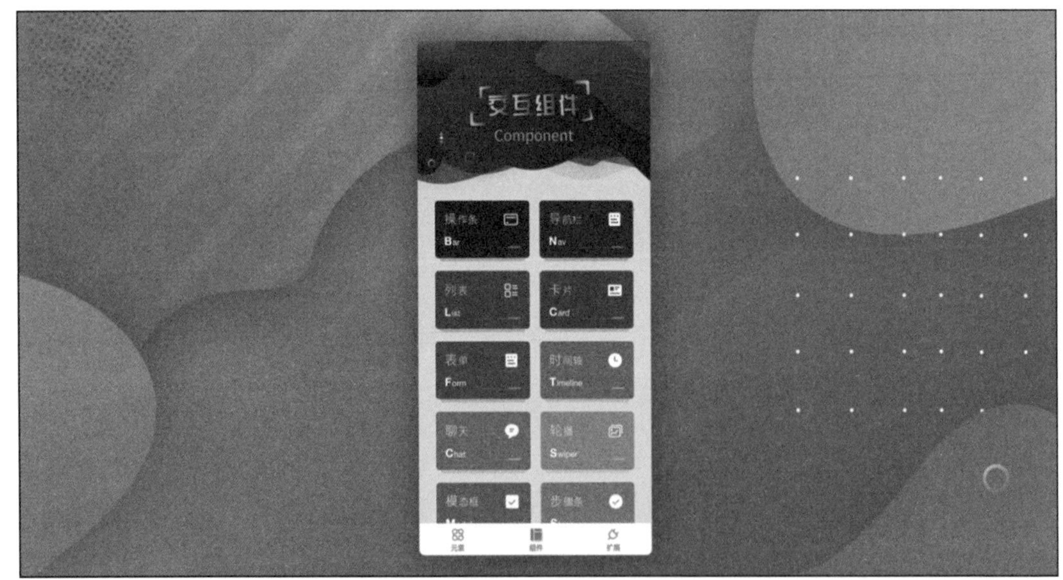

图 7-9 ColorUI 交互组件

- 服务端：后台接口采用 Bottle 框架。Bottle 是一个非常简洁、轻量级 Web 框架。与 Django 对比，它只由一个单文件组成，文件总共包含 3700 多行代码，依赖只有

Python 标准库。但是麻雀虽小五脏俱全，其基本功能都有，适合做一些轻量级的 Web 应用。

- 管理系统：采用 Flask 框架，使用 SQLite-Web 直接实现。SQLite-Web 是用 Python 编写的基于 Web 的 SQLite 数据库浏览器。
- 存储系统：以 OSS 对象存储作为相册存储，以 NAS 作为依赖、数据库等存储。
- 计算平台：全部采用函数计算（FC）。

针对服务端组成、图像文件上传方案、预热方案的详情如下。

1. 服务端功能

如图 7-10 所示，服务端功能主要由两部分组成：一部分是同步任务，另一部分是异步任务。

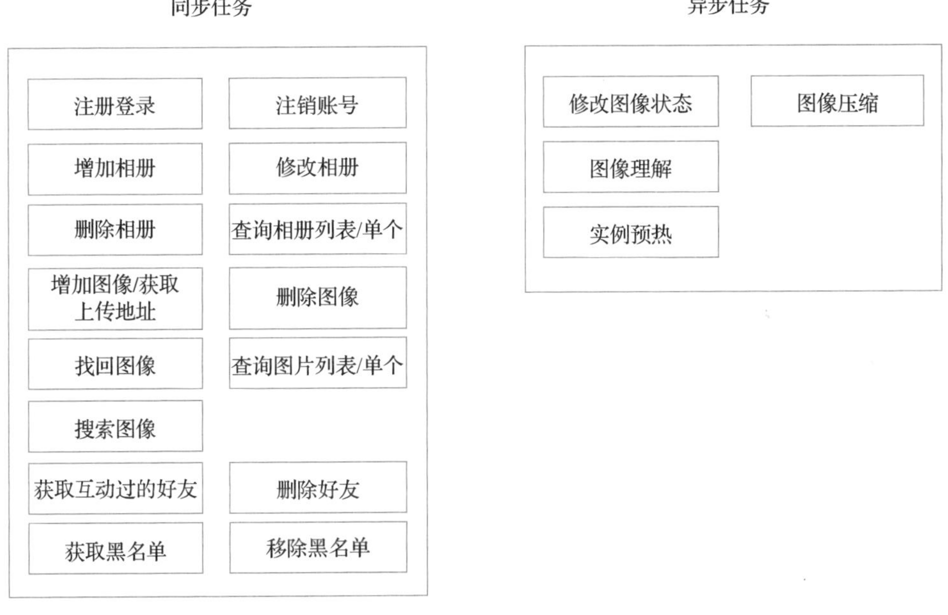

图 7-10　服务端功能

2. 图像文件上传方案

同步任务中有一个请求是增加图像。本项目所采用的增加图像的方法是“直传 OSS+异步处理”，即当用户本地上传图像的时候，系统向后台发出增加图像请求，之后返回上传地址，客户端将图像直接上传，然后异步触发修改图像状态、图像压缩、图像描述等任务。上传方案简图如图 7-11 所示。

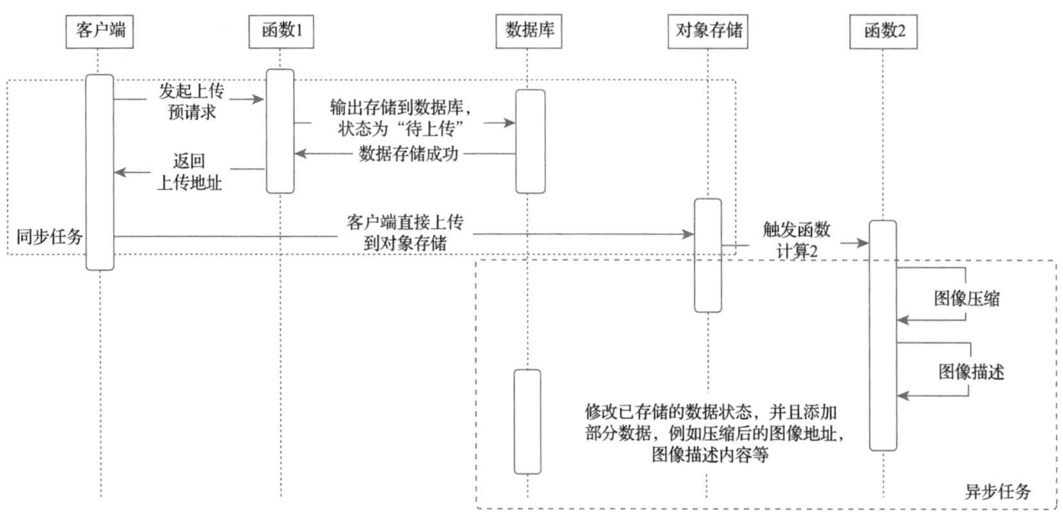

图 7-11 Serverless 架构下图像上传方案简图

3. 自预热方案

众所周知，Serverless 架构存在较为严重的冷启动问题。为了解决此问题，很多云厂商推出预留实例方案。但实际上就目前发展状况而言，笔者更偏向于自制预热方案。预留实例与自预热方案对比效果简图如图 7-12 所示。

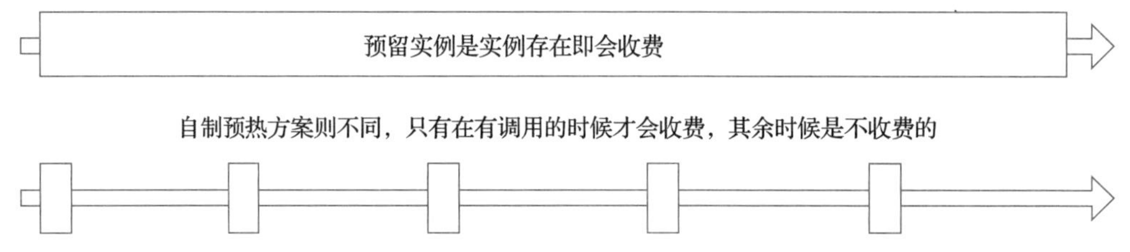

图 7-12 预留实例与自预热方案对比简图

所谓的自制预热方案就是写一个函数定时触发器，请求要被预热的函数。

例如，在预热函数中，有一个方法：

```
@bottle.route('/prewarm', method='GET')
def preWarm():
    time.sleep(3)
    return response("Pre Warm")
```

预热函数可以针对这个方法进行请求：

```
# -*- coding: utf-8 -*-
```

```
import _thread
import urllib.request
import time

def preWarm(number):
    print("%s\t start time: %s"%(number, time.time()))
    url = "http://www.aialbum.net/prewarm"
    print(urllib.request.urlopen(url).read().decode("utf-8"))
    print("%s\t end time: %s" % (number, time.time()))

def handler(event, context):
    try:
        for i in range(0,6):
            _thread.start_new_thread( preWarm, (i, ) )
    except:
        print ("Error: 无法启动线程")

    time.sleep(5)
    return True
```

接下来，针对预热函数进行定时触发（例如每 3 分钟触发一次），这样目标函数就可以保证实例的预热了。

7.3　项目开发

7.3.1　项目初始化

1. 数据库初始化

与其说是项目初始化，不如说是初始化一个数据库。

1）初始化相册表：

```
CREATE TABLE Album  (
    id                  INTEGER PRIMARY KEY autoincrement       NOT NULL,
    name                CHAR(255)                               NOT NULL,
    create_time         CHAR(255)                               NOT NULL,
    record_time         CHAR(255)                               NOT NULL,
    place               CHAR(255),
    acl                 INT                                     NOT NULL,
    password            CHAR(255),
    description         TEXT,
    remark              TEXT,
    lifecycle_state     INT,
    photo_count         INT                                     NOT NULL,
```

```
    acl_state           INT,
    picture             CHAR(255)
)
```

2）初始化图片表：

```
CREATE TABLE Photo  (
    id                  INTEGER PRIMARY KEY autoincrement     NOT NULL,
    create_time         TEXT                                  NOT NULL,
    update_time         TEXT                                  NOT NULL,
    album               CHAR(255)                             NOT NULL,
    file_token          CHAR(255)                             NOT NULL,
    user                INT                                   NOT NULL,
    description         CHAR(255)                             NOT NULL,
    remark              TEXT,
    state               INT                                   NOT NULL,
    delete_time         TEXT,
    place               TEXT,
    name                CHAR(255),
    views               INT                                   NOT NULL,
    delete_user               CHAR(255),
    "user_description" TEXT
)
```

3）初始化标签表：

```
CREATE TABLE Tags  (

    id                  INTEGER PRIMARY KEY autoincrement     NOT NULL,
    name                CHAR(255)                             NOT NULL UNIQUE,
    remark              TEXT
)
```

4）初始化用户表：

```
CREATE TABLE User  (
    id                  INTEGER PRIMARY KEY autoincrement     NOT NULL,
    username            CHAR(255)                             NOT NULL,
    token               CHAR(255)                             NOT NULL UNIQUE,
    avatar              CHAR(255)                             NOT NULL,
    secret              CHAR(255)                             NOT NULL UNIQUE,
    place               CHAR(255),
    gender              INT                                   NOT NULL,
    register_time       CHAR(255)                             NOT NULL,
    state               INT                                   NOT NULL,
    remark              TEXT
)
```

5）初始化用户关系表：

```
CREATE TABLE UserRelationship  (
    id                  INTEGER PRIMARY KEY autoincrement     NOT NULL,
    origin              INT                                   NOT NULL,
    target              INT                                   NOT NULL,
    type                INT                                   NOT NULL,
    relationship        CHAR(255)                             NOT NULL UNIQUE,
    remark              TEXT
)
```

6）初始化相册标签关系表：

```
CREATE TABLE AlbumTag  (
    id                  INTEGER PRIMARY KEY autoincrement     NOT NULL,
    album               INT                                   NOT NULL,
    tag                 INT                                   NOT NULL
)
```

7）初始化相册用户关系表：

```
CREATE TABLE AlbumUser  (
    id                  INTEGER PRIMARY KEY autoincrement     NOT NULL,
    user                INT                                   NOT NULL,
    album               INT                                   NOT NULL,
    type                INT                                   NOT NULL,
    album_user          CHAR(255)                             NOT NULL UNIQUE,
    remark              TEXT
)
```

2. 存储桶初始化

数据库初始化之后，我们还需要创建一个存储桶。如图 7-13 所示，在 OSS 中创建一个存储桶。

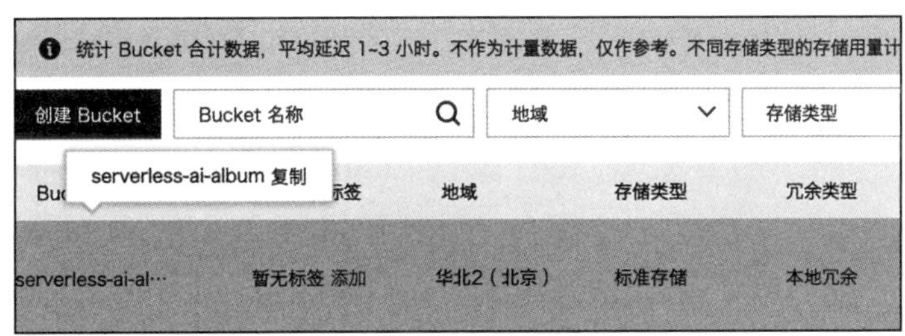

图 7-13　在 OSS 中创建存储桶

7.3.2　小程序开发

1. 页面开发

小程序开发主要包括两部分：一部分是页面布局，另一部分是数据渲染。其中，页面布局主要由 ColorUI 组件完成。首先规定一个页面的整体样式，如图 7-14 所示。

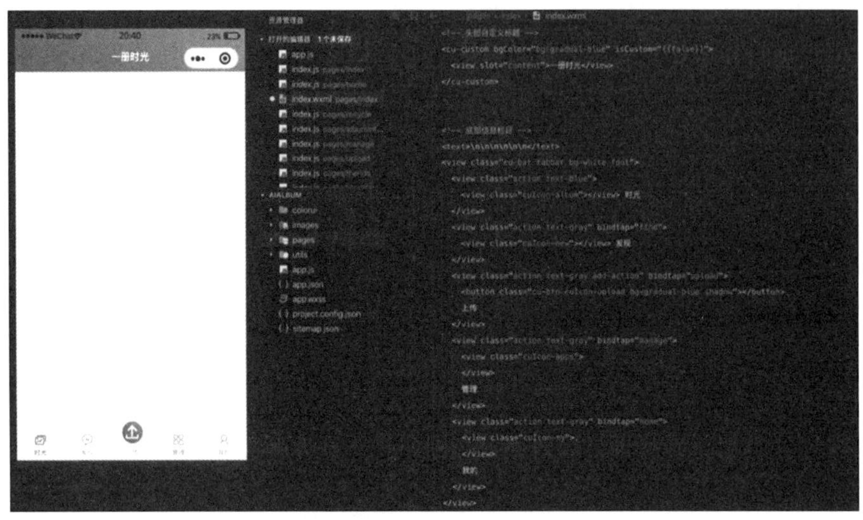

图 7-14 小程序开发 IDE

然后根据所设计的页面以及现有的组件进行灵活拼装，效果如图 7-15 所示。

图 7-15 ColorUI 原型图还原效果

2. 网络请求部分进一步抽象的一些公共方法

完成小程序页面的开发后，对小程序的数据统一进行抽象，例如请求后端的方法：

```
// 统一请求接口
    doPost: async function (uri, data, option = {
        secret: true,
        method: "POST"
    }) {
        let times = 20
        const that = this
        let initStatus = false
        if (option.secret) {
            while (!initStatus && times > 0) {
                times = times - 1
                if (this.globalData.secret) {
                    data.secret = this.globalData.secret
                    initStatus = true
                    break
                }
                await that.sleep(500)
            }
        } else {
            initStatus = true
        }
        if (initStatus) {
            return new Promise((resolve, reject) => {
                wx.request({
                    url: that.url + uri,
                    data: data,
                    header: {
                        "Content-Type": "text/plain"
                    },
                    method: option.type ? option.type : "POST",

                    success: function (res) {
                        console.log("RES: ", res)
                        if (res.data.Body && res.data.Body.Error && res.data.Body.
                            Error == "UserInformationError") {
                            wx.redirectTo({
                                url: '/pages/login/index',
                            })
                        } else {
                            resolve(res.data)
                        }
                    },

                    fail: function (res) {
                        reject(null)
                    }
                })
            })
        }
    }
```

登录模块的实现方法如下：

```
login: async function () {

    const that = this
    const postData = {}
    let initStatus = false
    while (!initStatus) {
        if (this.globalData.token) {
            postData.token = this.globalData.token
            initStatus = true
            break
        }
        await that.sleep(200)
}

    if (this.globalData.userInfo) {
        postData.username = this.globalData.userInfo.nickName
        postData.avatar = this.globalData.userInfo.avatarUrl
        postData.place = this.globalData.userInfo.country || "" + this.globalData.
            userInfo.province || "" + this.globalData.userInfo.city || ""
        postData.gender = this.globalData.userInfo.gender
}

    try {
        this.doPost('/login', postData, {
            secret: false,
            method: "POST"
        }).then(function (result) {
            if (result.secret) {
                that.globalData.secret = result.secret
            } else {
                that.responseAction(
                    "登录失败",
                    String(result.Body.Message)
                )
            }
        })
    } catch (ex) {
        this.failRequest()
        }
    }
```

3. 核心页面开发的一些方法

（1）上传图像文件的方法

在上传图像文件到阿里云对象存储时，我们会遇到以下问题。

- 直接通过密钥上传，不是很安全。

- 通过预签名上传很安全，但是小程序和对象存储有一些冲突：小程序的 uploadFile 方法，只支持 POST；对象存储的 SDK 只支持 PUT 与 GET 方法的预签名。

最终解决方案是服务端通过对象存储的 SDK 生成临时地址：

```
uploadUrl = "https://upload.aialbum.net"
replaceUrl = lambda method: downloadUrl if method == "GET" else uploadUrl
getSourceUrl = lambda objectName, method="GET", expiry=600: bucket.sign_
    url(method, objectName, expiry)
SignUrl = lambda objectName, method="GET", expiry=600: getSourceUrl(objectName,
    method, expiry).replace(sourcePublicUrl, replaceUrl(method))
# 使用方法:
returnData = {"index": index, "url": SignUrl(file_path, "PUT", 600)}
```

小程序本身有一个上传图像文件的 API。该 API 官方文档如图 7-16 所示。

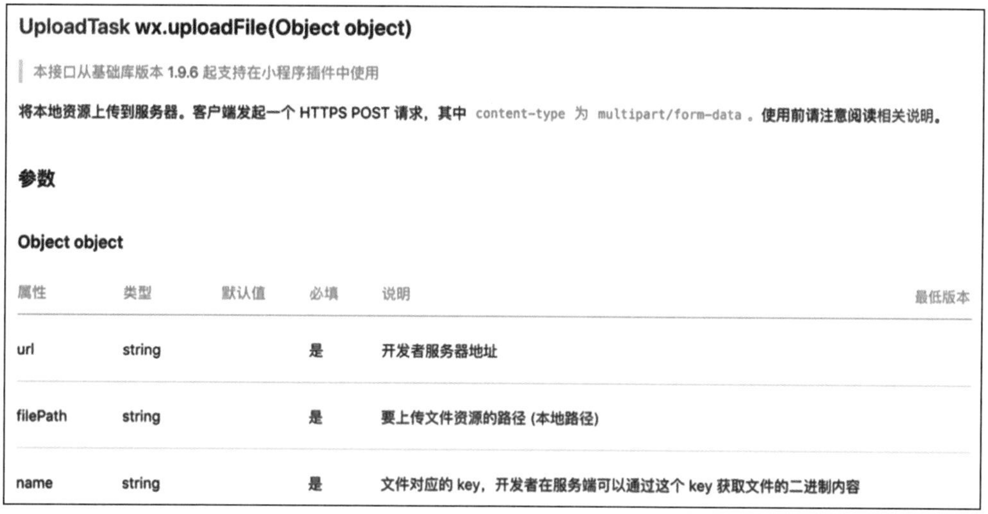

UploadTask wx.uploadFile(Object object)

本接口从基础库版本 1.9.6 起支持在小程序插件中使用

将本地资源上传到服务器。客户端发起一个 HTTPS POST 请求，其中 content-type 为 multipart/form-data 。使用前请注意阅读相关说明。

参数

Object object

属性	类型	默认值	必填	说明	最低版本
url	string		是	开发者服务器地址	
filePath	string		是	要上传文件资源的路径 (本地路径)	
name	string		是	文件对应的 key，开发者在服务端可以通过这个 key 获取文件的二进制内容	

图 7-16　小程序上传图像文件 API 文档

该 API 的描述文档中有：“客户端发起一个 HTTPS POST 请求”，而在使用阿里云对象存储服务中，使用的 SDK 仅支持 GET 方法和 PUT 方法的预签名，所以这里无法通过“预签名 +wx.uploadFile(Object object)”来上传文件，此时需要读取文件，并通过 wx.request(Object object) 指定 PUT 方法。

基本的实现过程如下：

```
uploadData: function () {
    const that = this
    const uploadFiles = this.data.imageType == 1 ? this.data.originalPhotos : this.
        data.thumbnailPhotos
```

```
    for (let i = 0; i < uploadFiles.length; i++) {
        if (that.data.imgListState[i] != "complete") {
            const imgListState = that.data.imgListState
            try {
                app.doPost('/picture/upload/url/get', {
                    album: that.data.album[that.data.index].id,
                    index: i,
                    file: uploadFiles[i]
                }).then(function (result) {
                    if (!result.Body.Error) {
                        imgListState[result.Body.index] = 'uploading'
                        that.setData({
                            imgListState: imgListState
                        })
                        wx.request({
                            method: 'PUT',
                            url: result.Body.url,
                            data: wx.getFileSystemManager().readFileSync(upload-
                                Files[result.Body.index]),
                            header: {
                                "Content-Type": " "
                            },
                            success(res) {
                            },
                            fail(res) {
                            },
                            complete(res) {
                            }
                        })
                    } else {
                    }
                })
            } catch (ex) {
            }
        }
    }
}
```

（2）对图像列表页操作的方法

为了让这个小程序更符合常见的相册系统，我们可以通过屏幕对图像列表进行部分操作。相册列表页样式如图 7-17 所示。

我们可以通过双指放大、缩小的操作来调整相册列表页每行显示的图像数量。操作手势如图 7-18 所示。

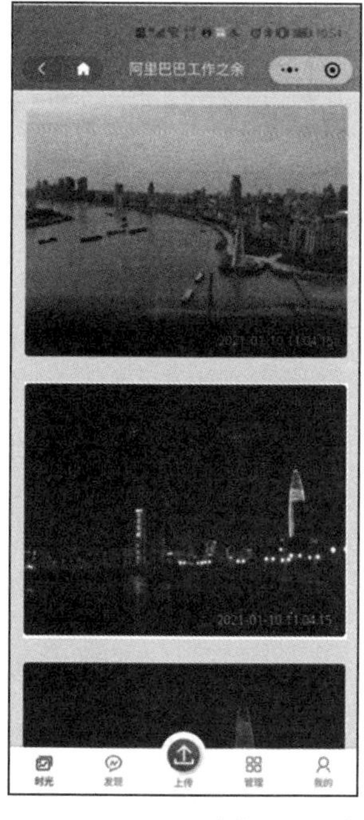

图 7-17　相册列表页样式

缩小操作

放大操作

图 7-18　小程序相册列表页操作手势

这一部分的实现方案如下，即通过确定屏幕触点的数量及勾股定理，确定两个手指之间的距离。

```
/**
  * 调整图像
  */
  touchendCallback: function (e) {
      this.setData({
          distance: null
      })
  },

  touchmoveCallback: function (e) {
      if (e.touches.length == 1) {
          return
      }
      // 监测到两个触点
      let xMove = e.touches[1].clientX - e.touches[0].clientX
      let yMove = e.touches[1].clientY - e.touches[0].clientY
      let distance = Math.sqrt(xMove * xMove + yMove * yMove)
      if (this.data.distance) {
          // 已经存在前置状态
          let tempDistance = this.data.distance - distance
          let scale = parseInt(Math.abs(tempDistance / this.data.windowRate))
```

```
            if (scale >= 1) {
                let rowCount = tempDistance > 0 ? this.data.rowCount + scale : this.
                    data.rowCount - scale
                rowCount = rowCount <= 1 ? 1 : (rowCount >= 5 ? 5 : rowCount)
                this.setData({
                    rowCount: rowCount,
                    rowWidthHeight: wx.getSystemInfoSync().windowWidth / rowCount,
                    distance: distance
                })
            }
        } else {
            // 不存在前置状态
            this.setData({
                distance: distance
            })
        }
    },
```

7.3.3 服务端开发

服务端开发主要包括两个函数：基于 Bottle 框架的同步接口的函数和异步功能的函数。其中，基于 Bottle 框架的同步接口大部分用于实现数据库的增、删、改、查操作，以及权限校验操作。

1. 数据库统一处理方法

数据库统一处理方法如下：

```
# 数据库操作
def Action(sentence, data=(), throw=True):
    '''
    数据库操作
    :param throw: 异常控制
    :param sentence: 执行的语句
    :param data: 传入的数据
    :return:
    '''
    try:
        for i in range(0,5):
            try:
                cursor = connection.cursor()
                result = cursor.execute(sentence, data)
                connection.commit()
                return result
            except Exception as e:
                if "disk I/O error" in str(e):
                    time.sleep(0.2)
                    continue
```

```
            elif "lock" in str(2):
                time.sleep(1.1)
                continue
            else:
                raise e
    except Exception as err:
        print(err)
        if throw:
            raise err
        else:
            return False
```

2. 登录注册实现方法

登录注册实现方法如下：

```
# 登录功能
@bottle.route('/login', method='POST')
def login():
    try:
        postData = json.loads(bottle.request.body.read().decode("utf-8"))
        token = postData.get('token', None)
        username = postData.get('username', '')
        avatar = postData.get('avatar', getAvatar())
        place = postData.get('place', "太阳系 地球")
        gender = postData.get('gender', "-1")
        tempSecret = getMD5(str(token)) + getRandomStr(50)
        if token:
            # 如果用户信息在数据库，则更新并登录，否则进行注册
            print("Got token.")
            dbResult = Action("SELECT * FROM User WHERE `token`=?;", (token,))
            user = dbResult.fetchone()
            if user:
                print("User exists.")
                tempSecret = user[4]
                # 判断数据是否一致，并决定是否启动更新操作
                if not (username == user[1] and avatar == user[3] and place ==
                    user[5] and gender == user[6]):
                    # 更新操作
                    print("User exists. Updating ...")
                    updateStmt = "UPDATE User SET `username`=?, `avatar`=?,
                        `place`=?, `gender`=? WHERE `id`=?;"
                    Action(updateStmt, (username, avatar, place, gender, user[0]))
            else:
                print("User does not exists. Creating ...")
                insertStmt = ("INSERT INTO User(`username`, `token`, `avatar`,
                    `secret`, `place`, `gender`, "
                              "`register_time`, `state`, `remark`) VALUES (?, ?,
                                  ?, ?, ?, ?, ?, ?, ?);")
                Action(insertStmt, (username, token, avatar, tempSecret, place,
```

```
                    gender, str(getTime()), 1, ''))
                # 完成之后，再查一次数据
                print("Getting user information ...")
                userData = getUserBySecret(tempSecret)
                return userData if userData else response(ERROR['SystemError'], 'SystemError')
            else:
                return response(ERROR['ParameterException'], 'ParameterException')
        except Exception as e:
            print("Error: ", e)
            return response(ERROR['SystemError'], 'SystemError')
```

3. 全局定义和初始化方法

当然，为了让一些操作更简单，我们抽象出一些 Lambda 方法并定义了一系列全局变量等：

```
# 定义和初始化OSS Bucket对象
bucket = oss2.Bucket(oss2.Auth(AccessKeyId, AccessKeySecret), OSS_REGION_
    ENDPOINT[Region]['public'], Bucket)
# 定义和初始化数据库连接对象
connection = sqlite3.connect(Database, timeout=2)
# 执行预签名操作
ossPublicUrl = OSS_REGION_ENDPOINT[Region]['public']
sourcePublicUrl = "http://%s.%s" % (Bucket, ossPublicUrl)
downloadUrl = "https://download.aialbum.net"
uploadUrl = "https://upload.aialbum.net"
replaceUrl = lambda method: downloadUrl if method == "GET" else uploadUrl
getSourceUrl = lambda objectName, method="GET", expiry=600: bucket.sign_
    url(method, objectName, expiry)
SignUrl = lambda objectName, method="GET", expiry=600: getSourceUrl(objectName,
    method, expiry).replace(sourcePublicUrl, replaceUrl(method))
thumbnailKey = lambda key: "photo/thumbnail/%s" % (key) if bucket.object_
    exists("photo/thumbnail/%s" % (key)) else "photo/original/%s" % (key)
# 统一返回结果
response = lambda message, error=False: {'Id': str(uuid.uuid4()),
                                          'Body': {
                                              "Error": error,
                                              "Message": message,
                                          } if error else message}
# 获取默认图像
defaultPicture = "%s/static/images/%s/%s.jpg"
getAvatar = lambda: defaultPicture % (downloadUrl, "avatar", random.choice(range
    (1, 6)))
getAlbumPicture = lambda: defaultPicture % (downloadUrl, "album", random.choice(range
    (1, 6)))
# 获取随机字符串
seeds = 'abcdefghijklmnopqrstuvwxyzABCDEFGHIJKLMNOPQRSTUVWXYZ' * 100
getRandomStr = lambda num=200: "".join(random.sample(seeds, num))
# MD5加密
getMD5 = lambda content: hashlib.md5(content.encode("utf-8")).hexdigest()
# 获取格式化时间
getTime = lambda: time.strftime("%Y-%m-%d %H:%M:%S", time.localtime())
```

4. 用户与相册权限确定方法

本项目中，系统会经常性地判断用户和相册之间的关系。所谓的用户和相册之间的关系在该项目中是权限设置的核心部分，所以有图 7-19 较为烦琐的流程。

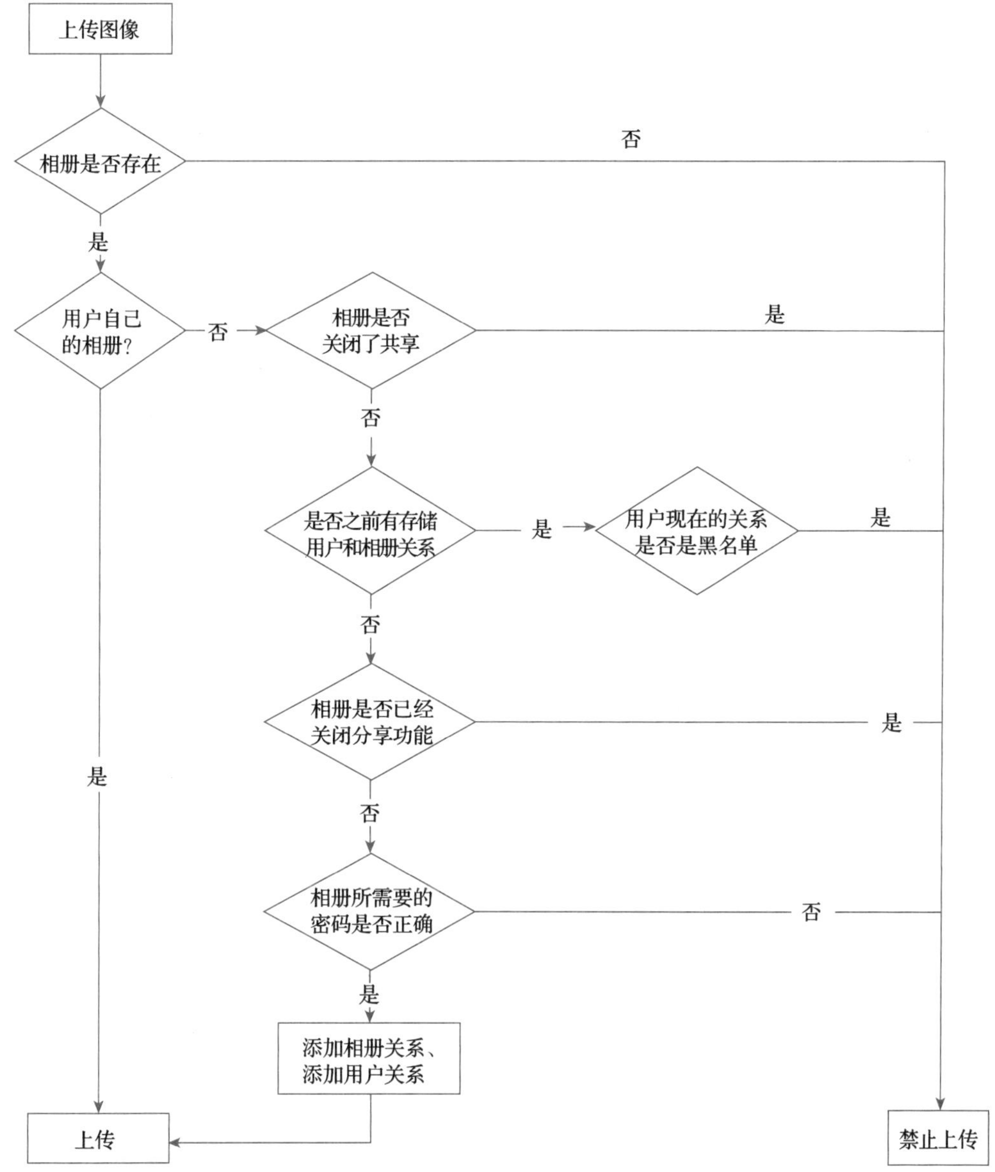

图 7-19　小程序用户与相册权限确定流程

此时，我们可以添加一个通用方法，以便进行用户与相册之间权限的鉴定：

```
# 相册权限鉴定
def checkAlbumPermission(albumId, userId, password=None):

    deleteAlbumUser = lambda user, album: Action("DELETE FROM AlbumUser WHERE
        album=? AND user=?", (album, user), False)

    album = Action(("SELECT albumUser.id albumUser_id, album.id album_id, * FROM
        AlbumUser AS albumUser "
                   "INNER JOIN Album AS album WHERE albumUser.`album`=album.`id` "
                   "AND albumUser.`album`=? AND albumUser.`type`=1;"), (albumId,)).
                       fetchone()

    # 相册不存在
    if not album:
        return 0

    # 有相册，且是自己的
    if album['user'] == userId:
        # 自己的相册，最高权限，直接返回
        return 3

    # 如果相册已经关闭共享功能
    if album['acl'] == 0:
        # 相册已经转为私有权限
        deleteAlbumUser(userId, albumId)
        return 0

    tempAlbum = Action("SELECT * FROM AlbumUser WHERE user=? AND album=?;",
        (userId, albumId), False).fetchone()
    # 没有相册，且不再提供额外授权
    if not tempAlbum and album["acl_state"] == 1:
        return 0

    # 相册未关闭共享功能，但是有密码
    if album['password'] and album['password'] != password:
        # 需要密码，但是密码错误
        return -1

    # 如果用户在黑名单中，则无权限
    searchStmt = "SELECT * FROM UserRelationship WHERE `origin`=? AND `target`=?;"
    userRelationship = Action(searchStmt, (album['user'], userId)).fetchone()
    if userRelationship and userRelationship['type'] == -1:
        deleteAlbumUser(userId, albumId)
        return 0

    if not userRelationship:
        # 添加用户关系
        insertStmt = ("INSERT INTO UserRelationship (`origin`, `target`, `type`,
            `relationship`, `remark`) "
```

```
                    "VALUES (?, ?, ?, ?, ?)")
        Action(insertStmt, (userId, album["user"], 1, "%s->%s" % (userId,
            album["user"]), ""), False)
        Action(insertStmt, (album["user"], userId, 1, "%s->%s" % (album["user"],
            userId), ""), False)

    if not tempAlbum:
        # 添加相册关系
        insertStmt = "INSERT INTO AlbumUser(`user`, `album`, `type`, `album_
            user`, `remark`) VALUES (?, ?, ?, ?, ?);"
        Action(insertStmt, (userId, albumId, 2, "%s-%s" % (userId, albumId), ""),
            False)

    return album['acl']
```

当需要判定用户和相册之间的关系时，我们可以直接调用上述方法，并根据得到的参数进行下一步操作。

5. 上传图像（获取图像上传地址）

以上传图像为例（确切来说是获取上传图像地址），用户指定一个相册并获取参数之后，直接判断相册和用户之间的关系，当用户有权限上传图像到该相册时，可以进行下一步操作：

```
# 图像管理：新增图像
@bottle.route('/picture/upload/url/get', method='POST')
def getPictureUploadUrl():
    try:
        # 参数获取
        postData = json.loads(bottle.request.body.read().decode("utf-8"))
        secret = postData.get('secret', None)
        albumId = postData.get('album', None)
        index = postData.get('index', None)
        password = postData.get('password', None)
        name = postData.get('name', "")
        file = postData.get('file', "")

        tempFileEnd = "." + file.split(".")[-1]
        tempFileEnd = tempFileEnd if tempFileEnd in ['.png', '.jpg', '.bmp',
            'jpeg', '.gif', '.svg', '.psd'] else ".png"

        file_token = getMD5(str(albumId) + name + secret) + getRandomStr(50) +
            tempFileEnd
        file_path = "photo/original/%s" % (file_token)

        # 参数校验
        if not checkParameter([secret, albumId, index]):
            return False, response(ERROR['ParameterException'], 'ParameterException')
```

```
        # 查看用户是否存在
        user = Action("SELECT * FROM User WHERE `secret`=? AND `state`=1;",
            (secret,)).fetchone()
        if not user:
            return response(ERROR[`UserInformationError`], `UserInformationError`)

        # 权限鉴定
        if checkAlbumPermission(albumId, user["id"], password) < 2:
            return response(ERROR[`PermissionException`], `PermissionException`)

        insertStmt = ("INSERT INTO Photo (`create_time`, `update_time`, `album`,
            `file_token`, `user`, `description`, "
                      "`delete_user`, `remark`, `state`, `delete_time`, `views`,
                          `place`, `name`) "
                      "VALUES (?, ?, ?, ?, ?, ?, ?, ?, ?, ?, ?, ?, ?)")
        insertData = ("", getTime(), albumId, file_token, user["id"], "", "", "",
            0, "", 0, "", name)
        Action(insertStmt, insertData)
        return response({"index": index, "url": SignUrl(file_path, "PUT", 600)})
    except Exception as e:
        print("Error: ", e)
        return response(ERROR['SystemError'], 'SystemError')
```

6. 异步操作（OSS 触发器）

在 Serverless 领域，针对异步操作的实现有很多选型，包括但不限于一些异步触发的功能配置、通过 API 直接声明异步调用，或者通过某些异步事件实现。在本项目中，异步操作将通过 OSS 触发器实现，如图 7-20 所示。

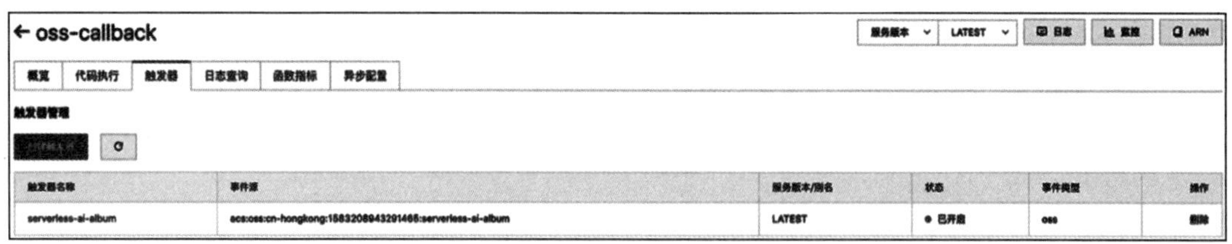

图 7-20　通过 OSS 触发器实现异步操作

该异步操作实现过程中并没有直接使用某些 Web 框架，而是采用了原生云函数计算。这里的操作主要包括以下几个部分。

1）图像格式转换：

```
def PNG_JPG(PngPath, JpgPath):
    img = cv.imread(PngPath, 0)
    w, h = img.shape[::-1]
    infile = PngPath
```

```
    outfile = JpgPath
    img = Image.open(infile)
    img = img.resize((int(w / 2), int(h / 2)), Image.ANTIALIAS)
    try:
        if len(img.split()) == 4:
            r, g, b, a = img.split()
            img = Image.merge("RGB", (r, g, b))
            img.convert('RGB').save(outfile, quality=70)
            os.remove(PngPath)
        else:
            img.convert('RGB').save(outfile, quality=70)
            os.remove(PngPath)
        return outfile
    except Exception as e:
        print(e)
        return False
```

2）图像压缩：

```
image = Image.open(localSourceFile)
width = 450
height = image.size[1] / (image.size[0] / width)
imageObj = image.resize((int(width), int(height)))
imageObj.save(localTargetFile)
```

3）图像理解部分主要是采用 Image Caption 相关技术。关于将生成的图像英文描述转为中文的部分（因为训练集图像是英文描述，所以需要将英文转为中文），此处直接使用阿里巴巴达摩院的 API 接口，如图 7-21 所示。

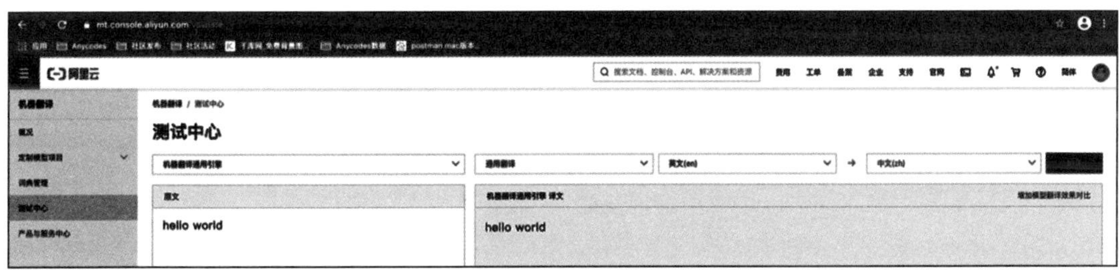

图 7-21　阿里云机器翻译页面

7.3.4　管理系统开发

这部分主要采用 SQLite-Web 项目直接实现。在 GitHub 找到 SQLite-Web 项目的仓库地址，如图 7-22 所示。

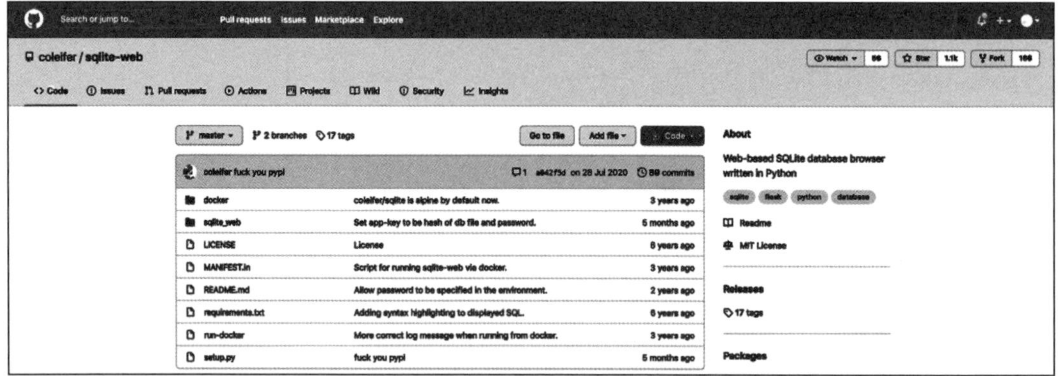

图 7-22 SQLite-Web 项目仓库

在 sqlite_web 目录下安装相关的依赖，包括 flask、pygments、peewee。

依赖安装之后，直接上传项目到阿里云函数计算，如图 7-23 所示。

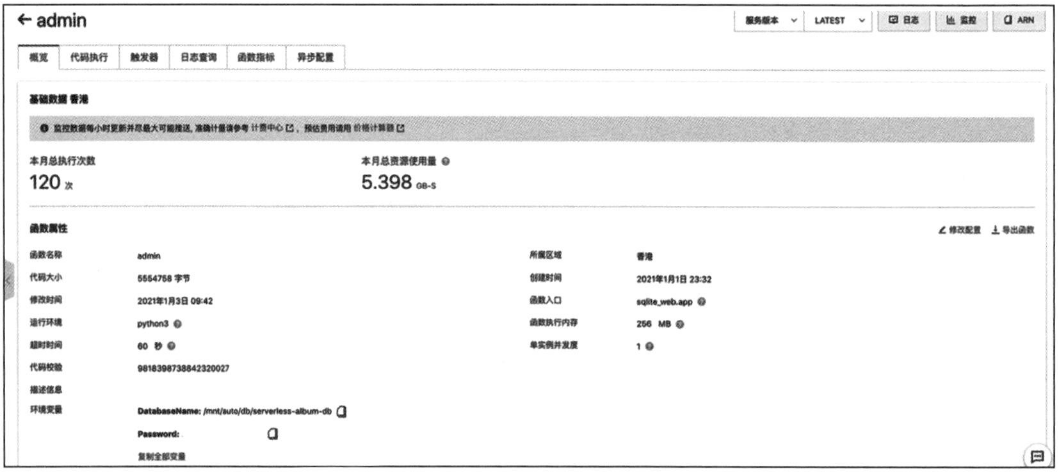

图 7-23 SQLite-Web 项目部署到阿里云函数计算

7.4 项目预览

完成上述所有步骤之后，我们就实现了基于 Serverless 架构的人工智能相册小程序开发。目前，测试版已经发布到微信小程序平台，小程序名称为“一册时光”，小程序码如图 7-24 所示。

图 7-24 人工智能相册小程序码

1. 小程序端

1）登录和注册页面如图 7-25 所示。

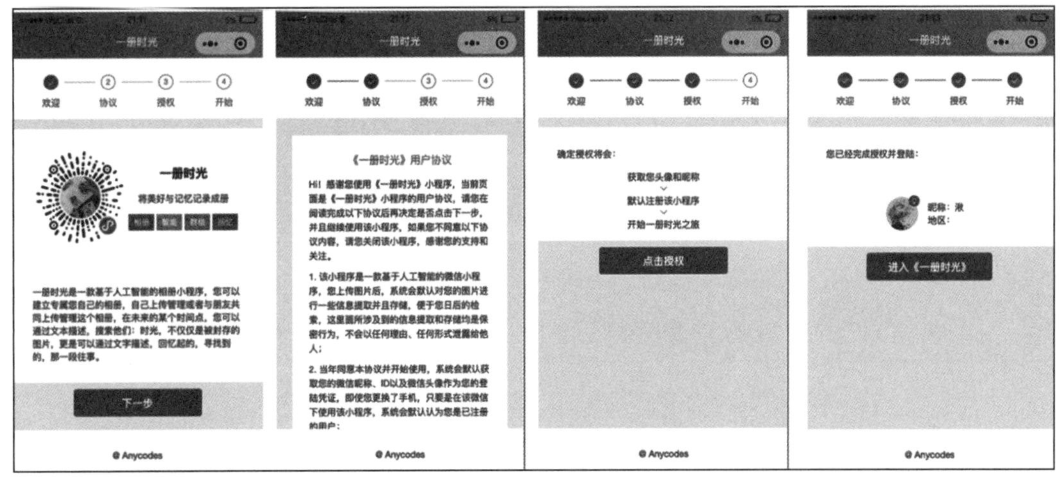

图 7-25　人工智能相册小程序登录和注册页面

2）相册预览页面如图 7-26 所示。

图 7-26　人工智能相册小程序相册预览页面

3）相册管理与个人中心页面如图 7-27 所示。

2. 管理页面

1）后台管理系统登录页面如图 7-28 所示。

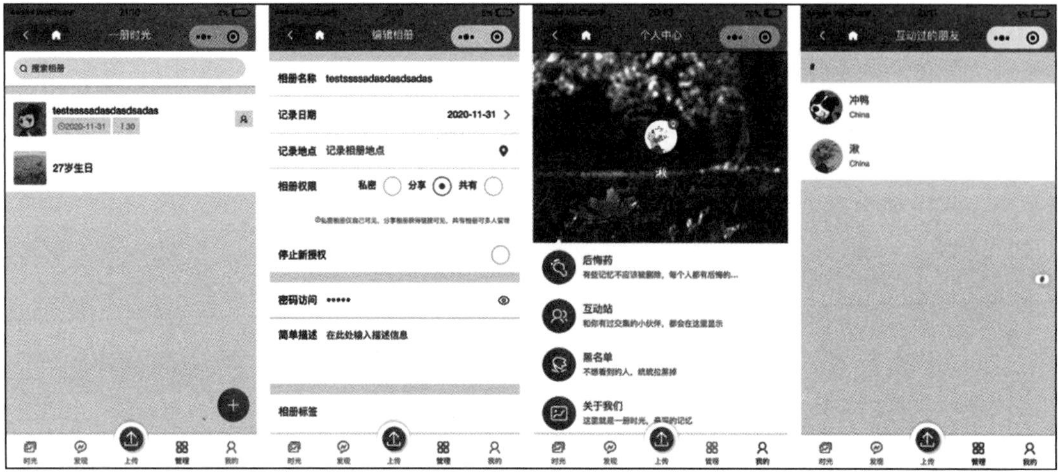

图 7-27　人工智能相册小程序相册管理与个人中心页面

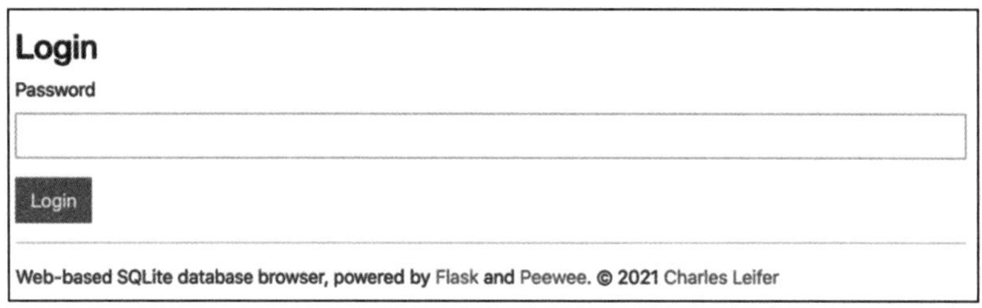

图 7-28　后台管理系统登录页面

2）后台管理系统首页如图 7-29 所示。

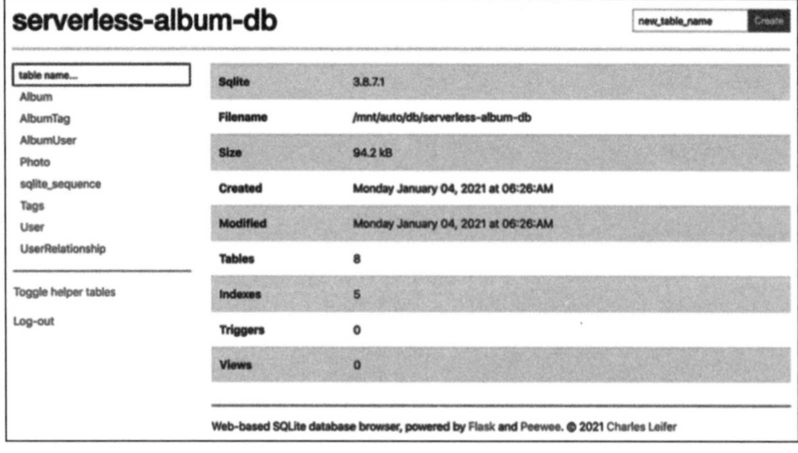

图 7-29　后台管理系统首页

3）后台管理系统的数据库处理页面如图 7-30 所示。

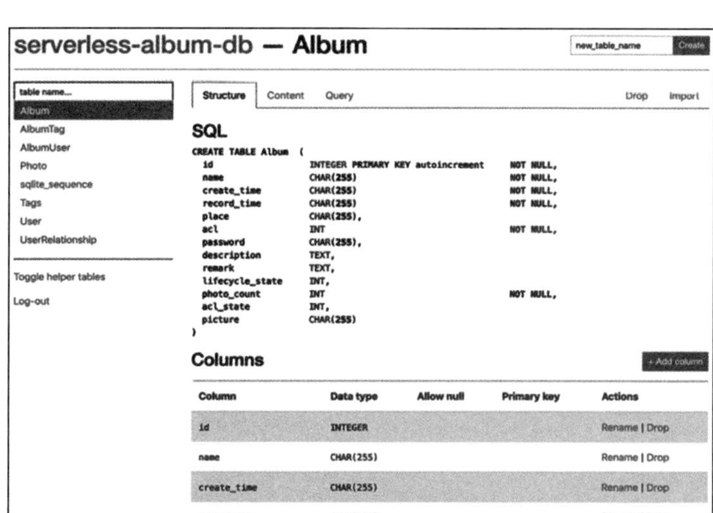

图 7-30　后台管理系统的数据库处理页面

7.5　经验积累

7.5.1　Web 框架与阿里云函数计算

得益于阿里云函数计算拥有 HTTP 函数，传统 Web 框架上函数计算是非常方便的。

Bottle 和 Flask 这类 WSGI 框架从用户请求到框架可以分成 3 个过程，如图 7-31 所示。

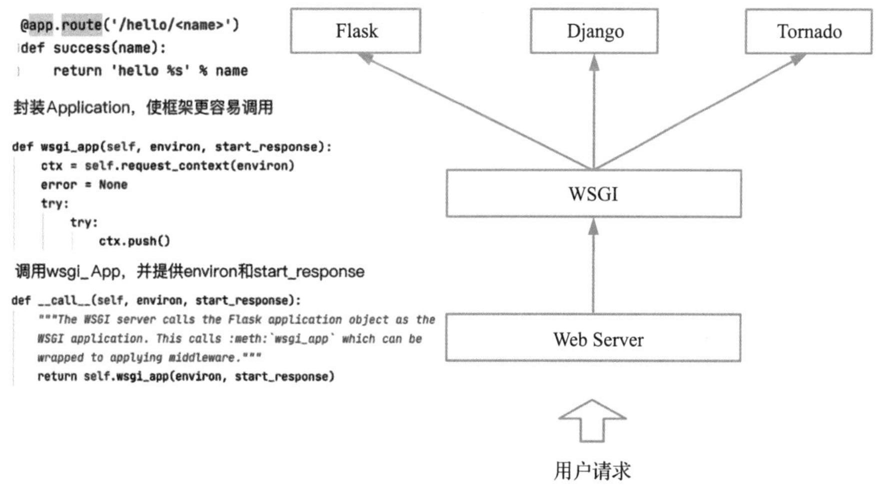

图 7-31　WSGI Web 框架原理简图

由于函数计算是由事件触发的，当 HTTP 函数得到 Event（即事件）的时候，我们可以认为已经初始化一个 wsgi-app 对象了，所以针对 Bottle 和 Flask 等框架，可以采用如下做法。

以 Flask 代码为例：

```
# index.py
from flask import Flask
app = Flask(__name__)
@app.route('/')
def hello_world():
    return 'Hello, World!'
```

函数计算的配置页面如图 7-32 所示。

函数属性　　修改配置　导出函数

函数名称	admin	所属区域	香港
代码大小	5554758 字节	创建时间	2021年1月1日 23:32
修改时间	2021年1月3日 09:42	函数入口	index.app
运行环境	python3	函数执行内存	256 MB
超时时间	60 秒	单实例并发度	1

图 7-32　函数计算配置页面

也就是说，只要把函数入口写成如下格式即可：

```
文件名.Flask对象的变量名
```

同理，当有一个 Bottle 项目时，也可以用类似的方法：

```
# index.py
import bottle
@bottle.route('/hello/<name>')
def index(name):
    return "Hello world"
app = bottle.default_app()
```

此时，函数入口只需要是：

```
文件名.默认APP的变量名
```

也正因为这种设计，该项目的管理系统（基于 Flask 的项目）可以非常轻松地部署。

7.5.2　如何进行本地调试

Serverless 架构有一个被吐槽的点：如何进行本地调试。

针对基于 Web 框架的项目，调试方法就是直接把框架在本地启动，然后进行调试。例如在本项目中，同步接口是直接通过 Bottle 框架的 run 方法进行调试，即在本地启动一个 Web 服务。

针对基于非 Web 框架的项目，调试方法则是在本地构建一个方法，例如要调试对象存储触发器，方案如下：

```
import json


def handler(event, context):
    print(event)


def test():
    event = {
        "events": [
            {
                "eventName": "ObjectCreated:PutObject",
                "eventSource": "acs:oss",
                "eventTime": "2017-04-21T12:46:37.000Z",
                "eventVersion": "1.0",
                "oss": {
                    "bucket": {
                        "arn": "acs:oss:cn-shanghai:123456789:bucketname",
                        "name": "testbucket",
                        "ownerIdentity": "123456789",
                        "virtualBucket": ""
                    },
                    "object": {
                        "deltaSize": 122539,
                        "eTag": "688A7BF4F233DC9C88A80BF985AB7329",
                        "key": "image/a.jpg",
                        "size": 122539
                    },
                    "ossSchemaVersion": "1.0",
                    "ruleId": "9adac8e253828f4f7c0466d941fa3db81161****"
                },
                "region": "cn-shanghai",
                "requestParameters": {
                    "sourceIPAddress": "140.205.***.***"
                },
                "responseElements": {
                    "requestId": "58F9FF2D3DF792092E12044C"
                },
                "userIdentity": {
                    "principalId": "123456789"
                }
            }
```

```
        ]
    }
    handler(json.dumps(event), None)

if __name__ == "__main__":
    print(test())
```

这样，我们在实现 handler 方法时可以不断地通过运行上述代码进行调试，也可以根据自身需求对事件等内容进行定制化调整。

第 8 章 Chapter 8

Serverless 应用的优化与注意事项

本章通过冷启动优化、对无状态性的认识、Serverless 架构下的资源评估、开发者工具的加持等方面的介绍对 Serverless 架构下的应用优化与注意事项进行总结。

8.1 函数基础与资源编排

8.1.1 函数并不是"函数"

众所周知，Serverless 架构通常被认为是 FaaS 与 BaaS 的结合。所谓的 FaaS 是 Function as a Service 的简称，这里的 Function 是指传统业务想要部署到 Serverless 架构，要将传统的业务应用变成若干函数，还是并非传统编程领域所定义的函数，而是有着更深一层的含义？

在百度百科中，传统编程领域的函数被定义为：一段可以直接被另一段程序或代码引用的程序或代码，也叫作子程序、方法（OOP 中）。一个较大的程序一般分为若干个程序块，每一个程序块用来实现一个特定的功能。所有的高级语言中都有子程序这个概念，其用于实现模块功能。在 C 语言中，子程序由一个主函数和若干个函数构成。由主函数调用其他函数，其他函数也可以互相调用。同一个函数可以被一个或多个函数调用任意次。在程序设计中，我们常将一些常用的功能模块编写成函数，放在函数库中供公共选用。我们要善于利用函数，以减少重复编写程序段的工作量。函数分为全局函数、全局静态函数。在类中，我们还可以定义构造函数、析构函数、复制构造函数、成员函数、友元函数、运算符重载函数、内联函数等。

在 Serverless 架构下，以阿里云与腾讯云为例，它们对自身的 FaaS 产品定义如下。

- 阿里云：函数计算（Function Compute）是一个事件驱动的全托管 Serverless 计算服务，无须管理服务器等基础设施，准备好计算资源，并以弹性、可靠的方式运行代码。
- 腾讯云：云函数（Serverless Cloud Function，SCF）是腾讯云为企业和开发者们提供的无服务器执行环境，支持用户在没有购买和无管理服务器的情况下运行代码。用户只需使用平台支持的语言编写核心代码并设置代码运行条件，即可在腾讯云基础设施上弹性、安全地运行代码。SCF 是实时文件处理和数据处理等场景下理想的计算平台。

由此可见，云厂商定义自身的 FaaS 产品时，并没有单独解释“函数”这个词。在 Serverless 架构下，FaaS 中的 Function 一词的定义变得模糊：既有传统编程领域中“函数”的影子，也有更为抽象的“功能”的含义。

Serverless 架构中的 FaaS 平台所提供的运行时，在很多情况下是和编程语言相关的，例如 Python 3 的运行时、Node.js12 的运行时等。此时，针对这类运行时有一个专有名词，叫作“函数入口”。所谓的函数入口，指的是 Serverless 架构接收到事件时，对函数触发的入口，类似于 C 语言中的 main() 函数等。以阿里云函数计算中的 Python 运行时为例，函数入口格式为：文件名 . 方法名，具体举例可以是 index.handler，此时 index.py 就需要包括如下函数：

```
handler(args1, args2):
    pass
```

该函数被事件触发时默认调用这个 handler 函数，并将对应的事件数据结构和上下文等作为参数传入。所以，在这个层面来看，函数计算中的函数在一定程度上拥有传统编程领域中“函数”的影子。

但是随着时间的推移，用户需求不断复杂化。在实际生产过程中，FaaS 平台中 Function 的概念得以升级。

- 从传统的某个语言运行时为例，其代码中不仅有函数入口，还可能存在初始化方法、结束方法，那么这里的“函数”到底是指哪个方法。
- 随着自定义运行时、自定义镜像等概念逐渐被提出，所谓的函数入口逐渐变成启动指令，例如阿里云的 custom runtime 的函数入口实际上是 Bootstrap 中的启动命令，那么此时函数就不再是传统编程领域所说的“函数”了，更多情况下对应的是一个功能甚至一个项目，是 FaaS 平台中的一种资源粒度表示形式。而这种粒度在一定情况下也是复杂多样的。

- 它可以是一个单纯的函数，即非常简单的一个方法。
- 它也可以是一个相对完整的功能，即几个方法的结合，例如登录功能。
- 它还可以是几个功能的结合，形成一个简单的模块，例如登录和注册模块。
- 它甚至可以是一个框架，例如在一个函数中部署整个框架，如 Express.js、Django 等。
- 它甚至是一个完整的服务，例如某个博客系统（Zblog、Wordpress）等部署到一个函数中对外提供服务。

正是因为对 FaaS 平台中 Function 概念把握不清，很多业务在部署到 Serverless 架构之前，都会面临很严重的挑战：一个服务对应一个函数还是一个功能对应一个函数？如果 FaaS 中的函数按照传统编程中的函数来看，无疑一个功能对应一个函数可能更合适，但如果按照一种资源粒度来看，那么即使一个服务全部放在一个函数中统一对外暴露也未尝不可。其实，针对这个问题，我们无须过分纠结，一般情况下只需要遵循以下两个原则。

1）资源相似原则：在某个业务中，对外暴露的接口资源消耗是否类似。例如，某个后端服务对外暴露 10 个接口，其中 9 个接口只需要 128MB 的内存，超时限制为 3 秒；而另一个接口需要 2048MB 的内存与超时限制为 60 秒，此时我们可以认为前 9 个接口资源消耗相似，可以放在“一个函数中实现”，最后一个单独放到一个函数中实现。

2）功能相似原则：在某个业务中，功能概念、定义相差非常大时，不建议将这些功能放在一个函数中。例如某个聊天系统中有一个聊天功能（Websocket），还有一个注册和登录功能，如果将两者放在一个函数中实现，这在一定程度上会增加项目的复杂度，也不益于后期管理，此时我们可以考虑拆分成聊天函数和注册 / 登录函数。

对于传统业务部署到 Serverless 架构时所面临的业务拆分问题，在一定程度上也是一个哲学问题，我们需要根据具体业务情况具体分析。

- 业务拆得太细时，问题如下。
  - 函数太多，不易于管理。
  - 业务出现问题，不便于排查具体情况。
  - 产生很多模块，配置重复使用。
  - 在一定情况下，冷启动变得比较频繁。
- 业务耦合得太严重时，问题如下。
  - 现阶段下，容易产生比较大的资费问题。
  - 在高并发的情况下，容易出现流量限制问题。
  - 更新业务代码可能有较大的风险。
  - 不便于调试等。

8.1.2 对无状态性的认识

UC Berkeleyd 发表的“ Cloud Programming Simplified: A Berkeley View on Serverless Computing”针对 ServerFul 和 Serverless 进行了比较细腻的总结：“Serverless 架构弱化了存储和计算之间的联系”。服务的存储和计算被分开部署和收费，存储不再是服务的一部分，而是演变成独立的云服务，这使得计算资源变得无状态化，更容易调度和扩缩容，同时也降低了数据丢失的风险。CNCF 的 Serverless Whitepaper v1.0 对 Serverless 架构适用场景的总结为：短暂、无状态的应用，对冷启动时间不敏感的业务。

众所周知，在传统架构下，我们很少接触到“无状态”这个概念，而在 Serverless 架构下，“无状态”成了其特性之一，甚至对其应用场景等有一定影响。那么，Serverless 架构下的无状态指的是什么？

其实，所谓的无状态就是没有状态的意思，也就是说 Serverless 架构下，我们无法在实例中保存某些永久状态，因为所有的实例都会被销毁。一旦实例被销毁，那么之前存储在实例状态中的数据、文件等将会消失。但是，这并不意味着函数的前后两次触发互不影响。就目前来看，各个云厂商的 FaaS 产品均存在着实例复用的情况，也就是说即使长久来看实例会被释放，但是并不能确保每次都会被释放，因为在某些条件允许的情况下，实例可以被复用进而降低冷启动等带来的影响，此时函数的无状态性就不纯粹了。

- 无论从长久来看，实例会被释放，还是从并发角度来看，多个实例处理某个请求，函数计算的实例都不适合长期保存某个状态，因为该状态可能因为并发处理而不一致，也可能因为释放而丢失。
- 由于实例存在复用的情况，即使确信函数计算实例不能长久存储状态，也不能忽略实例复用时前一请求残留状态对本次处理的影响。例如某函数实例在某次请求时创建临时文件 A，在请求结束后出现了实例复用的情况，此时新的请求在该实例中再次创建临时文件 A，可能存在临时文件 A 已经存在，且无法覆盖的情况，进而导致之后所有实例复用的请求无法顺利得到预期的响应。

当然，并不是实例复用导致 Serverless 架构的无状态性变得不纯粹，进而影响部分触发返回不可控，在一定程度上合理复用实例，以及对部分临时状态合理利用，会提升 Serverless 应用性能，尤其是在对冷启动比较敏感的业务场景下。

综上所述，Serverless 架构的无状态性在一定程度上指的是 Serverless 架构的函数实例不适合持久化存储文件、数据等内容。但是，开发者不能忽略实例复用时“有状态”对业务的影响，合理复用实例有助于提升业务的性能。

8.1.3 资源评估的重要性

很多资料在对比 Serverless 架构和传统云主机架构下的应用开发时，往往会有类似的描述："传统架构下的业务上线时，我们需要评估资源使用，根据资源评估结果购买云主机，并且需要根据业务发展不断对主机等资源进行升级维护，而 Serverless 架构，则不需要这样复杂的流程，只需要将函数部署到线上，一切后端服务交给运营商来处理，哪怕是瞬时高并发，也有云厂商为您自动扩缩。"

通过这段描述，很多人心中会有一个明确的心智产生：Serverless 架构下并不需要资源评估，一切弹性能力都交给云厂商，又因为是按量付费模型，所以 Serverless 应用理论上成本更低。但是在目前 Serverless 架构发展阶段，资源评估是否是必要的；如果 Serverless 架构下也需要资源评估，那么应该通过什么方法进行评估；评估哪些资源，这些问题还需要考虑。

以国内某云厂商为例，在创建函数时，有两个配置需要明确。

- 内存配置：从 64MB 到 1536MB；
- 超时时间配置：从 1s 到 900s。

之所以会关注这两个配置，是因为函数的按量付费模型会涉及这两个资源。以该厂商的付费模型为例，账单由以下 3 部分组成。每部分由以下计算方式计算得出，结果以元为单位，并保留小数点后两位：

资源使用费用＝调用次数费用＋外网流量费用

其中，调用次数费用和外网流量费用相对来说是比较容易理解的。对于资源使用量而言，其复杂程度略高：

资源使用量＝函数配置内存 × 运行时长

其中，函数配置内存单位由 MB 转换为 GB，计费时长由毫秒（ms）转换为秒（s），因此，资源使用量的计算单位为 GBs（GB- 秒）。例如，配置为 256MB 的函数，单次运行了 1760ms，计费时长为 1760ms，则单次运行的资源使用量为（256/1024）×（1760/1000）= 0.44GBs。针对函数的每次运行，平台均会计算资源使用量，并按小时汇总求和，作为该小时内的资源使用量。

也就是说，开发者进行函数创建时，所配置的内存会直接影响资源使用量，进而影响整体费用支出；所配置的超时时间，在一些极端条件下对资源使用量有影响，进而影响整体费用支出。

下面用 Python 示例代码进行实验：

```
# -*- coding: utf8 -*-
import jieba
def main_handler(event, context):
    jieba.load_userdict("./jieba/dict.txt")
    seg_list = jieba.cut("我来到北京清华大学", cut_all=True)
    print("Full Mode: " + "/ ".join(seg_list))  # 全模式
    seg_list = jieba.cut("我来到北京清华大学", cut_all=False)
    print("Default Mode: " + "/ ".join(seg_list))  # 精确模式
    seg_list = jieba.cut("他来到了网易杭研大厦")  # 默认是精确模式
    print(", ".join(seg_list))
    seg_list = jieba.cut_for_search("小明硕士毕业于中国科学院计算所，后在日本京都大学深造
        ")  # 搜索引擎模式
    print(", ".join(seg_list))
```

当函数内存配置为 1536MB 时，程序输出结果如图 8-1 所示。

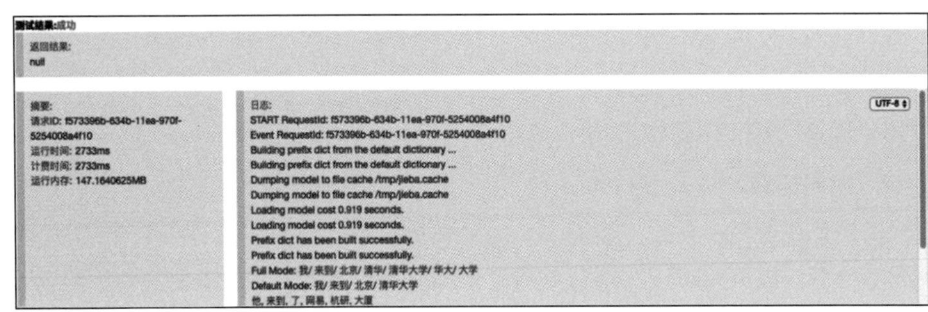

图 8-1　函数内存配置为 1536MB 时程序输出结果示意图

此时，资源使用量为（1536/1024）×（3200/1000）= 4.8GBs。

同样的方法，函数内存配置为 250MB，程序输出结果如图 8-2 所示。

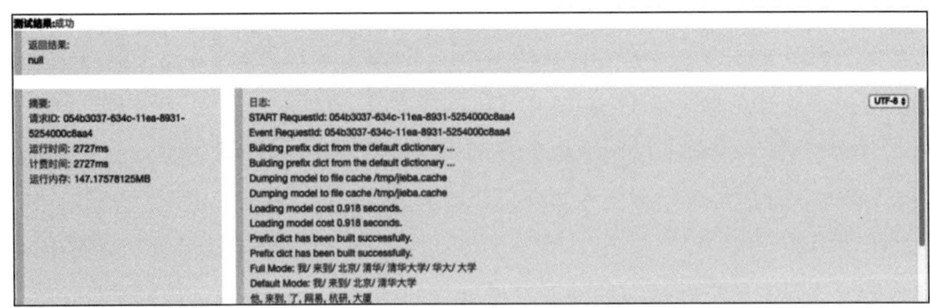

图 8-2　函数内存配置为 256MB 时程序输出结果示意图

此时的资源使用量为（256/1024）×（3400/1000）= 0.85GBs。相对比上一次，程序执行时间增加了 0.2s，但是资源使用量降低了将近 6 倍。按照该产品的资源使用量单价

0.00011108 元 /GBs 进行计算，并假设每天有 1000 此次请求，按照 30 天进行计算，那么仅计算资源使用量费用，而不计算调用次数和外网流量费用时，前后两种配置对应的费用为：

函数内存配置为 1536MB：4.8×1000×0.00011108×30≈15 元

函数内存配置为 256MB：0.85×1000×0.00011108×30≈2.83 元

可以清楚地看到，仅仅是一个功能的接口，在仅是函数内存配置不同的前提下，内存配置为 1536MB 的函数 1 个月的费用支出为 15 元，而后者不到 3 元。这也充分说明 Serverless 架构下需要进行资源评估，如果评估不合理，可能会多几倍的成本支出，只不过这里所说的资源评估相对于传统架构下的资源评估来说，所需要评估的资源维度更少，影响因素更简单，更容易获得资源评估的结果。

在应用上线函数之前，对资源进行基本评估时，我们可以参考如下做法。

- 简单运行几次，评估一下基础资源使用量，然后设置一个稍微偏高的值。
- 函数运行一段时间，得到一定的样本值，再进行数据可视化和基本的数据分析，得到一个相对稳定权威的数据。

8.1.4　工作流的加持

Serverless 工作流（Serverless Workflow）是一个用来协调多个分布式任务执行的全托管云服务。

如图 8-3 所示，在 Serverless 工作流中，用户可以用顺序、分支、并行等方式来编排分布式任务，Serverless 工作流会按照设定好的步骤可靠地协调任务，跟踪每个任务的状态转换，并在必要时执行用户定义的重试逻辑，以确保任务顺利完成。Serverless 工作流通过日志和审计来监视工作流的执行，方便轻松诊断和调试应用。Serverless 工作流简化了开发和运行业务流程中所需要的任务协调、状态管理以及错误处理等工作，让用户聚焦于业务逻辑开发。

Serverless 工作流具有以下能力和特性。

1）服务编排能力：Serverless 工作流可以帮助用户将流程逻辑与任务执行分开，节省编写代码的时间。

2）协调分布式组件：Serverless 工作流能够协调在不同基础架构、不同网络中以不同语言编写的应用。不管应用是从私有云（专有云）平滑过渡到混合云（或公共云），还是从单体架构演进到微服务架构，Serverless 工作流都能发挥协调作用。

3）内置错误处理：Serverless 工作流提供内置错误重试和捕获功能，方便用户自动重试失败或超时的任务，对不同类型错误做出不同响应，并定义回退逻辑。

4）可视化监控：Serverless 工作流提供可视化界面来定义工作流和查看执行状态输入和输出等，方便用户快速识别故障位置，并快速排除故障。

5）支持长时间运行流程：Serverless 工作流可以跟踪整个流程，持续长时间执行确保流程执行完。

6）流程状态管理：Serverless 工作流会管理流程执行中的所有状态，包括跟踪它所处的执行步骤，以及存储在步骤之间的数据。用户无须自己管理流程状态，也不必将复杂的状态管理构建到任务中。

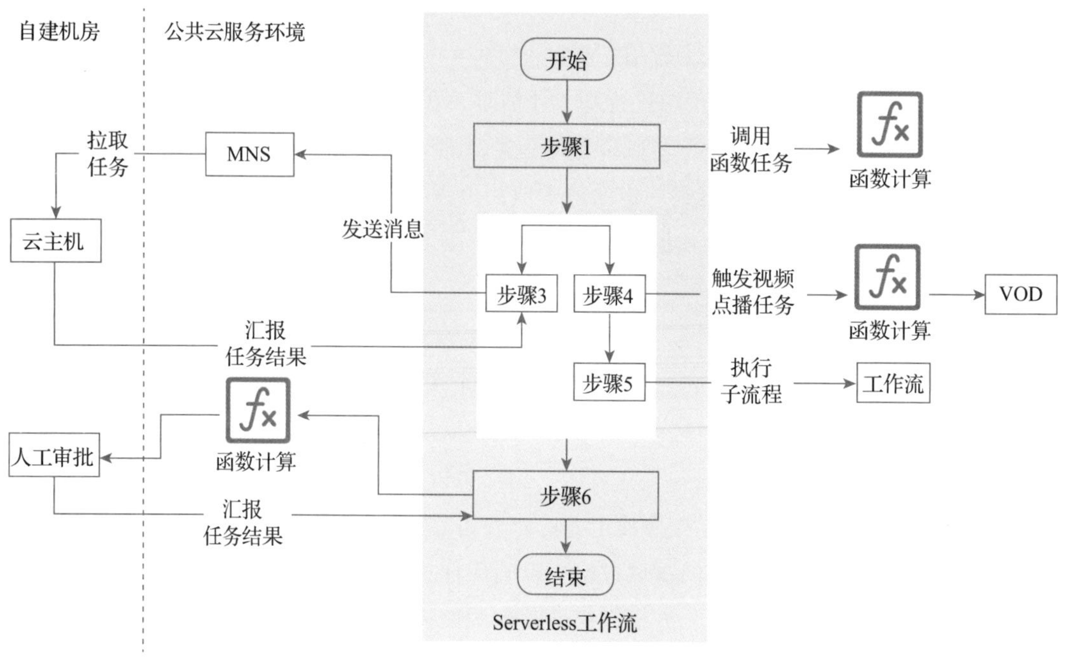

图 8-3 Serverless 工作流示例

8.2 警惕冷启动

在 Serverless 架构下，开发者提交代码之后，通常代码只会被持久化存储并不会放在执行环境，所以当函数第一次被触发时会有一个比较漫长的环境准备过程（即冷启动过程）。这个过程包括把网络环境全部打通、将所需的文件和代码等资源准备好。一般情况下，冷启动会带来直接的性能损耗，例如某个接口正常情况下的响应时间是数毫秒，在冷启动情况下响应时间可能是数百毫秒甚至数秒，那么对于一些对延时敏感的业务来说，冷启动可能是致命的；对于一些 C 端产品来说，冷启动在一定程度上会让客户体验大打折扣。所以近些年来，针对 Serverless 架构的冷启动问题的研究非常多。本节将通过云厂商侧对冷启动优化以及开发者侧降低冷启动影响两个部分，综合对冷启动问题以及相关优化进行总结和探讨。

8.2.1　云厂商侧的冷启动优化方案

通过对“Understanding AWS Lambda Performance：How Much Do Cold Starts Really Matter?”“Serverless：Cold Start War”等文章分析不难看出，不仅不同云厂商对于冷启动的优化程度是不同的，同一云厂商对不同运行时的冷启动优化也是不同的。这也充分说明，尽管各个厂商在通过一些规则和策略努力降低冷启动影响，但是由于冷启动的影响因素复杂，存在许多不可控因素，因此至今也没办法做到优化一致性，甚至同一云厂商都没办法在不同运行时实现同样的优化成果。除此之外，文章“Understanding Serverless Cold Start”“Everything you need to know about cold starts in AWS Lambda”“Keeping Functions Warm”“I'm afraid you're thinking about AWS Lambda cold starts all wrong”等也均对冷启动现象等进行描述和深入探讨，并且提出了一些业务侧应对函数冷启动问题的方案和策略。

通常情况下，冷启动的解决方案包括实例复用、实例预热以及资源池化，如图 8-4 所示。

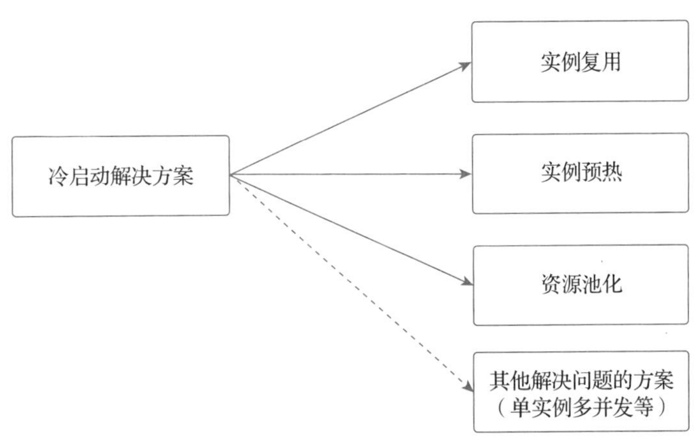

图 8-4　函数冷启动问题的常见解决方案

1. 实例复用方案

从资源复用层面来说，对实例的复用相对来说是比较重要的。一个实例并不是在触发完成之后就结束生命周期，而是会继续保留一段时间，在这段时间内如果函数再次被触发，那么可以优先被分配完成相应的请求。在这种情况下，我们可以认为函数的所有资源是准备妥当的，只需要再执行对应的方法即可，所以实例复用是大多数云厂商会采取的一个降低冷启动影响的措施。在实例复用方案中，实例静默状态下要被保留多久是一个成本话题，也是厂商不断探索的话题。如果实例保留时间过短，函数会出现较为严重的冷启动问题，影响用户体验；如果实例长期不被释放则很难被合理利用，平台整体成本会大幅提高。

值得注意的是，实例复用的时候，前一请求残留某些状态可能会影响本次请求。所以，即便 Serverless 架构是无状态的，我们也要考虑实例复用时，状态对业务逻辑的影响。

2. 实例预热方案

从预热层面来说，我们可以通过某些手段判断函数在下一时间段可能需要多少实例，并且进行实例资源的提前准备，以解决函数冷启动问题。实例预热方案是大部分云厂商重视并不断深入探索的方向。常见的实例预热方案如图 8-5 所示。

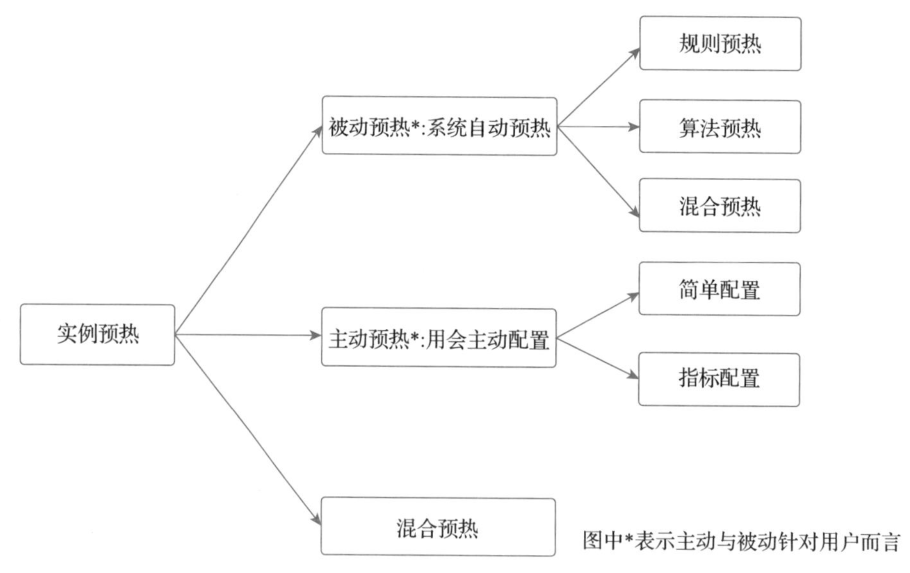

图 8-5　函数预热的常见方案

被动预热通常指的是系统自动预热函数的行为。这一部分主要包括规则预热、算法预热和混合预热。所谓的规则预热是指设定一个实例数量范围（例如每个函数同一时间点最低需要 0 个实例，最多需要 300 个实例），然后通过一个或几个比例关系进行函数下一时间段的实例数量扩缩，例如设定比例为 1.3，当前实例数量为 110，实际活跃实例数量为 100，那么实际活跃数量 × 所设定的比例的结果为 130 个实例，与当前实际存在时 110 个实例相比需要额外扩容 20 个实例，那么系统就会自动将实例数量从 110 提升到 130。这种做法在实例数量较多和较少的情况下会出现扩缩数量过大或过小的问题（所以有部分云厂商引入不同实例范围内采用不同比例的方法来解决这个问题)，在流量波动较频繁且波峰和波谷相差较大的时候会引起预热滞后问题。算法预热实际上是根据函数之间的关系、函数的历史特征以及深度学习等算法，进行下一时间段实例的扩缩操作。但是在实际生产过程中，环境是复杂的，对流量进行一个较为精确的预测是非常困难的，这也是算法预测方案迟迟没有落地的一个重要原因。还有一种方案是混合预热，即将规则预热与算法预热进行权重划分，共同预测下一时间段的实例数量，并提前决定扩缩行为及扩缩数量等。

主动预热通常指的是用户主动进行预热的行为。由于被动预热在复杂环境下的不准确性，很多云厂商提供了用户手动预留实例的能力。目前来说，主动预热主要分为简单配置和指标配置两种。所谓的简单配置，就是设定预留实例数量，或者设定某个时间范围内的预留实例数量，所预留的实例将一直保持存活状态，不会被释放；所谓的指标配置，即在简单配置基础上增加一些指标，例如当前预留的空闲容器数量小于某个值时进行某个规律的扩容，反之进行某个规律的缩容等。通常情况下，用户主动预留模式比较适用于有计划的活动，例如某平台在“双十一”期间要进行促销活动，那么可以设定“双十一”期间的预留资源以保证高并发下系统良好的稳定性和响应速度。通常情况下，主动预留可能会产生额外的费用。

3. 资源池化方案

还有一种解决冷启动问题的方案是资源池化，但是通常情况下该方案带来的效果可能不是热启动，可能是温启动。所谓的温启动，就是实例所需要的相关资源已经被提前准备，但是没有完全准备好。所谓的池化，就是在实例从 0 到 1 过程中的任何一步进行一些资源预留。例如，在底层资源准备层面，可以提前准备一些底层资源；在运行时准备层面，也可以准备一些运行时资源。池化的好处是可以将实例的冷启动链路尽可能缩短，例如运行时层面的池化，可以避免底层资源准备时产生的时间消耗，让启动速度更快，同时可以更加灵活地应对更多情况，包括但不限于将池化的实例分配给不同的函数，函数被触发时可以优先使用池化资源，达到更快的启动速度。当然，池化也是一门学问，包括池化的资源规格、运行时的种类、池化的数量、资源的分配和调度等。

通常情况下，在冷启动过程中，比较耗时的环节包括网络资源打通时间（很多函数平台是在函数容器里绑定弹性网卡以便访问开发者的其他资源，这个网络响应需要达到秒级)、实例底层资源的准备时间，以及运行时等的准备时间。

8.2.2 开发者侧降低冷启动影响的方案

1. 代码包优化

各个云厂商的 FaaS 平台中都有对代码包大小的限制。抛掉云厂商对代码包的限制，我们先单纯看一下代码包大小对函数冷启动产生的影响。这里从函数冷启动流程进行分析，如图8-6所示。

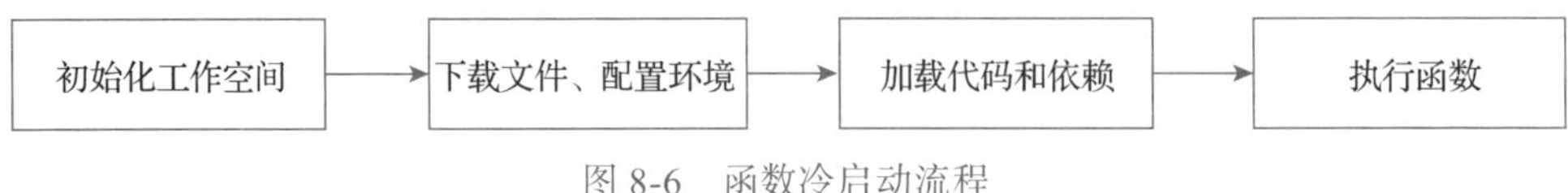

图8-6 函数冷启动流程

在函数启动过程中，有一个环节是加载代码，那么当所上传的代码包过大或者文件过多导致解压速度过慢，加载代码时间就会变长，进一步使冷启动时间变长。

设想一下，当有两个压缩包，一个是只有100KB的代码压缩包，另一个是200MB的代码压缩包，两者同时在千兆内网下理想化（即不考虑磁盘的存储速度等）下载，即使最大速度可以达到125MB/s，那么前者的下载速度只有不到0.01s，后者需要1.6s。除了下载时间之外，还有文件的解压时间，那么两者的冷启动时间可能就相差2s。一般情况下，如果一个传统的Web接口响应时间在2s以上，很多业务是不能接受的，所以我们在打包代码时就要尽可能地缩小压缩包。以Node.js项目为例，打包代码包时，可以采用Webpack等方法来压缩依赖包，进一步缩小整体代码包的规格，提高函数的冷启动效率。

2. 合理进行实例复用

各个云厂商为了更好地解决冷启动问题，合理地利用资源，会使用存实例复用方案。为了验证，可以创建如下两个函数。

函数1：

```
# -*- coding: utf-8 -*-

def handler(event, context):
    print("Test")
    return 'hello world'
```

函数2：

```
# -*- coding: utf-8 -*-

print("Test")
def handler(event, context):
    return 'hello world'
```

在控制台多次单击“测试”按钮，对这两个函数进行测试，判断其是否在日志中输出了Test，并进行结果统计，具体如表8-1所示。

表 8-1　函数测试实验结果

	第一次	第二次	第三次	第四次	第五次	第六次	第七次	第八次	第九次
函数 1	有	有	有	有	有	有	有	有	有
函数 2	有	无	无	有	无	无	无	无	无

从表 8-1 中可以看到，实例复用的情况是存在的，因为函数 2 并不是每次都会执行入口函数之外的一些语句。根据函数 1 和函数 2，也可以进一步思考，如果 print("Test") 功能是初始化数据库连接，或者是加载一个深度学习的模型，是不是函数 1 的写法会使得每次请求都要执行 Print() 语句，而函数 2 的写法可以复用已有对象？

所以在实际项目中，一些初始化操作是可以按照函数 2 来实现的，例如机器学习场景下，在初始化的时候加载模型，避免每次函数被触发都会加载模型带来的效率问题，提高实例复用场景下的响应效率；数据库等连接操作可以在初始化的时候进行连接对象的建立，避免每次请求都创建连接对象。

3. 单实例多并发

众所周知，各云厂商的函数计算通常是请求级别的隔离，即当客户端同时发起 3 个请求到函数计算，理论上会产生 3 个实例进行应对，这时候可能会引发冷启动问题、请求之间状态关联问题等。但是，部分云厂商提供了单实例多并发功能（例如阿里云函数计算）。该功能允许用户为函数设置一个实例并发度（Instance Concurrency），即单个函数实例可以同时处理多少个请求。

如图 8-7 所示，假设同时有 3 个请求需要处理，当实例并发度设置为 1 时，函数计算需要创建 3 个实例来处理这 3 个请求，每个实例分别处理 1 个请求；当实例并发度设置为 10 时（即 1 个实例可以同时处理 10 个请求），函数计算只需要创建 1 个实例就能处理这 3 个请求。

单实例多并发的优势是减少执行时长，节省费用，例如，偏 I/O 的函数可以在 1 个实例内并发处理，减少实例数从而减少总的执行时长；请求之间可以共享状态，因为多个请求可以在 1 个实例内共用数据库连接池，以减少和数据库之间的连接数；降低冷启动概率，由于多个请求可以在一个实例内处理，创建实例的次数会变少，进而降低冷启动概率；减少占用 VPC IP，即在相同负载下，总的实例数减少，VPC IP 的占用也相应会减少。

单实例多并发的应用场景是比较广泛的，例如函数中有较多时间在等待下游服务响应的场景就比较适合使用该种功能，但其也有不适合的应用场景，例如函数中有共享状态且不能并发访问的场景，执行单个请求要消耗大量 CPU 及内存资源的场景。

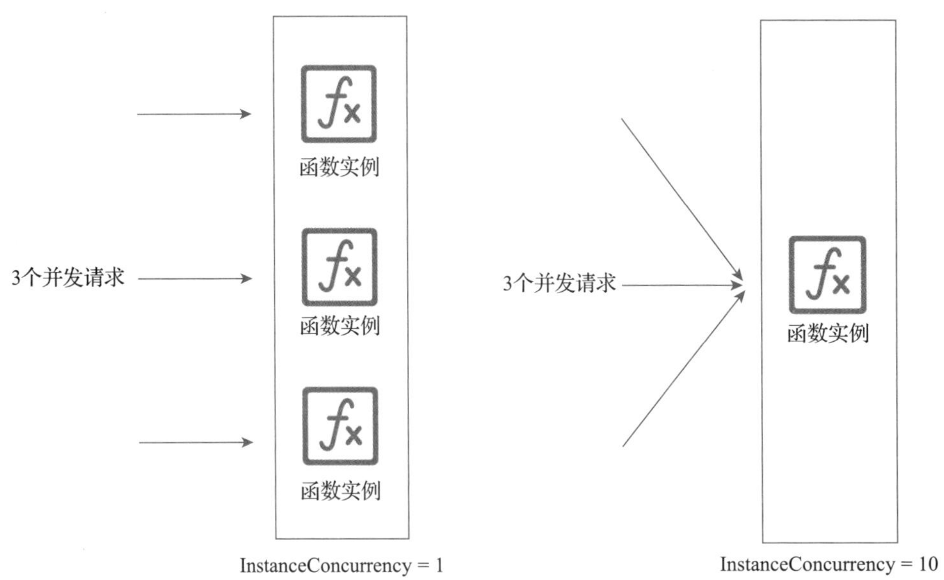

图 8-7 单实例多并发功能简图

4. 预留实例

虽然预留实例模式在一定程度上违背了 Serverless 架构的精神，但是在目前的业务高速发展与冷启动带来的严重挑战背景下，预留模式逐渐被更多云厂商所采用，也被更多开发者、业务团队所接纳。预留实例模式在一定程度上可降低冷启动的发生次数，但并非杜绝冷启动，同时在使用预留实例模式时，配置的固定预留值会导致预留函数实例利用不充分，所以，云厂商们通常还会提供定时弹性伸缩和指标追踪弹性伸缩等多种模式进一步解决预留实例所带来的问题。

1）定时弹性伸缩：由于部分函数调用有明显的周期性规律或可预知的流量高峰，我们可以使用定时预留功能来提前预留函数实例。所谓的定时弹性伸缩，指的是开发者可以更加灵活地配置预留的函数实例，在将预留的函数实例量设定成指定时间需要的值，使函数实例量更好地贴合业务的并发量。图 8-8 中，在函数调用高峰到来前，通过第一个定时配置将预留函数实例扩容至较大的值，当流量减小后，通过第二个定时配置将预留函数实例缩容到较小的值。

2）指标追踪弹性伸缩：由于在实际生产下，函数并发规律并不容易预测，所以在一些复杂情况下我们就需要通过一些指标进行实例预留设定。例如阿里云函数计算所拥有的指标追踪弹性伸缩能力就是通过追踪监控指标实现对预留函数实例的动态伸缩。这种模式通常适用于以下场景：函数计算系统周期性采集预留的函数实例并发利用率指标，并使用该指标和配置的扩容触发值、缩容触发值来控制预留函数实例的伸缩，使预留的函数实例量贴合资源的真实使用量。

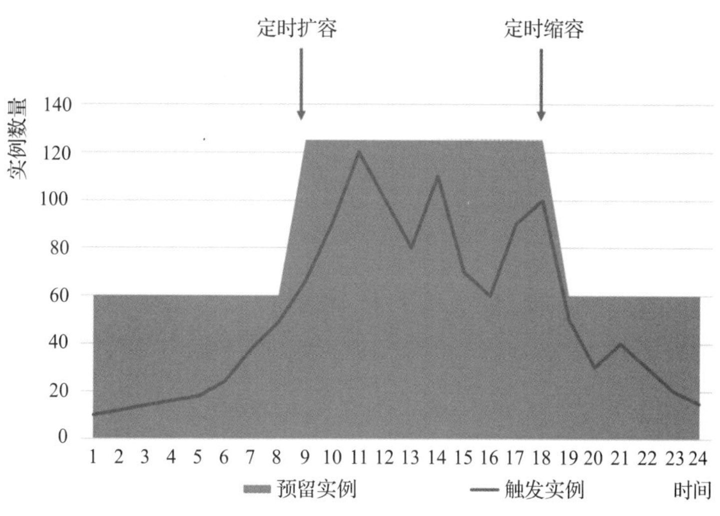

图 8-8　定时弹性伸缩效果示例图

如图 8-9 所示，函数计算系统根据指标情况每分钟对预留资源进行一次伸缩，当指标超过扩容阈值时，以积极的策略扩容函数实例量；当指标低于缩容阈值时，以保守的策略缩容函数实例量。如果在系统中设置了伸缩最大值和最小值，预留的函数实例量会在最大值与最小值之间进行伸缩，超出最大值时将停止扩容，低于最小值时将停止缩容。

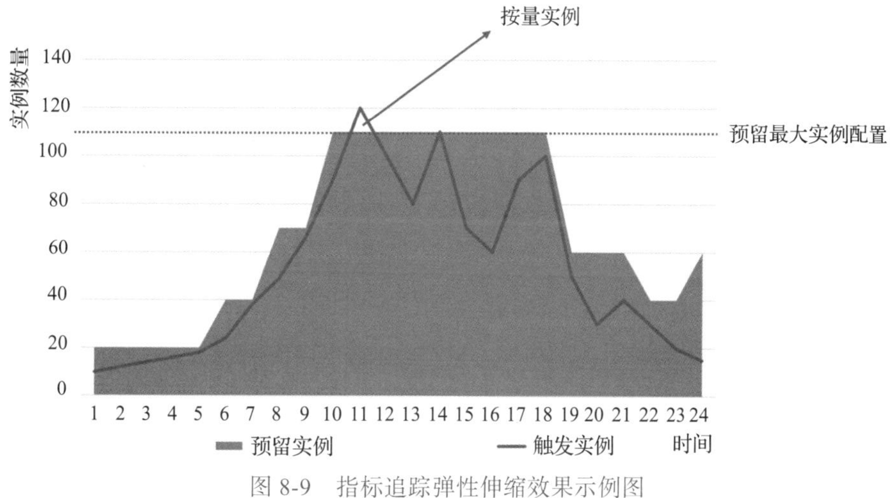

图 8-9　指标追踪弹性伸缩效果示例图

8.3　应用开发注意事项

Serverless 架构下应用开发在一定程度上相对于传统架构下应用开发具有比较大的区

别，例如分布式架构会让很多框架丧失一定的“便利性”，无状态特点又让很多“传统架构下看起来再正常不过的操作”变得有风险。本节将对 Serverless 架构下常见的应用开发注意事项进行进一步探索。

8.3.1 如何上传文件

在传统框架中，上传文件是非常简单和便捷的，例如 Python 的 Flask 框架：

```
f = request.files['file']
f.save('my_file_path')
```

但是在 Serverless 架构下，不能直接上传文件，理由如下。

- 一些云平台的 API 网关触发器将二进制文件转换成了字符串，不便直接获取和存储。
- API 网关与 FaaS 平台之间传递的数据包有大小限制，很多平台将其限制在 6MB 以内。
- 由于无状态特性，文件存储到当前实例后，会随着实例释放而丢失。

综上，传统框架中常用的上传方案是不太适合在 Serverless 架构中直接使用的。在 Serverless 架构上传文件的方法通常有两种。

1）编码为 Base64 后上传，持久化到对象存储或者 NAS 中。这种方法可能会受到 API 网关与 FaaS 平台之间传递的数据包大小限制，所以该方法通常适用于上传头像等小文件的业务场景。

2）通过对象存储等平台来上传。因为在客户端直接通过密钥等信息将文件传到对象存储是有一定风险的，所以通常情况是在客户端发起上传预请求，函数计算根据请求内容执行预签名操作，并将预签名地址返给客户端，客户端再使用指定的方法进行上传，上传完成之后，可以通过对象存储触发器等对上传结果进行更新等，如图 8-10 所示。

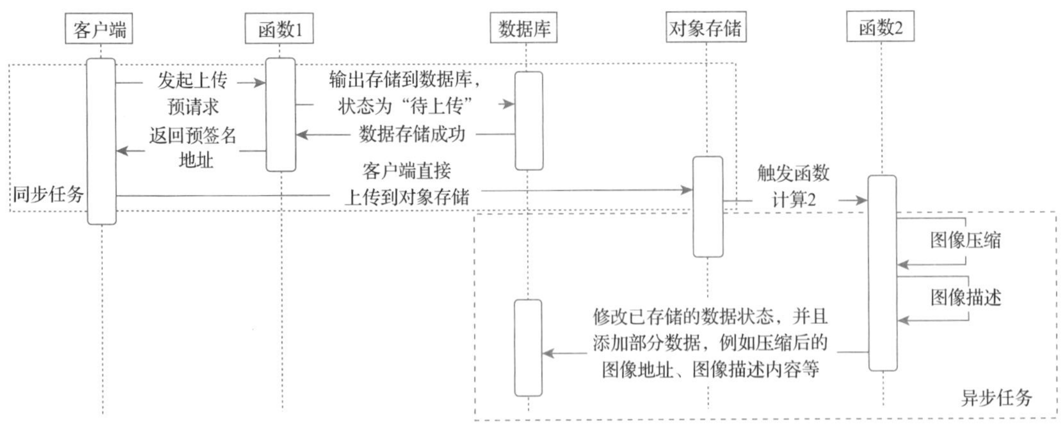

图 8-10 Serverless 架构下文件上传方案示例

8.3.2　文件读写与持久化方法

应用在执行过程中可能会涉及文件的读写操作，或者一些文件的持久化操作。在传统的云主机模式下，系统通常可以直接读写文件，但是在 Serverless 架构下并不是这样的。

由于 FaaS 平台的无状态特性，并且文件用过之后会被销毁，所以文件不能直接持久化存储在实例中，但可以持久化存储在其他的服务中，例如对象存储、NAS 等。

同时，在不配置 NAS 的情况下，FaaS 平台中的 /tmp 目录具有可写权限，所以部分临时文件可以缓存在 /tmp 文件夹下。

8.3.3　慎用部分 Web 框架的特性

1. 异步

函数计算是请求级别的隔离，所以可以认为这个请求结束了，实例就有可能进入静默状态。而在函数计算中，API 网关触发器通常是同步调用。（以阿里云函数计算为例，通常只在定时触发器、OSS 事件触发器、MNS 主题触发器和 IoT 触发器等情况下是异步触发，）这就意味着当 API 网关将结果返给客户端时，整个函数就会进入静默状态或者被销毁，而不会继续执行完异步方法，所以通常情况下像 Tornado 等框架就很难在 Serverless 架构下发挥其异步的作用。当然，如果使用者需要异步执行，可以参考云厂商提供的异步方法。以阿里云函数计算为例，阿里云函数计算为用户提供了异步调用功能。当异步调用触发函数后，函数计算会将触发事件放入内部队列，并返回请求 ID，不返回具体的调用情况及函数执行状态。用户如果希望获得异步调用函数的执行结果，则可以通过配置异步调用目标来完成，如图 8-11 所示。

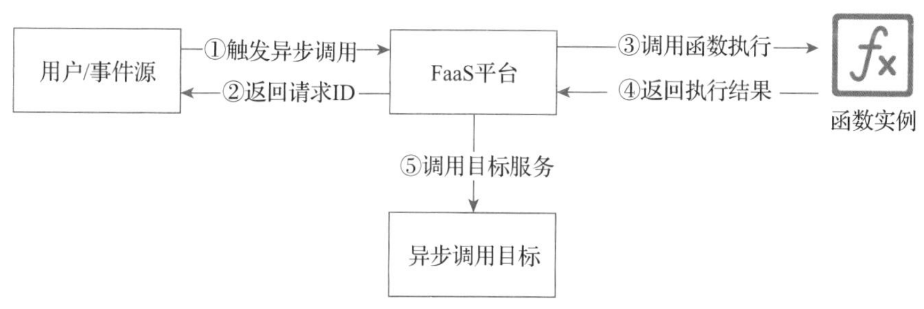

图 8-11　函数异步调用功能原理简图

2. 定时任务

Serverless 架构下，实例一旦完成当前请求，就会进入静默状态，甚至被销毁，这就导致一些自带定时任务的框架没有办法正常执行定时任务。因为函数计算通常是由事件触发，不会自主定时启动，例如 Egg 项目中设定了一个定时任务，但是在实际的函数计算中如果没有通过触发器触发该函数，那么该函数不会被触发，也不会从内部自动启动来执行定时任务。此时，我们可以使用各个云厂商为其 FaaS 平台提供的定时触发器，通过定时触发器触发指定方法来替代定时任务。

8.3.4 应用组成结构注意事项

在 Serverless 架构下，静态资源更应该在对象存储与 CDN 的加持下对外提供服务，否则所有的资源都在函数中，并通过函数计算对外暴露，不仅会让函数的真实业务逻辑并发度降低，也会造成更多的成本支出。尤其是将一些已有的程序迁移到 Serverless 架构上，如 Wordpress 等，我们更要注意将静态资源与业务逻辑进行拆分，否则在高并发情况下，性能与成本都将会受到比较严峻的考验。

在众多云厂商中，函数计算收费标准依据的都是运行时间、配置的内存，以及产生的流量。如果一个函数的内存配置不合理，会导致成本成倍增加。想要保证内存配置合理，更要保证业务逻辑结构可靠。

以阿里云函数计算为例，当一个应用有两个对外接口，其中一个接口的内存占用在 128MB 以下，另一个接口的内存占用稳定在 3000MB 左右。这两个接口平均每天会被触发 10000 次，并且时间消耗均在 100ms 左右。如果两个接口写到一个函数中，那么这个函数内存配置可能在 3072MB 左右，当用户请求内存消耗较少的接口时，在冷启动的情况下难以有较好的性能表现；如果两个接口分别写到两个函数中，两个函数内存分别配置成 128MB、3072MB，性能表现较好，如表 8-2 所示。

表 8-2　函数资源合理拆分对比

	函数 1 内存	函数 2 内存	消费	月消费
写到一个函数	3072MB 20000 次 / 日	—	66.38 元	1991.4 元
写到两个函数	3072MB 10000 次 / 日	128MB 10000 次 / 日	34.59 元	1037.7 元
费用差	—	—	31.79 元	953.7 元

通过表 8-2 可以看出，合理、适当地拆分业务在一定程度上能节约成本。上例成本节约近 50%。

8.3.5 如何实现 WebSocket

WebSocket 是基于 TCP 的一种新的网络协议。它实现了浏览器与服务器全双工（Full-duplex）通信，即允许服务器主动发送信息给客户端。而对于 HTTP 协议，服务端需推送的数据仅能通过轮询的方式来让客户端获得。

基于传统架构实现 WebSocket 协议是比较困难的，那么在 Serverless 架构下实现 WebSocket 协议呢？众所周知，部署在 FaaS 平台的函数通常情况下是由事件驱动的，且不支持 WebSocket 协议，因此 Serverless 架构下是否可以实现 WebSocket 协议是一个问题，如果可以实现，相对传统架构来说，难度是否会降低也是一个值得探索的话题。

其实，Serverless 架构下是可以实现 WebSocket 协议的，而且基于 Serverless 架构实现 WebSocket 协议非常简单。

由于函数计算是无状态且触发式的，即在有事件到来时才会被触发，因此，为了实现 WebSocket，函数计算与 API 网关相结合，通过 API 网关承接及保持与客户端的连接，即 API 网关与函数计算一起实现了服务端，如图 8-12 所示。

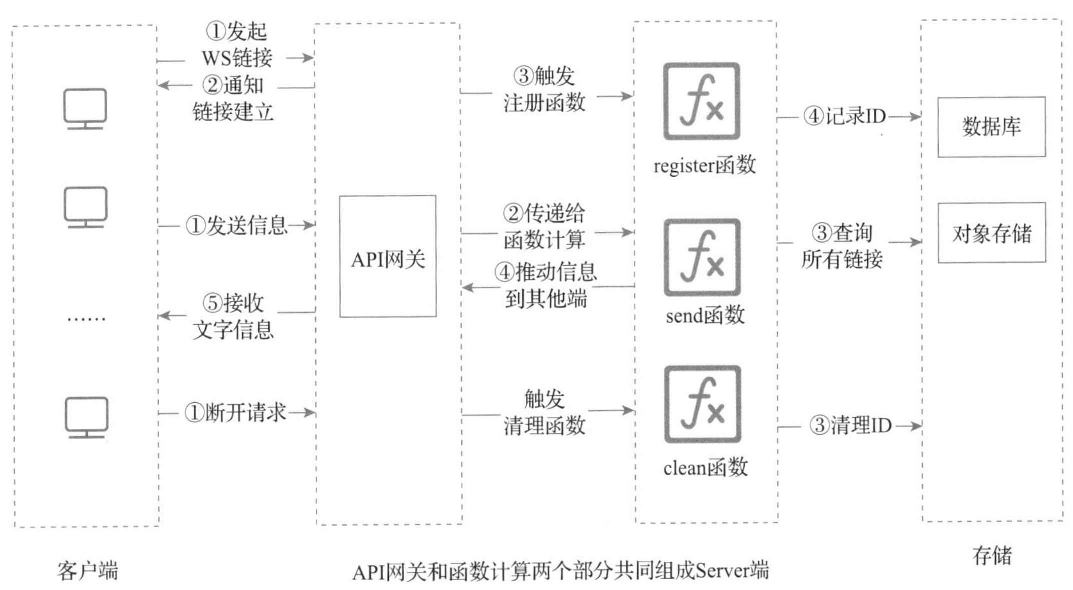

图 8-12　Serverless 架构下 WebSocket 实现原理简图

客户端有消息发出时，先传递给 API 网关，再由 API 网关触发函数执行。服务端云函数向客户端发送消息时，先由云函数将消息 POST 到 API 网关的反向推送链接，再由 API 网关向客户端推送消息。

Serverless 架构下在 API 网关处的业务流程简图如图 8-13 所示。

整个流程如下。

1）客户端在启动的时候和 API 网关建立了 WebSocket 连接，并且将自己的设备 ID 告知 API 网关。

2）客户端在 WebSocket 通道发起注册信令。

3）API 网关将注册信令转换成 HTTP 协议发送给用户后端服务，并且在注册信令上加上设备 ID 参数（增加在名称为 x-ca-deviceid 的 header 中）。

4）用户后端服务验证注册信令，如果验证通过，记住用户设备 ID，返回 200 应答。

5）用户后端服务通过 HTTP、HTTPS、WebSocket 三种协议中的任意一种向 API 网关发送下行通知信令，请求中携带接收请求的设备 ID。

6）API 网关解析下行通知信令，找到指定设备 ID 的连接，将下行通知信令通过 WebSocket 连接发送给指定客户端。

7）客户端在不想收到用户后端服务通知的时候，通过 WebSocket 连接发送注销信令给 API 网关，请求中不携带设备 ID。

8）API 网关将注销信令转换成 HTTP 协议发送给用户后端服务，并且在注册信令上加上设备 ID 参数。

9）用户后端服务删除设备 ID，返回 200 应答。

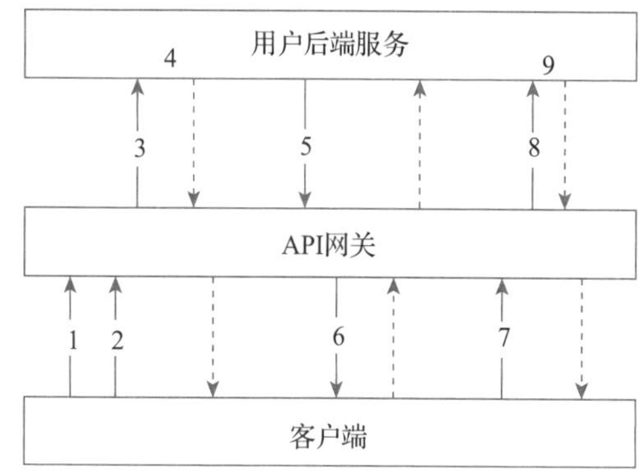

图 8-13 Serverless 架构下在 API 网关处的业务流程简图

Serverless 架构下在 API 网关处具体实现 WebSocket 原理如图 8-14 所示。

如果将上面的整个流程进一步压缩，可以得到核心的 4 个流程：①开通分组绑定的域名的 WebSocket 通道；②创建注册、下行通知、注销 3 个 API，给这 3 个 API 授权并上线；③用户后端服务实现注册，注销信令逻辑，通过 SDK 发送下行通知；④下载 SDK 并嵌入客户端，建立 WebSocket 连接，发送注册请求，监听下行通知。

在这 4 个流程中，第一个流程是准备工作，第二个流程涉及 API 网关处实现 WebSocket 协议的配置流程，第三个流程和第四个流程涉及 Serverless 架构下基于 API 网关实现 WebSocket

协议信息推动的核心功能。第二个流程涉及注册、下行、注销 3 个 API。其实际上对应实现 WebSocket 的 3 种管理信令。

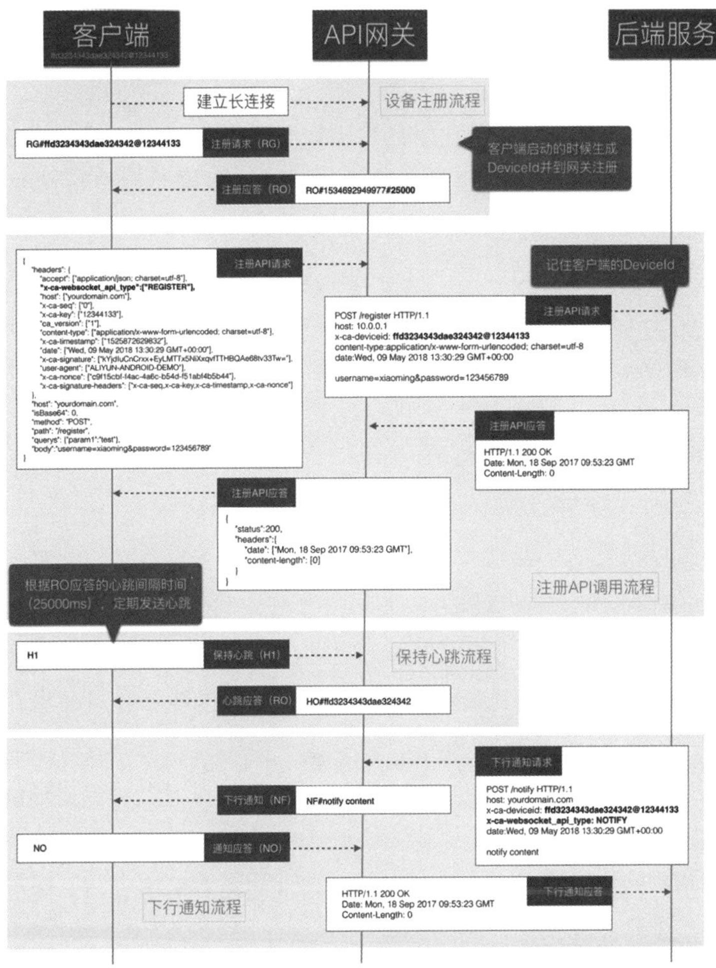

图 8-14　Serverless 架构下在 API 网关处实现 WebSocket 的原理

1）注册信令：客户端发送给用户后端服务的信令，起到如下两个作用。

- 将客户端的设备 ID 发送给用户后端服务，用户后端服务需要记住这个设备 ID。用户不需要定义设备 ID 字段，设备 ID 字段由 API 网关的 SDK 自动生成。
- 用户可以将此信令定义为携带用户名和密码的 API，用户后端服务在收到注册信令之后，可以验证客户端的合法性。用户后端服务在返回注册信令应答的时候，若返回非 200，API 网关视注册失败。客户端要想收到用户后端服务发送的通知，需要先发送注册信令给 API 网关，收到用户后端服务返回的 200 应答后认为注册成功。

2）下行通知信令：用户后端服务在收到客户端发送的注册信令后，记住注册信令中的设备 ID 字段，然后向 API 网关发送接收方为该设备的信令。只要该设备在线，API 网关就可以将该信令发送到接收方的客户端。

3）注销信令：客户端在不想收到用户后端服务的通知时发送注销信令给 API 网关，收到用户后端服务返回的 200 应答后认为注销成功，不再接收用户后端服务推送的下行消息。

综上所述，若想基于 Serverless 架构实现 WebSocket，在一定程度上与 API 网关搭配是非常有必要的。客户端与 API 网关保持 WebSocket 连接，API 网关与函数计算通过事件进行触发，既能保证 Serverless 架构的优势与交付的核心心智，又能保证 WebSocket 功能的快速实现。

8.3.6 善于利用平台特性

各个云厂商的 FaaS 都有一些平台特性。所谓的平台特性，就是这些平台所具有的功能可能并不是 CNCF WG-Serverless Whitepaper v1.0 中规定的，仅仅是云厂商根据自身业务发展和诉求，从用户角度出发开发出来的，并且这些功能可能只被某个云平台或者某几个云平台所拥有。这些功能一般情况下如果利用得当会让业务性能等有质的提升，例如阿里云函数计算平台提出的 PreFreeze 和 PreStop。

以阿里云函数计算为例，首先挖掘平台发展过程的痛点（尤其是阻碍传统应用平滑迁移至 Serverless 架构的痛点）。

- 异步背景指标数据延时或丢失：如果在请求期间没有发送成功，则可能被延时至下一次请求，或者数据点被丢弃。
- 同步发送指标增加延迟：如果在每个请求结束后都调用类似 Flush 接口，不仅增加了每个请求的延时，对后端服务也产生了不必要的压力。
- 函数优雅下线：实例关闭时应用有清理连接，关闭进程，上报状态等需求。而在函数计算中，实例下线时机开发者无法掌握，缺少 Webhook 通知函数实例下线事件。

根据这些痛点，阿里云发布了运行时扩展功能。该功能在现有的 HTTP 服务编程模型上扩展，在已有的 HTTP 服务器模型中增加了 PreFreeze 和 PreStop Webhook。扩展开发者负责实现 HTTP handler，监听函数实例生命周期事件。扩展编程模型工作简图如图 8-15 所示。

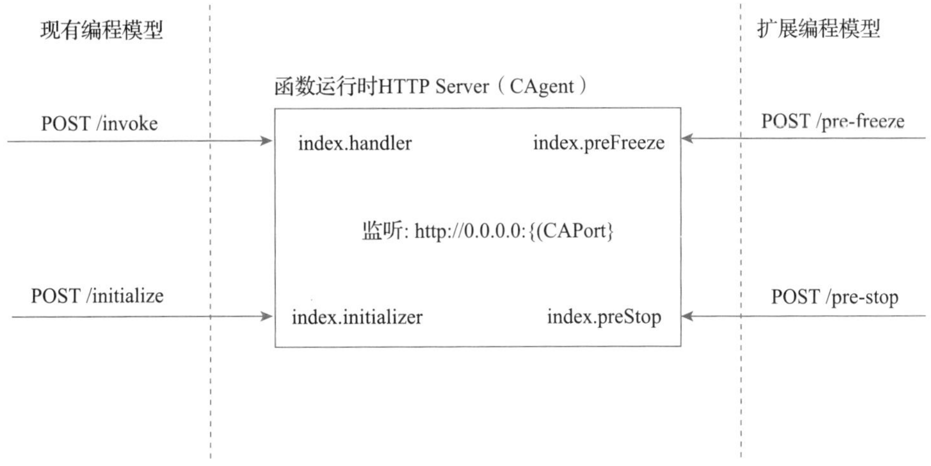

图 8-15　扩展编程模型工作简图

1）PreFreeze：在每次函数计算服务决定冷冻当前函数实例前，函数计算服务会调用 HTTP GET /pre-freeze 路径，扩展开发者负责实现相应逻辑以确保完成实例冷冻前的必要操作，例如等待指标发送成功等。函数调用 InvokeFunction 的时间不包括 PreFreeze hook 的执行时间，如图 8-16 所示。

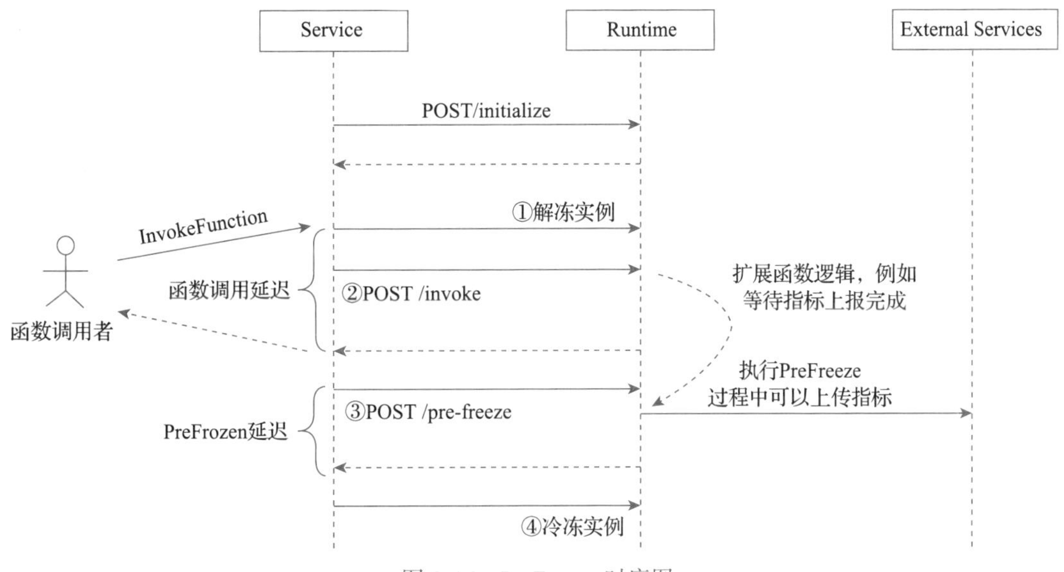

图 8-16　PreFreeze 时序图

2）PreStop：在每次函数计算服务决定停止当前函数实例前，函数计算服务会调用 HTTP GET /pre-stop 路径，扩展开发者负责实现相应逻辑以确保完成实例释放前的必要操作，如关闭数据库链接，以及上报、更新状态等，如图 8-17 所示。

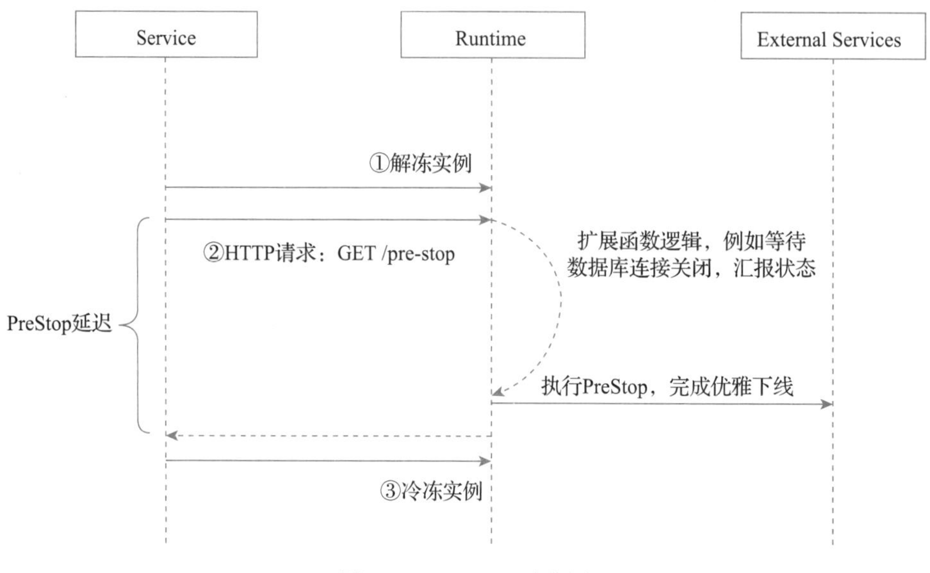

图 8-17 PreStop 时序图

推荐阅读

Service Mesh
微服务架构设计

Service Mesh实战
基于Linkerd和Kubernetes的微服务实践

Building Serverless Architectures
Serverless架构

Advanced Kubernetes Practices
Kubernetes
进阶实战

企业级业务架构设计
方法论与实践
ENTERPRISE BUSINESS ARCHITECTURE DESIGN

MANNING
Microservices
Patterns
微服务架构
设计模式

RocketMQ
技术内幕
RocketMQ架构设计与实现原理

An In-Depth Analysis of Spring Cloud
Spring Cloud 微服务
架构进阶

O'REILLY
云原生基础架构
构建和管理现代可扩展基础架构的模式及实践
Cloud Native Infrastructure
Justin Garrison Kris Nova 著